Von der Philosophie zur Physik der Raumzeit

T0175193

Philosophie und Geschichte der Wissenschaften

Studien und Quellen

Herausgegeben von
Hans Jörg Sandkühler (Bremen) und
Pirmin Stekeler-Weithofer (Leipzig)

Band 49

PETER LANG

Frankfurt am Main · Berlin · Bern · Bruxelles · New York · Oxford · Wien

Christian Westphal

Von der Philosophie zur Physik der Raumzeit

PETER LANG
Europäischer Verlag der Wissenschaften

Die Deutsche Bibliothek - CIP-Einheitsaufnahme

Westphal, Christian:

Von der Philosophie zur Physik der Raumzeit / Christian
Westphal. - Frankfurt am Main ; Berlin ; Bern ; Bruxelles ; New
York ; Oxford ; Wien : Lang, 2002
    (Philosophie und Geschichte der Wissenschaften ; Bd. 49)
    Zugl.: Bremen, Univ., Habil., 1997
    ISBN 3-631-38904-3

Gedruckt auf alterungsbeständigem,
säurefreiem Papier.

ISSN 0724-4479
ISBN 3-631-38904-3

© Peter Lang GmbH
Europäischer Verlag der Wissenschaften
Frankfurt am Main 2002
Alle Rechte vorbehalten.

Printed in Germany 1 2   4 5 6 7

www.peterlang.de

INHALT

Vorbemerkung

Diese Arbeit ist in der Zeit des völligen Umbruchs im Osten Deutschlands entstanden. Neben der Chance einen selbstbestimmten neuen Ansatz eigener Arbeit zu finden, hatte die Wende für mich persönlich eine schwierige Lebenssituation mit sich gebracht. Die Arbeit wurde im Jahre 1996 dem Fachbereich Kulturwissenschaften der Universität Bremen, Studiengang Philosophie, als Habilitationsschrift vorgelegt.

Ich möchte mich an dieser Stelle bei Herrn Prof. H. J. Sandkühler bedanken, der durch sein freundliches Interesse mich zur Fortsetzung dieser Arbeit in schwieriger Zeit ermutigt hat. Ihm verdanke ich darüber hinaus vielfältige Anregungen, die ganz wesentlich zur Ausrichtung des Themas beigetragen haben.

Dank sagen möchte ich auch Herrn Prof. Manfred Stöckler, mit dem ich über Jahre hinweg in vielen Gesprächen die Details meiner Arbeit diskutieren konnte. Seiner hilfreichen Kritik der physikalischen Aspekte verdanke ich sehr viel.

Bedanken muß ich mich bei meiner Frau, die in den vergangenen Jahren sehr viel Verständnis für diese Arbeit aufbrachte.

I. Einleitung

Der eigentliche Ausgangspunkt dieser Arbeit war der Versuch einer Analyse von Äthertheorien, die etwa zeitgleich mit der Einsteinschen Relativitätstheorie entstanden. Bei der Suche nach den begrifflichen Voraussetzungen der verschiedenen Entwürfe zeigte sich sehr bald, daß für eine neue physikalische Theorie der Gravitation zu Beginn unseres Jahrhunderts ein hohes Maß an Spekulation notwendig war. Der in manchen Debatten jener Zeit vorgetragene Einwand, man möge diese Spekulationen eher mit Philosophen denn im Kreise der Physiker austragen, reflektierte den Umstand, daß man in der Naturwissenschaft Physik dazu gezwungen war, sich mit Ideen auseinanderzusetzen, die man traditionell allein der Philosophie zuordnete. Eine Situation die manchem Physiker ein allgemeines Unbehagen erzeugte. Die Auseinandersetzung mit der Philosophie geschah seitens der Physiker dann auch eher sporadisch und, den Bedürfnissen der Forschung angepaßt, kaum systematisch. Niemand las Kant, Schelling oder gar Hegel, bevor er daran ging, eine neue physikalische Theorie zu entwerfen. Oft war man sich gar nicht so recht bewußt, daß man sich auf dünnem Eis zwischen Philosophie und Physik bewegte.

Meine Ausgangsfrage nach den naturphilosophischen Ideen, auf die Physiker zurückgegriffen haben, wandelte sich im Suchen nach einem praktikablen Ansatz in die Frage nach den bereits vorhandenen philosophischen Konzepten über Raum, Zeit und Äther, die sich die theoretischen Physiker zu Nutze hätten machen können für eine physikalische Theorie über Äther und Gravitation.

Die Spuren der deutschen Naturphilosophie über Rudolf Hermann Lotze (1817-1881) zurückverfolgend, gelangte ich zu Hegel und Schelling, ohne deren philosophische Reflexionen über Raum und Zeit man z.B. die tiefschürfenden Spekulationen eines Lotze nicht wirklich begreifen kann. Lotzes Philosophie hat bis in das beginnende 20. Jahrhundert hinein in Deutschland und darüber hinaus auf das europäische Denken gewirkt. Durch Lotze wurde manches transportiert, was seinen eigentlichen Ursprung bei Hegel oder Schelling hatte. Über die Kritik an Hegel und Schelling, gepaart mit genauer Sachkenntnis mathematischer und physikalischer Problemlagen, legte Lotze ein Raum-Zeit-Konzept vor, das auf der Höhe der naturwissenschaftlichen Erkenntnis seiner Zeit stand. Damit lassen sich zum Ende des vergangenen Jahrhunderts in der deutschen Naturphilosophie Momente wiederfinden, die Hegelschen und Schellingschen Ursprungs waren. Die unbestrittene Vorherrschaft Kants ist zumindest bezüglich der Entwicklung philosophischer Raum-Zeit-Konzeptionen nicht so eindeutig gegeben, wie oft behauptet wurde.

Die bemerkenswerten Ansätze für eine Relativierung der physikalischen Begriffe von Raum und Zeit und die Anfänge einer „Raumzeit" in der deutschen Naturphilosophie des ausgehenden neunzehnten Jahrhunderts waren Resultat einer kritischen Sichtung des gesamten philosophischen Erbes, worin neben Kant, Schelling, und Hegel auch Leibniz einen gewichtigen Platz einnimmt. Meine Beschränkung auf eine Entwicklungslinie ausgehend von Schelling über Hegel zu Lotze war notwendig, um das Thema in überschaubaren Zeiträumen bearbeiten zu können. Darüber hinaus ist aus meiner Sicht gerade diese Entwicklungslinie von besonderem Interesse für die Entstehungsgeschichte der allgemeinrelativistischen Physik, weil sich Ähnlichkeiten in physikalischen und philosophischen Begriffskonstruktionen wie deren Wandlungen aufzeigen lassen. Diese Ähnlichkeiten haben insbesondere Philosophen immer wieder dazu veranlaßt, verkürzt von „genialer Vorwegnahme" naturwissenschaftlicher Erkenntnisse durch die Naturphilosophie zu sprechen.

Dagegen macht selbst die Naturphilosophie eines Lotzes sehr deutlich, daß die Spekulation nicht aus dem Problemfeld des geltenden Paradigma ausbrechen konnte, wenngleich sie manchen Blick über alte Denkschemen hinaus wagte.

Die Naturphilosophie geht in der Entwicklung ihrer Probleme anders vor als die Naturwissenschaft Physik, die ihre empirische Basis mittels mathematisierter Theorien nie ganz aus dem Auge verlieren kann. Es ist daher schwierig, das Resultat des Philosophen mit dem des Physikers zu vergleichen, weil sich die inhaltlichen Bestimmungen der benutzten Begriffe aus den begrifflichen Zusammenhängen ergeben. So wie der Kraftbegriff der Physik außerhalb der Newtonschen Axiomatik eigentlich nicht erklärbar ist, so wandeln Raum und Zeit ihre Inhalte in Abhängigkeit ihrer Einbettung in eine physikalische oder philosophische Theorie. Der Raum Newtons ist immer zugleich auch Trägheitsraum, während die meisten Philosophen orientiert an dem mathematischen Formalismus von diesem physikalischen Moment der Raumkonstruktion abstrahierten, ohne den damit vollzogenen Übergang von der Physik zur reinen Mathematik zu bemerken.

Hieraus ergab sich für mein eigenes Vorgehen ein prinzipielles methodisches Problem, weil die Vergleichbarkeit einzelner Begriffe eigentlich die Vergleichbarkeit des naturwissenschaftlichen mit dem naturphilosophischen Paradigma zur Voraussetzung gehabt hätte. Aus der unterschiedlichen Herangehensweise von Philosophie und Naturwissenschaft an ihren Gegenstand ergeben sich dann gleich weitere Probleme und somit ein ganzes Problemfeld. Diesem Knäuel von Schwierigkeiten kann man nur in soweit begegnen, daß man die beträchtliche Distanz zwischen Naturphilosophie und Naturwissenschaft stets im Auge behält, ohne damit beide Perspektiven unendlich weit voneinander zu entfernen. Die Erfolge philosophierender Naturwissenschaftler wie die Erfolge der Philosophen, die sich intensiv mit aktuellen Forschungsresultaten auseinandersetzten, können diese Perspektive untermauern, ohne daß damit endgültig geklärt ist, welche Distanz und welche Nähe der Naturphilosoph zur Naturwissenschaft bzw. der Naturforscher zur Naturphilosophie braucht und welche Perspektive auf Physik und Naturphilosophie es vermag, beiden wirklich gerecht zu werden.

Die unmittelbaren Wirkungen von Physikern und Philosophen um die Jahrhundertwende aufeinander scheinen, wenn überhaupt, nur punktuell und sporadisch gewesen zu sein. Die häufig von Philosophen angegebene geniale geistige Vorwegnahme naturwissenschaftlicher Resultate stellt dann auch eher ein Konstrukt der historischen Perspektive, denn ein Ergebnis der realen Entwicklung philosophischer Konzepte dar. Diese punktuellen wechselseitigen Beeinflussungen vielleicht aber auch eher noch die Vermittlung naturwissenschaftlichen und philosophischen Denkens über den Zeitgeist haben dazu geführt, daß die deutsche Naturphilosophie in starker Orientierung an den neuesten naturwissenschaftlichen Theorien in eine Richtung dachte, die dann auch von der relativistischen Physik eingeschlagen wurde. Die unverkennbare Nähe der großen Physiker jener Zeit zu philosophischen Spekulationen hat diese jedoch nicht zu Philosophen gemacht. Die aufrechterhaltene Distanz zur Philosophie wird in dem zweiten Teil meiner Arbeit, der sich mit der konkreten Entwicklung der relativistischen Raumzeit befaßt, deutlich.

Auf die Entstehung der Relativitätstheorie haben die meisten zeitgenössischen Philosophen zunächst mit Skepsis reagiert. Es brauchte einige Jahre bis die Relativitätstheorie Einsteins eine Flutwelle philosophischer Reaktionen auslöste. Auch dies kann als Indiz für die ererbte Zurückhaltung zwischen Philosophen und Naturwissenschaftlern genommen werden. Ernst Cassirer (1874 -1945) und dann Moritz Schlick (1882 -1936) waren die ersten Philosophen in Deutschland, die die Realtivitätstheorie zum Anlaß nahmen, eine Reformierung der Philosophie zu fordern. Mit Moritz Schlick wurde ein Physiker zum Philosophen, der aus der unmittelbaren Kenntnis der Debatte in physikalischen Fachzeitschriften als erster 1915 eine philosophische Bewertung der noch nicht abgeschlossenen *Allgemeinen* Relativitätstheorie Einsteins wagte. Cassirers wie Schlicks Argumente aus jener Zeit, als den meisten Fachkollegen Einsteins dessen Ideen noch fernab jeglicher Realität erschienen, sind wichtig für die Bewertung des Verhältnisses von Naturphilosophie und Naturwissenschaft zu Beginn des 20. Jahrhunderts. Cassirer und Schlick stehen dafür, daß Philosophen nicht erst im Nachhinein, als Einstein bereits ein berühmter Mann war, die Problemstellungen der allgemeinrelativistischen Physik aufnahmen.

Einleitung

Aus der Perspektive der erfolgreichen allgemeinrelativistischen Physik mögen Cassirers und Schlicks Überlegungen aus der Zeit davor als wenig bedeutend erscheinen, folgt man jedoch dem historischen Werdegang der Einsteinschen Allgemeinen Relativitätstheorie Theorie von 1907 bis 1915 ins Detail, so ist die von beiden Philosophen erreichte Nähe zu den aktuellen Fragestellungen physikalischer Forschung beeindruckend und scheint in heutigen Zeiten des schnellen Fortschritts der Forschung kaum noch erreichbar zu sein.

Moritz Schlick hatte bereits 1920 begonnen, nach Vordenkern des neuen Einsteinschen Raumzeitkonzepts zu suchen und war auf eine Arbeit von Paul Mongré (Felix Hausdorff) von 1898 gestoßen. Kein geringerer als Max von Laue setzte 1948 Ludwig Lange als Theoretiker des Intertialsystems ein bleibendes Denkmal. Aus der Vorgeschichte der relativistischen Physik sind ebenso viele Namen in Vergessenheit geraten wie aus der Geschichte der Naturphilosophie. Das 20. Jahrhundert stand an Vergeßlichkeit den vorangegangen in nichts nach.

Insbesondere der zweite Teil meiner Arbeit mußte mit dem Mangel zurecht kommen, daß physikhistorische Vorarbeiten fehlen. Die physikhistorische Perspektive ist daher deutlich kürzer geraten als der Rückblick auf die naturphilosophischen Vordenker. Ich habe mich hier auf den Kreis der Theoretiker beschränken müssen, mit denen Einstein *unmittelba*r über seine gravitationstheoretischen Entwürfe kontrovers debattierte. Gustav Mie (1868-1957), Max Abraham (1857-1922), Gunnar Nordström (1881-1923) und David Hilbert (1862-1943) waren Wissenschaftler von europäischem Rang und haben als streitbare Partner oder auch als heftige Konkurrenten Einstein auf dem Weg hin zu seiner verallgemeinerten Relativitätstheorie angestachelt und beflügelt. Im Aufzeigen der begrifflichen Schwierigkeiten wird die Nähe zu naturphilosophischen Spekulationen erkennbar, ohne daß man die aufgeworfenen Fragestellungen unmittelbar mit philosophischen Ansätzen zur Deckung bringen könnte. Es scheint mir nach Abschluß der Arbeit – mehr vielleicht als vorher – eine Frage des Standpunktes des Betrachters zu sein, inwieweit man eine Nähe oder die Distanz zwischen Physik und Philosophie der Raumzeit ausmacht.

II. Das Raum-Zeit-Problem zum Ende des 19. Jahrhunderts

Spätestens mit der Erkenntnis der enormen Bedeutung des Energieerhaltungssatzes für die Naturwissenschaften begann sich in der Physik die Erkenntnis erneut durchzusetzen, daß philosophische Überlegungen wichtig sind für eine erfolgreiche naturwissenschaftliche Forschung. Ganz in diesem Sinne schrieb der schwedische Physiko-Chemiker Svante Arrhenius 1907 über die Wegbereiter und Entdecker des Energieerhaltungssatzes: „Carnot und Colding waren Ingenieure, Mayer und Helmholtz Ärzte, Joule Bierbrauer. Untersucht man die zu der Entdeckung führenden Gründe näher, so waren sie hauptsächlich philosophischer Natur und es sind sogar scharfe Angriffe gegen diese Bahnbrecher wegen ihrer allzu naturphilosophischen Anschauung gerichtet worden."[1]

Die Periode der Ablehnung jeglicher philosophischer Reflexionen über die Naturwissenschaften war vorbei. Das Bedürfnis nach Philosophie hatte sich, den Problemlagen naturwissenschaftlicher Forschung entsprechend, neu artikuliert. Ein gutes Viertel Jahrhundert zuvor mußte dagegen 1875 Friedrich Albert Lange noch konstatieren, daß man im „naturwissenschaftlichen Lager" immer noch glaube, eine von der Philosophie total verschiedene Denkweise zu haben und jede Berührung mit Philosophie für die Naturforschung daher nur verderblich sei. Und ganz im Geiste seiner Zeit polemisiert Lange gegen das Treiben der Schellingianer, der Hegelianer, der Neu-Aristoteliker und anderer neuerer Schulen, die den „Abscheu" der modernen Naturforschung rechtfertigen. Für ihn selbst war das ganze „Prinzip der modernen Philosophie" ein völlig anderes als die „Ausartungen der deutschen Begriffsromantik" im Stile Hegels und Schellings, die er für verwerflich hielt. Die Vorgehensweise der modernen Philosophie hebt sich von beiden, so Langes Überzeugung, mit ihrer neuen Orientierung auf die modernen Naturwissenschaften deutlich ab.[2] Lange zog die Traditionslinie von Descartes, Spinoza, Bacon, Hobbes, Locke und Leibniz zu Kant. Für ihn ist ganz im Geiste seiner Zeit die Kantsche Philosophie der frühere Endpunkt der konstruktiven Wechselwirkung und gegenseitigen Befruchtung von Philosophie und Naturwissenschaft. Kant wird ganz im Geiste jener Zeit als das Ende einer philosophischen Traditionslinie verstanden, die sich bewußt an naturwissenschaftliches Denken anlehnte. Im Anknüpfen an Kant entstand nicht nur für Philosophen, sondern auch für Naturwissenschaftler das konstruktive Verhältnis von Philosophie und Naturwissenschaft nach Hegel und Schelling neu. Eine anders

---

1 Arrhenius 1907, S. 175.
2 Lange 1875, S. 192.

gewordene Naturwissenschaft *schien* auf eine altbewährte Philosophie getroffen zu sein und man brauchte sich iherer nur neu zu bemächtigen, um aus der Schieflage zwischen Naturphilosophie und Naturwissenschaft wieder herauszukommen. Der neu einsetzende Prozeß der Durchdringung naturwissenschaftlicher Fragen mit philosophischen Ansätzen war jedoch ein in sich sehr widersprüchliches Unterfangen und von den jeweiligen Problemlagen der einzelnen Fachdisziplinen wie der einzelnen Forscher abhängig. Die Beeinflussung der Physiker jener Zeit durch die Traditionslinie des Mechanizismus ist daher ebenso nachweisbar wie der sehr große Einfluß der Kantschen Philosophie. Die von den Physikern zum Ende des 19. Jahrhunderts vertretenen Positionen lassen sich aber kaum auf einzelne Strömungen der Philosophie festlegen. Ganz in diesem Sinne merkt H.J. Sandkühler an, daß mit der neu einsetzenden Flut kantianisierender Literatur klar war, „daß der in Anspruch genommene Kant nicht jener der *Metaphysischen Anfangsgründe der Naturwissenschaft* ist, sondern ein durch empirisch-naturwissenschaftliches Denken um wesentliche philosophische Inhalte halbierter Problemspender."[3]

Ebenso wird Kant kaum als ein Wegbereiter Hegelscher Dialektik gesehen, weil man den großen Dialektiker weitgehend aus den philosophischen Debatten verdrängt hatte. Die Suche nach „Problemspendern" ist hier positiv zu verstehen. Man begann, aus den verschiedenen Systemen der vorangegangenen großen Philosophen das Ausgangsmaterial für eine neue moderne philosophische *und* naturwissenschaftliche Sichtweise der Naturprozesse herauszufiltern. Für diese Zeit ist ein Durchforsten der philosophischen Ansätze, die ein positives Verhältnis zur Naturwissenschaft artikulierten, charakteristisch. An der Suche im Fundus der Philosophie beteiligten sich Naturwissenschaftler ebenso wie Philosophen. Für die Physik ist dies die Zeit der Vorbereitung ihrer Revolutionierung, die Phase der Problematisierung ihrer Begriffe und Begriffssysteme durch die Herausarbeitung innerer Widersprüche.[4]

Die Hegelsche Philosophie war wegen ihrer überzogenen Kritik am empirischen Gehalt der Naturwissenschaften und insbesondere der Physik für dieses Problematisieren nicht *direkt* verwertbar. Die interessante Kritik Hegels an den Begriffen der Physik ging unter in seiner negativen Bestimmung der mathematisierten Naturwissenschaft als eine empirische Wissenschaft bloßer Erscheinungen, hin-

---

3   Sandkühler 1978, S. 192.

4   Max Jammer stellte für die vorangegangene Entwicklungsperiode der Mechanik noch fest: „Es ist bemerkenswert, wie wenig allgemeine Betrachtungen über die Natur des absoluten Raumes für den sachlichen Fortschritt der Mechanik eine Rolle spielten." (Jammer [1953] 1980, S. 155)

ter denen das eigentliche Wesen der Phänomene erst noch durch Philosophie zu bestimmen sei. Mit der wichtigen Hegelschen Kritik an den Begriffen Raum, Zeit und Bewegung konnten die Naturwissenschaftler aufgrund des Absolutheitsanspruchs der Spekulation nichts anfangen.[5] Du Bois-Reymond (1818 - 1896) sprach dies überdeutlich aus, wenn er feststellte, „daß bei den Philosophen von der Mitte des vorigen Jahrhunderts an die packendsten Probleme der Metaphysik sich nicht unverhohlen, wenigstens nicht in einer dem induktiven Naturforscher zusagenden Sprache, aufgestellt und erörtert finden." Und er sieht darin einen wichtigen Grund, warum die Philosophie vielfach als „gegenstandslos und unersprießlich" beiseite geschoben wurde.

Allerdings konstatierte auch Du Bois-Reymond schon für seine Zeit ein neu entstehendes Interesse der Naturforscher am Philosophieren, da die Naturwissenschaft selber „an manchen Punkten beim Philosophieren angelangt" sei und er beklagt einen „Mangel an Vorbegriffen" wie eine „Unwissenheit" gegenüber dem, was Philosophie bereits zu leisten vermochte.[6] Nimmt man dieses Bedürfnis nach philosophischer Durchdringung ernst, so folgt auch aus diesem neuen philosophischen Interesse der Naturwissenschaftler eine Hinwendung zu Kant.

Die Kantsche Philosophie mußte gerade für die Physiker, die sich mit Raum, Zeit und Gravitation befaßten, eine zwar kritisch zu hinterfragende, aber doch *Ausgangs*basis sein, weil sie den klassischen Standpunkt der Physik zu Raum und Zeit philosophisch artikulierte.[7] Daß die Kantsche Philosophie den Erwar-

---

5 Repräsentativ hierfür ist Schleidens Auseinandersetzung mit Schelling und Hegel: „Beide [Hegel und Schelling] haben ihre wesentlichen Grundfehler mit einander gemein. Was Beide aus der Philosophie in die Naturphilosophie mit hinüberbringen, ist zunächst die psychologische Unkenntnis und Verworrenheit. Beide überspringen, in voreiliger Hast, zu lehren, ehe sie gelernt, neue Systeme zu bauen, ehe sie ihre Vorgänger studirt, gänzlich die Grundlagen, auf denen *Kant* gebaut. Hier stehen wir nun zunächst auf dem Boden der Naturwissenschaft, nämlich der innern Erfahrung, und von hier aus schon muss sich jeder Naturforscher gegen sie erklären. ...wie kein Planet aus der Anziehungskraft der Sonne austreten [kann], um andern Sonnen zuzueilen, so auch unsreVernunft einen bestimmten, beschränkten Kreis [hat], innerhalb dessen sie allein positiv zu erkennen [vermag], während alle andre Erkenntnis ihr nur dadurch als negative Erkenntnis entsteht, dass sie die Schranke ihres Wissens verneint, dass es daher eine Thorheit oder eine Charlatnerie [ist], über diese Schranke hinaus ein positives Wissen vorzugeben." (Schleiden 1844, S. 23-24)

6 Du Bois-Reymond 1912, Bd. 2, S. 67.

7 Reinhard Mocek konstatiert für die Naturwissenschaften in der 2. Hälfte des vergangenen Jahrhunderts, daß es „späterhin mehr und mehr Mode wurde, die großen philo-

tungen der Naturwissenschaft und einer mit ihr eng verbundenen Naturphilosophie nicht so gerecht werden konnte, wie man es zunächst erwartet hatte, liegt
daran, daß die Kantsche Philosophie philosophischer Reflex des Zustandes der
Physik einer anderen Zeit war. Die Frage, was das Bewahrenswerte an Kant aus
der Perspektive der Physik denn sei, ist eine Frage, die erst *nach* einer neuen
Antwort auf die Frage, was Raum und Zeit wesentlich ausmacht, zufriedenstel-
lend neu beantwortet werden konnte. Das, was am Kantschen Raum-Zeit-
Apriorismus weiterhin Bestand haben würde, war zu dieser Zeit noch völlig un-
klar. Eine neue befriedigende Antwort auf diese Frage wurde erst mit der Allgemeinen Relativitätstheorie möglich.[8]

Der Ruf „zurück zu Kant", war so gesehen im Kern der Ruf nach der Erneue-
rung des konstruktiven Verhältnisses von Naturwissenschaft und Philosophie
und daher auch ein Ruf, über Kant hinauszugehen. Das man dies auch wirklich
tat, kann man daran ersehen, daß man in der naturphilosophischen Literatur vor
der Jahrhundertwende verstärkt Hinweise auf Leibniz und dann selbst auf Hegel
vorfindet.[9] Aus der Sicht der vorangegangenen Systeme – wie aus der heutigen
Perspektive – mag diese Zeit als ein eklektisches Zeitalter erscheinen. Für die
Entwicklung eines neuen Verhältnisses zwischen Philosophie und Naturwissenschaft war aber gerade das Aufbrechen des erstarrten Systemdenkens der bisherigen Philosophie das konstruktive Element. In einer Zeit rascher naturwissenschaftlicher Entwicklungen, der mit einem noch nie dagewesenen wissenschaft-
lich-technischen Fortschritt verbunden war, war die allgemeine Überzeugung
unter den Gebildeten nach einem neuen Verhältnis von Philosophie und Naturwissenschaften gereift. Ganz in diesem Zeitverständnis sprachen manche Philosophen (insbesondere Naturphilosophen) das Wort „eklektisch" positiv aus und
waren weit von der heutigen pejorativen Begriffsbestimmung entfernt.[10]

---

sophischen Autoritäten zustimmend zu erwähnen, ohne sie gründlicher zur Kenntnis
zu nehmen..." (Mocek 1988, S. 45).

[8] Zur Berechtigung der Kantschen Raum-Zeit-Apriorität: „Diese drückt sich in der (gerade durch die Relativitätstheorie und Quantenmechanik ermöglichten) Erkenntnis
aus, daß jede physikalische Theorie einen meßtheoretischen Anteil enthält, den sie
voraussetzt, den sie nicht dynamisieren kann, weil die Mittel der Erkenntnis erst einmal unterstellt werden müssen, bevor man mit ihrer Hilfe das Objekt der Erkenntnis
untersucht. Unter diesem Aspekt gesehen hat Kant mehr recht, als er wissen und meinen konnte." (Wahsner 1988b, S. 6-7).

[9] Vgl. J. H. Erdmann 1878, B. Erdmann 1877, Siegel 1908.

[10] Vgl. Sandkühler 1991, S. 227f.

In der der Hegelschen Systemphilosophie verpflichteten marxistischen Traditionslinie war es Friedrich Engels, der zuerst Naturphilosophen wie Naturwissenschaftlern Eklektizismus vorwarf. Engels ging es dabei um die Durchsetzung eines systematischen dialektischen Denkens in den Naturwissenschaften, was er als systematische Aneignung von Philosophie für nötig und möglich hielt. Der Vorwurf des Eklektizismus war bei Engels mit der Überschätzung Hegelscher Dialektik und der Möglichkeit ihrer *unmittelbaren* prinzipiellen Anwendung in den Naturwissenschaften verbunden. Ein Irrtum, der sich dann quer durch die Geschichte der marxistischen Naturphilosophie zog. Die Hegelsche Dialektik ließ sich nicht einfach, wie Engels meinte, vom Kopf auf die Füße stellen, d.h. nach einer materialistischen Bearbeitung für naturwissenschaftliche Fragestellungen direkt nutzbar machen, weil Art und Charakter der Hegelschen Dialektik unmittelbar aus dessen System erwuchs. Das System bestimmt die Begriffe in ihrer inhaltlichen Ausprägung. Ein Systemwechsel zieht nicht automatisch eine veränderte Begriffsbestimmung nach sich. Inhaltliche Bestimmungen müssen neu entworfen werden.

Es wäre hier zu weitgehend einen umfassenden Beweis dafür anzuschließen. Bezüglich der hier interessierenden Kategorien von Raum und Zeit läßt sich jedoch das Problem zum einen exemplarisch darstellen.

Für die klassische Physik waren Raum und Zeit die *in* ihr selbst nicht diskutierbaren apriorischen Voraussetzungen. Das heißt, Raum und Zeit waren noch nicht für sich genommen Gegenstand *physikalischer* Untersuchungen. In Raum und Zeit wurde gemessen, und daher entzogen diese Kategorien sich jeglicher physikalischer Betrachtung.[11] Auf diesen Sachverhalt bezog sich Immanuel Kant mit seinen apriorischen Formen der Anschauung als die Raum und Zeit begriffen werden könnten. Die Kantsche Philosophie verkörperte somit den erkenntnistheoretischen Standpunkt der klassischen Physik, den Hegel später in Frage stellte.[12]

Kant sagt in seiner Vorrede zur 2. Ausgabe der *Kritik der reinen Vernunft*: „Mathematik und Physik sind die beiden theoretischen Erkenntnisse der Vernunft,

---

11 „Kants Unterscheidung von diskursiver, ‚gehaltvoller' Erkenntnis und konstruktiver Vernunftbeschäftigung mit raumzeitlichen Verhältnissen hat das Ziel die Ablehnung einer unbedingten, rein-begrifflichen *diskursiven* Erkenntnis von *Dingen*: Dinge kommen nur innerhalb raum-zeitlicher *Verhältnisse* vor; Gehaltsbestimmungen von Dingen sind nur unter der Bedingung von den zuletzt in räumlichen *Gestaltungen* darstellbaren Bestimmungen der ‚Undinge' Zeit- und Raumanschauung vorzunehmen." (Moiso 1994, S. 75)

12 Vgl. Wahsner 1981, S. 67.

welche ihre Objekte a priori bestimmen sollen, die erste ganz rein, die zweite wenigstens zum Teil rein, dann aber auch nach Maßgabe anderer Erkenntnisquellen als der Vernunft."[13] Er will seine Methode verstanden wissen als eine der Naturwissenschaft nachgeahmten Methode. Nach Kant sind die Elemente der reinen Vernunft in dem zu finden, was sich durch ein Experiment bestätigen oder widerlegen läßt.[14]

Neben der für Physiker attraktiven Kantschen Sicht des Raum-Zeit-Problems lebte in ihren Vorstellungen der klassische Standpunkt Newtons fort, der Raum und Zeit einfach als absolut und objektiv real seiend annahm. Nicht selten findet man in der Literatur dieser Zeit beide Argumentationen unmittelbar nebeneinander.

Mit dem Hinweis auf Helmholtz' Kritik an der apriorischen Vorstellung des Raums bei Kant, der Helmholtz entgegensetzte, daß die euklidische Geometrie Resultat der Erfahrung sei und damit nicht allein auf einen apriorischen Inhalt reduziert werden könne, meinte Max Jammer aus der historischen Perspektive aus der Mitte des 20. Jahrhunderts die allgemeine Position der Physiker jener Zeit aufgezeigt zu haben.[15] Unbestritten fand die vor allem auf Riemanns Auffassung zurückgehende Position nicht nur durch Helmholtz, sondern auch durch andere Autoritäten der Naturwissenschaft starke Unterstützung.[16] Einer dieser einflußreichen Männer im deutschen Wissenschaftsgefüge war Emil Du Bois-Reymond In einem Vortrag über Leibnizsche Gedanken in der neueren Naturwissenschaft sagte er: „Die metamathematischen Untersuchungen von Riemann, Hrn. Helmholtz u.a. über die der Geometrie zugrunde liegenden Tatsachen ... haben gezeigt, daß Größenkomplexe mit den wesentlichen Eigenschaften des Raumes sich logisch denken lassen, die nicht unser gemeiner Raum mit seinen drei Dimensionen sind. Die Vorstellung dieses Raumes, wird daher geschlossen, kann keine angeborene, sie muß eine erworbene sein."[17] Du Bois-Reymond berief sich hier auf Johannes Müllers Kritik an den „angeborenen" Kantschen Kategorien und sah in Riemann und Helmholtz wichtige Stützen für die Auseinandersetzung der Physiologen mit Kant. Für die Physiker jener Zeit waren die Probleme der Physiologen kaum von Bedeutung, und so fanden die neuen Raumvorstellungen und damit stets verbunden die Vorstellungen von der Zeit von Riemann und Helmholtz zunächst mehr Rückhalt außerhalb der Physik als in ihr

---

13   Kant [1871/87] 1979, S. 19.
14   Ebd., S. 24.
15   Jammer [1953] 1980, S. 156.
16   Zu Helmholtz' Wirkung in der deutschen Philosophie vgl. auch Seidengart 1994.
17   Du Bois-Reymond 1912, Bd. 1, S. 384.

selbst. Eine typische Erscheinung, wenn man diese Situation mit der Geschichte des Energieerhaltungssatzes vergleicht. Helmholtz' Überlegungen, die der Traditionslinie von Gauss und Riemann folgten, waren daher nicht einfach „typisch", d.h. dominierend, wie Jammer meinte, für die Physiker jener Zeit, sondern nur eine Seite einer Medaille.

Als ebenso „typisch" für die Haltung der Physiker in der 2. Hälfte des 19. Jahrhunderts kann die Position J.C. Maxwells angesehen werden, der unter Physikern als eine Autorität ersten Ranges galt und den Jammer gleich darauf zitiert.[18] Maxwell hatte in *Matter und Motion* in traditioneller Weise – also ganz im Newtonschen Sinne – den absoluten Raum als ein immer sich gleichbleibendes und unbewegliches Seiendes gefaßt.[19] Das heißt, die widerstreitenden Ansätze standen *beziehungslos* nebeneinander und darüber stritt man zumindest unter Physikern ziemlich wenig.

Es war legitim, sich auf Newton oder auf Kant zu berufen, ohne in Widersprüche zu geraten.

Durch die Umlenkung der Diskussion um das Wesen des Raums auf die Frage nach der Raumstruktur war es Physikern zu Anfang des 20. Jahrhunderts möglich, die Spezielle Relativitätstheorie völlig problemlos im Kantschen Sinne zu begreifen, weil sich nach ihrer Meinung nur die Struktur des Raums als Erfahrungstatsache gewandelt hatte. Die Raum*struktur* war aber nicht das vorrangige Problem des Philosophen Kant. Kant ging es vielmehr um die Notwendigkeit, Raum und Zeit als reine Formen der Anschauung setzen zu müssen, um Erkenntnis möglich werden zu lassen. Der Bruch mit Kant wurde erst zwingend notwendig mit der Allgemeinen Relativitätstheorie, wenngleich auch diese den rationellen Kern der Kantschen Raum-Zeit-Auffassung im Erhalt differentieller Maßstäbe bewahrte.[20] Dieses differentielle Koordinatensystem bestimmt die Lage eines physikalischen Objektes in seiner Umgebung. Also erhält sich in der Einsteinschen Allgemeinen Relativitätstheorie in gewisserweise der Kantsche Gedanke, daß etwas als Existent vorausgesetzt werden muß, um Kraftwirkungen messen zu können. Nur hängen bereits diese Maßstäbe von Kräften und ihren Wirkungen selbst ab, die jedoch aufgrund der differentiellen Umgebung in der Theorie noch nicht die Maßstäbe verbiegen.

Die Frage nach der Raumstruktur, zunächst von den Mathematikern (Gauss, Lobachevski, Riemann) aufgeworfen, wurde mit Helmholtz zu einer Frage, an der

---

18 Jammer [1953] 1980, S. 156.
19 Maxwell (o.J.), S. 12.
20 Vgl. Wahsner 1988b, S. 6.

auch Physiker die Leistungsfähigkeit Kantscher Philosophie messen wollten. Es war aber gleichzeitig der Anfang des Begreifens der physikalischen Problemlagen, wenn auch noch in stark philosophisch geprägter Form. Das heißt, dieses Problem erschien zunächst nur als Problem der Naturphilosophie und nicht der Physik selbst. Die Philosophie sollte weiterhin die theoretischen Voraussetzungen physikalischer Maßbestimmungen liefern. Die Perspektive der Philosophie auf das Strukturproblem mußte von ihrem Gegenstand her jedoch eine andere sein als die Sicht der Naturwissenschaft Physik, die nach den Relationen von materieller Bewegung oder bewegter Materie und damit verbunden nach Raum und Zeit fragt. Hierin ist das Problem der Aufhebung des klassischen Atomismus eingeschlossen. Hinter der Helmholtzschen Aufspaltung des Raumproblems in Raum und Raumstruktur (Geometrie) steht dessen Vorstellung, man könne die „geistige Seite", die theoretische Konstruktion klar begrifflich von dem trennen, „was der Welt der Wirklichkeit" angehört.[21] Raum ist aber wie jeder andere Begriff Konstruktion und Rekonstruktion einer Wirklichkeit des Wissens, die nicht unmittelbar mit der Realität zusammenfällt. Damit läßt sich die Strukturfrage nicht von der Frage nach dem, was Raum ist, vollständig abkoppeln. Der Helmholtzsche Kunstgriff basierte auf einer ganz bestimmten erkenntnistheoretischen Position.

Bernhard Riemann war sich des Problems sehr bewußt, wenn er fragte, was denn die wahren Bestimmungen jener Wirklichkeit sind, die unserer Raumauffassung zugrunde liegen.[22] Begriff und Seiendes stehen für in unzweifelhaft im Zusammenhang und dieser Zusammenhang muß empirisch aufgefunden wie theoretisch erfaßt werden.

So wie Riemann versuchte auch Rudolf Hermann Lotze, eine Synthese der widersprüchlichen Momente in einem neuen Begriff von Raum und von Zeit.

Auch Lotze hat leider bisher nur wenig Beachtung gefunden bei der Aufarbeitung der historischen Entwicklung der Begriffe von Raum und Zeit nach Hegel, weil auch er letztlich vor einer radikalen Lösung zurückschreckte.[23]

Die von Jammer ausgewiesene umfangreiche Literatur der Kantianer zur Verteidigung des Kantschen Standpunkts in der Frage des Raums macht vor allem deutlich, daß dieser Standpunkt einer starken Verteidigung bedurfte, nicht aber,

---

21 Ebd., S. 19 ff.
22 Riemann [1854] o.J.
23 So würdigt Erich Becher Lotzes Wirken für die moderne Psychologie, dessen Leistungen für die Entwicklung eines neuen Raum-Zeit-Verständnisses bleiben aber völlig unbeachtet. (Becher 1929, S. 49 – 72)

daß er die allgemein anerkannte Auffassung einer Zeit war, die aus dem vorhandenen Wissen im positiven Sinne eklektisch verwertbare Bausteine für ein neues Naturverständnis suchte. Der Widerspruch, in dem sich die Physik bewegte, wird sichtbar in dem Verhältnis des Kantschen Denkens zum naturwissenschaftlichen Realismus, wie ihn bereits der zeitgenössische Philosoph Friedrich Albert Lange sah: „Kant ist jedenfalls soweit gerechtfertigt, als das Prinzip räumlicher und zeitlicher Anschauung a priori in uns ist, und es war ein für alle Zeiten bleibendes Verdienst, daß er an diesem ersten, großen Beispiel nachwies, wie gerade das, was wir a priori besitzen, eben weil es aus der Anlage unseres Geistes stammt, jenseits unserer Erfahrung keinen Anspruch mehr auf Gültigkcit hat. Was das Verhältnis zum Materialismus betrifft, so nimmt dieser Raum und Zeit, wie im Grunde die ganze Sinnenwelt, einfach als objektiv."[24]

Lange sprach das aus, was für die Endphase der Entwicklung der Klassischen Physik charakteristisch war: Denkform und ontologische Setzung von Raum und Zeit kamen sich nicht ins Gehege, sondern standen beziehungslos nebeneinander. Ganz in diesem Sinne versuchte auch Benno Erdmann zu zeigen, daß der Gegensatz zwischen dem „Apriorischem" und „Empirischem" zu den Kerngedanken der „geometrischen Raumtheorie" von Riemann und Helmholtz in keiner notwendigen Beziehung stehe.[25] Ihm ging es dabei um den Beweis, daß die Raumvorstellungen trotz ihres „empirischen Charakters in bestimmter Hinsicht auch als eine apriorische zu bezeichnen sei".[26] Begriffliches Konstrukt und empirische Tatsache waren in dieser Sichtweise zwar keine sich ausschließenden Gegensätze mehr aber jedoch noch sehr weit voneinander entfernt. Der Begriff wirkte noch nicht auf die Tatsachen. Die neue Theorie bestimmte noch nicht, was gemessen werden konnte[27] und die neuen empirischen Fakten wirkten noch nicht auf die Begrifflichkeit der theoretischen Physik zurück, wenngleich Theorie und Empirie nun auch bezüglich des Raums immer mehr als zwei Seiten einer Sache verstanden wurden. Die darin steckenden harten Widersprüche lagen jedoch noch weitestgehend im Verborgenen.

In der Physik selbst geriet der Widerspruch zwischen philosophischer Denkbestimmung „Raum", „Zeit" und realem Sein von Raum und Zeit in der Welt der Physik erst mit der intensiver werdenden Diskussion um den Äther wieder in das

---

24 Lange [o. J.], S.60.

25 Erdmann 1877, S. IV.

26 Ebd., S. 100. Erdmann beruft sich hier auf Lotzes Untersuchung der psychologischenVoraussetzungen unserer Raumvorstellung im Anhang zu Stumpf 1873.

27 So eine Bemerkung Einsteins gegenüber Werner Heisenberg, vgl. Heisenberg: Der Teil und das Ganze, München 1969

Blickfeld. Die bereits in der ersten Hälfte des 19. Jahrhunderts unter den Mathematikern geführte Debatte um die Euklidizität oder Nichteuklidizität des realen (physikalischen) Raums hatte zur Ausführung von „Experimenten" zur Entscheidung dieser Frage geführt.[28] Alle diese Experimente waren darauf ausgerichtet, Winkelsummen von Dreiecken konstruiert zwischen irdischen (Gauss) bzw. astronomischen Punkten (Lobachevski) zu messen. Die Frage nach der Geometrie des Raums wurde so abstrakt, außerhalb einer physikalischen Überlegung oder gar einer Theorie, gestellt. Diese Vorgehensweise lag noch ganz im Sinne der Vorstellungen von Newton und Kant. Damit war die klassische theoretische Grundlage entscheidend dafür, daß die Meßergebnise nur den Schluß zuließen, daß für alle praktischen Fragen der Raum wirklich und meßbar ein euklidischer sei. Der gesuchte Effekt war noch kein physikalischer geworden und wurde daher von den Mathematikern als negativer Effekt gesucht. Indem man darauf setzte, daß die Winkelsumme für sehr große räumliche Abstände eine andere werden würde. Dies war aber noch Geometrie im traditionellen Sinne und nicht Physik. D.h. die bereits von Helmholtz wie auch von Riemann geforderte Suche nach der Übereinstimmung der Geometrie mit der Erfahrung war noch eine abstrakte Forderung außerhalb einer physikalischen Theorie und konnte dies aufgrund des Entwicklungsstandes der Physik selbst nur sein, weil neue Erfahrungen nur durch neue Theorien möglich werden. Die negativen Resultate dieser Messungen führte zur weiteren Festigung der Grundüberzeugung der Physiker, daß der Raum eben euklidisch sei.

Erst Hermann Minkowski konnte 1908 die Frage des Raumes im Zusammenhang mit einer physikalischen Theorie, der Speziellen Relativitätstheorie, neu aufwerfen. Er setzte damit die Traditionslinie von Gauss und Riemann fort, die nach Zusammenhängen zu empirischen Meßdaten suchten.[29] Sollte Pais physikhistorische Darstellung stimmen, daß Einsteins anfänglich der Meinung war, der Minkowskische Raum belaste die Theorie unnötig, so wäre dies lediglich ein weiterer Beweis dafür, wie wenig die Physiker auf die Problematisierung des physikalischen Raumbegriffs vorbereitet waren.[30] Spätestens als Einstein auf der Basis der Minkowskischen Fassung der Speziellen Relativitätstheorie die Suche nach der Verallgemeinerung der Relativitätstheorie begann, gelangte er zu einer sehr hohen Wertschätzung der Minkowskischen Leistung. In seinen späteren *Grundlagen der allgemeinen Relativitätstheorie* heißt es einleitend: „Die Verallgemeinerung der Relativitätstheorie wurde sehr erleichtert durch die Gestalt,

---

28   Zu den Messungen von Gauss und Lobachevski vgl. Jammer [1953] 1980, S. 164 ff.
29   Minkowski 1908.
30   Pais 1986, S. 151.

welche der speziellen Relativitätstheorie durch Minkowski gegeben wurde, welcher Mathematiker zuerst die formale Gleichwertigkeit der räumlichen Koordinaten und der Zeitkoordinate klar erkannte und für den Aufbau der Theorie nutzbar machte."[31]

Das Erkennen der Minkowskischen Leistung war eine wichtige Voraussetzung für den späteren Rückgriff Einsteins auf Riemann. Bernhard Riemanns Abhandlung *Ueber die Hypothesen, welche der Geometrie zu Grunde liegen*, war 1854 als Vortrag vor der Göttinger Philosophischen Fakultät gehalten worden. Erst 1868, nach Riemanns Tod, wurde diese bahnbrechende Abhandlung veröffentlicht. Daß erst 14 Jahre später Riemanns Arbeit allgemein bekannt wurde, kann als Indiz für das geringe Interesse an dieser Thematik unter seinen Fachkollegen gewertet werden. Auch in den Vorworten Heinrich Webers zur Gesamtausgabe Riemannscher Arbeiten (1. Auflage 1876 und 2. Auflage 1892) findet man keinen ausdrücklichen Verweis auf die überragende Leistung Riemanns bei der Schaffung einer nichteuklidischen Geometrie.[32]

Max Jammer meinte, daß bereits mit der Veröffentlichung der Riemannschen Abhandlung 1868 eine Kontroverse zwischen Naturforschern und Naturphilosophen über die Geometrie und ihrem Verhältnis zum physikalischen Raum ausgelöst wurde. M.E. war dies jedoch nur eine sehr begrenzte Diskussion der Überlegungen von Gauss, Riemann und Helmholtz gewesen, die die späteren Kontroversen erst vorbereitete. In diesem Sinne ist dann auch die von Erdmann 1877 bemängelte Zurückhaltung von Mathematikern und Philosophen zu den von Gauss, Riemann, Lotze und Helmholtz aufgeworfenen Problemen zu verstehen.[33]

Als eine sehr wichtige Position, die auf eine ganze Generation von Physikern gewirkt hat, muß hier noch die Position Machs Berücksichtigung finden, die er in seiner *Mechanik* 1883 umfangreich darstellte. Für Ernst Mach war „Raum" ein spezieller realer Fall einer allgemeineren *denkbaren* Mannigfaltigkeit. Die Eigenschaften des physikalischen Raums sollten sich *allein* aus „Erfahrung" ergeben.[34] Indem Mach die euklidische Geometrie des physikalischen Raums zur Erfahrungstatsache machte, die keiner philosophischen Analyse bedurfte, blieben für die Physiker Raum und Zeit als klare einfache Voraussetzungen des Denkens gegeben, die nicht zu hinterfragen waren. Die apriorische Denkbestim-

---

31 Einstein [1916b], zitiert nach v. Meyenn 1990, S. 247.
32 Siehe Riemann [1854] o.J.
33 B. Erdmann 1877, S. 10.
34 Mach [1883] 1988, S. 504.

mung der Kantschen Philosophie wurde damit nicht überwunden, sondern nur in eine andere Form gebracht.

Die Riemannsche Argumentation ging hingegen in eine andere Richtung. Für den Mathematiker war es offensichtlich, daß die Geometrie sowohl den Raumbegriff, als auch „die ersten Grundbegriffe für die Konstruktion im Raum als etwas Gegebenes" voraussetzen mußte. Das Verhältnis dieser Voraussetzungen zu einander waren für Riemann bisher nicht geklärt worden. Man vermochte nicht anzugeben, welche Bestimmungen notwendig oder gar a priori anzusetzen wären.[35] Riemann wollte die „Raumgrößen" aus dem allgemeineren Begriff der „mehrfach ausgedehnten Größen" ableiten. Diese Ableitung konnte aber nicht die wirklichen Maßverhältnisse des Raumes beinhalten. Diese müßten nach Riemann der „Erfahrung" entnommen werden. Er formulierte daher die Aufgabe, die „einfachsten Tatsachen" zu finden, aus denen sich die „Maßverhältnisse des Raumes" bestimmen lassen. Er räumte dabei jedoch ein, daß dies eine Aufgabe sei, die nicht völlig bestimmt wäre, weil sich „mehrere Systeme einfacher Tatsachen" dazu eignen würden, die Maßverhältnisse des Raums abzubilden. Diese „einfachen Tatsachen" sollten, wie Riemann ausdrücklich hervorhob, nicht notwendigerweise Bestimmungen theoretischer Begriffe, sondern nur von „empirischer Gewißheit" sein. Damit war für ihn der euklidische Raum ein empirischer Fakt hoher Wahrscheinlichkeit *und* zugleich eine Hypothese, die sich in den Grenzen bisheriger Beobachtung bewährt hatte. Für Riemann stand so das Empirische nicht beziehungslos zum Theoretischen. Ein Standpunkt, den man beim Vergleich mit Mach u.a. nur bewundern kann.[36] Riemanns Abhandlung endete mit der Feststellung, daß bei einer stetigen Mannigfaltigkeit (im Gegensatz zu einer „diskreten") das „Prinzip der Maßverhältnisse" von außen noch hinzukommen muß: „Es muß also entweder das dem Raume zu Grunde liegende Wirkliche eine diskrete Mannigfaltigkeit bilden, oder der Grund der Maßverhältnisse außerhalb, in darauf wirkenden bindenden Kräften, gesucht werden."[37]

Für Riemann bedeutete diese Erkenntnis, nach physikalischen Phänomenen zu suchen, die sich mit der Newtonschen Physik nicht mehr erklären ließen. Seine eigene theoretische Vorarbeit konnte jedoch nach seinem eigenen Selbstverständnis nur dazu dienen, daß „diese Arbeit nicht durch die Beschränktheit der Begriffe gehindert und der Fortschritt im Erkennen des Zusammenhangs der Dinge nicht durch überlieferte Vorurteile gehemmt wird."[38] Man kann geneigt

---

35 Riemann [1854] o.J., S. 272.
36 Ebd., S. 272.
37 Ebd., S. 286.
38 Ebd., S. 286.

sein, Riemanns Worte als Programm zur Schaffung einer neuen physikalischen Raum-Zeit-Theorie zu verstehen. Denn, mit Riemann wurde die eigentliche Aufgabe der Raumbestimmung zur Sache der Physik, weil die Frage nach der Struktur des „Wirklichen" über die begriffliche Bestimmung des Raums selbst entscheidet. Aus der Stetigkeit des Wirklichen folgt die Begründung der Maßverhältnisse durch Kräfte. Auf diesem Wege wurde die Frage nach der Wirklichkeit des Raums für den Mathematiker in eine physikalischen Frage überführt, die die Mathematik zwar kritisch begleiten, aber *prinzipiell* nicht mehr allein lösen konnte. Indem er die Frage nach den Beziehungen zwischen Maßverhältnissen und Kräften aufwirft, geht Riemann über den Ansatz seines Lehrers, Gauss, der rein geometrische Messungen anstellte, hinaus. Riemann glaubte jedoch, daß dieses Verhältnis von Geometrie und physikalischen Wirkungen im Unendlichkleinen zu suchen sei. Die Gestalt des physikalischen Makrokosmos sollte sich aus den mikrophysikalischen Maßverhältnissen ergeben. So wie der Mathematiker den unendlichen Raum aus dem unendliche male wiederholten Aneinanderlegen von Koordinatenmaschen in drei Dimensionen erzeugen kann, so sollte auch die Physik ihren Raum mit wirkenden Kräften aus dem Unendlichkleinen aufbauen. Hier irrte Riemann allerdings gewaltig, wie wir seit der Allgemeinen Relativitätstheorie wissen. Dieser Irrtum war ein Grund dafür, daß die Physiker nicht Riemanns Aufforderung nachgehen konnten, nach der Ursache der Maßverhältnisse in physikalischen Effekten zu suchen. Ein weiterer Grund lag in den Messungen von Gauss und Lobachevsky. Lobachevsky hatte die Gausssche Messung in astronomische Dimensionen verlegt.[39] Seine Berechnungen wurden als empirischer Beweis dafür genommen, daß für alle praktischen Zwecke der Raum ein euklidischer sei. Dieses Urteil schien sich durch den weiteren Fortschritt der Astronomie nur noch weiter zu bestätigen. Noch 1900 wollte Karl Schwarzschild in Fortsetzung dieser Versuche die Frage nach der Krümmung des Raums beantworten.[40]

Die erstaunliche und seiner Zeit weit voraus eilende Riemannsche Leistung wurde häufig als eine „Vorwegnahme" zentraler Gedanken der Einsteinschen Allgemeinen Relativitätstheorie betrachtet.[41] Man schmälert seinen wissenschaftlichen Ruhm jedoch nicht, wenn man Riemann viel mehr als *den* Wegbereiter Einsteins bezeichnet. Dies nicht allein, weil er die mathematischen Vorausset-

---

39 1838 war es Bessel gelungen, die erste Parallaxe eines Sterns zu messen. Lobachevskys hatte für die Sirius-Parallaxe 1,24'' angesetzt. Der richtige Wert ist weniger als ein Drittel davon.
40 Schwarzschild 1900, S. 337.
41 Jammer [1953] 1980, S. 179.

zungen für die Allgemeine Relativitätstheorie schuf, sondern weil er als erster die Frage des Raums wirklich physikalisch und nicht allein mathematisch oder philosophisch stellte, indem er aus der Unbestimmtheit der geometrischen Grundlagen auf die Notwendigkeit der Wechselwirkung von Raum und Materie schloß. Allerdings fehlte ihm noch ganz der konkrete Ansatz, die entscheidende Idee für eine physikalische Theorie. Er vermochte daher „nur" zu zeigen, was die Mathematik nicht weiter zu leisten vermochte.[42]

Riemanns Gedanken fielen in der Physik noch auf keinen fruchtbaren Boden. Mit Kant und Mach konnte man das Riemannsche Problem noch bei Seite schieben. Die an den Naturwissenschaften orientierten Philosophen nahmen indes in ihrer Mittlerfunktion Riemann sehr wohl zur Kenntnis wie man bei Lotze und B. Erdmann nachlesen kann.[43]

Erst mit der Entwicklung der Elektrodynamik wurden die Physiker gezwungen, einen deformierbaren Äther anzunehmen und erst damit wurde die Frage der Raumgeometrie zu einem innerphysikalischen Problem. Das heißt, der Widerspruch klassischer Raum- und Zeitbegriffe mit modernen physikalischen Theorien entstand auf dem Boden der Physik selbst zunächst als Problem des Äthers neu. Er bewegte sich dann aber auf die Frage nach dem Wesen des Raum-Zeit-Kontinuums zu.

Die klassischen philosophischen Setzungen als Voraussetzungen von Physik (Kant) und als absolute Existenzbestimmungen des Seins (Newton) mußten nun als zwei Pole eines Widerspruchs, zwei Seiten begrifflicher Bestimmung *eines* Gegenstandes neu gefaßt werden und damit die Lösungen Kants und Newtons als historisch begrenzte, für die klassische Physik aber ausreichende Lösung eines nun neu zu definierendes und zu lösendes Problems begriffen werden. Dieser Widerspruch drängte sich mit dem Ätherproblem fast unbemerkt in das Denken der Physiker.

Bei dem an der Physik orientierten Physiologen Du Bois-Reymond findet man bereits 1872, ganz im Sinne Lotzescher Naturphilosophie, den weitreichenden Gedanken, daß man nicht die Kantschen Denkformen beim Philosophieren über die Körperwelt a priori gefunden habe, sondern die Lehre von der Erhaltung der Kraft. Damit geht er über den Streit, Raum und Zeit als apriorische Formen oder nur als Erfahrungstatsache zu begreifen, hinaus. Raum und Zeit werden nicht mehr als a priori zu setzende Grundbestimmungen, sondern als Einheit von Ab-

---

42 W.K. Clifford griff als Zeitgenosse Riemanns unmittelbar dessen Gedanken auf, siehe dazu Jammer [1953] 1980, S. 180 ff.
43 Vgl. Lotze und auch B. Erdmann.

bild und Konstrukt des theoretischen Systems verstanden, womit beide Kategorien hinterfragbar werden, d.h. physikalisch überprüfbar durch Messung. Riemanns Frage nach dem raumbestimmenden „Wirklichen" versucht Du Bois-Reymond, mit dem Energieerhaltungssatz, gefaßt als philosophisches Prinzip, zu beantworten.[44] Er will dieses Prinzip in Anlehnung an Leibniz als das oberste Prinzip der Körperwelt verstanden wissen, welches in sich die Möglichkeit bergen könnte, die „unlöslichen" Widersprüche, in die jede „Korpuskularphilosophie" wie auch die Theorien der „Dynamisten" geraten, zu beseitigen. Die Vorstellung, wonach die Welt aus unvergänglichen kleinsten Bausteinen (Atomen) besteht, deren Zentralkräfte alle Bewegung erzeugen, ist für ihn nur das „Surrogat einer Erklärung", weil „an den Veränderungen selber" nichts zu erklären übrig bleibt. Die dynamistischen Konzepte lösten ihrerseits die Materie ganz in Kräfte auf, womit nichts übrigblieb, wovon Zentralkräfte hätten ausgehen könnten und boten für ihn damit keine echte Alternative zum (mechanischen) Atomismus.[45] Indem Du Bois-Reymond eine Grenze der Erkenntnis bei „Kraft" (Energie) und „Materie" setzte, ging er über die traditionelle Relation „Kraft und Stoff" hinaus. Für ihn ist der Energieerhaltungssatz die „Lehre von der Erhaltung der Kraft", den er im Leibnizschen Sinne als das „oberste Prinzip der Körperwelt" verstehen will. Es soll also ein philosophisches Prinzip sein, das im Energieerhaltungssatz in einer physikalischen Gestalt erscheint. Indem Du Bois-Reymond die Erkenntnisschranke bei „Kraft" (Energie) und „Materie" ansetzte, verband er Bewegung und Materie in einem einheitlichen Prinzip, dem Prinzip der Energie. Gleichzeitig bewahrte Du Bois-Reymond die Fassung des traditionellen Kraft-Stoff-Problems in einer philosophischen Relation von Kraft (Energie) und Materie davor, in einen Energetismus abzugleiten, wie ihn später Wilhelm Ostwald propagierte. Das Prinzip der Energie blieb auf diese Weise der naturphilosophische Hintergrund für das Verhältnis von Energie und Materie in der Physik. Mit der Etablierung des Energiebegriffs erhielt der Raum der Physik ein zusätzliches materielles Gebilde, den Äther.

Der sich mit der Entwicklung der sogenannten Ätherphysik anbahnende Konflikt der Physiker mit dem klassischen Raumverständnis nach Kant und Newton konnte eine Zeit lang mit der Poincaréschen These, daß die Wahl der Geometrie eine Frage des „Geschmacks" (Konvention) sei, überbrückt werden. In dieser Position Poincarés artikuliert sich die Erkenntnis, daß „Raum" stets als konkreter

---

44 „Wenn es eine Einsicht gibt, die beim Philosophieren über die Körperwelt *a priori* gefunden werden konnte, so ist es die an der Grenze von Physik und Metaphysik stehende Lehre von der Erhaltung der Kraft." (Du Bois-Reymond 1912, Bd.1, S. 438)
45 Ebd., S. 447.

Begriff einer (historisch) bestimmten Theorie zu sehen ist und damit den bisher geglaubten Absolutheitsanspruch verliert. Die Frage nach der Richtigkeit dieses Begriffs kann so nicht auf der Ebene dieses theoretischen Gefüges entschieden werden. Gefaßt als „Konvention" wird aber die Überwindung eines historisch beschränkten Raumbegriffs unmöglich, weil der Begriff als isolierte unhistorische Setzung genommen wird. Raum ist aber „weder eine rationale Setzung noch etwas unmittelbar sinnlich Wahrnehmbares."[46] Der Raum erhält seine Realität durch die Theorie, die sich seiner bedient und er ist in sofern real, wie diese Theorie über Experimente vermittelt die Realität zum Gegenstand hat.

Wie aus dem bisherigen bereits ersichtlich, war die Suche nach einer Neubestimmung der Begriffe Raum und Zeit bereits vor der Jahrhundertwende im vollen Gange. Mit den modernen Entwicklungen der Elektrodynamik und der Entdeckung des Energieerhaltungssatzes wurde immer wieder die Frage nach neuen Grundlagen der Physik gestellt. Das Gefühl, daß man mit der Kantschen Antwort darauf, was Raum und Zeit ist, nicht weiterkommen würde, war weit verbreitet.

Einen sehr wichtigen Beitrag seitens der Naturphilosophie zur Entwicklung eines neuen Raum-Zeit-Verständnisses leistete Hermann Lotze. 1881 wurde der Göttinger Philosoph endlich als Zeichen allgemeiner Anerkennung nach Berlin berufen. Kurz nach seiner Übersiedlung verstarb Lotze hier im Alter von erst 64 Jahren. Auf die Wirkungen Lotzes zur Entwicklung der Raum-Zeit-Theorie ist bis in das 20. Jahrhundert hinein immer wieder verwiesen worden.[47] Später geriet er leider sehr schnell in Vergessenheit. Lotzes nur kurz währende allgemeine Anerkennung als einer der bedeutendsten deutschen Philosophen gründete sich vor allem auf die kritische Aufarbeitung der Hegelschen und Schellingschen Philosophie, die dabei auch Kant und Leibniz nicht aus dem Blick verlor. Mit Lotzes Philosophie ist zumindest für die Entwicklung des Raum-Zeitverständnisses die These, daß Hegels Naturphilosophie wirkungslos blieb, dahingehend zu relativieren, daß sie vermittelt über Lotze das *naturphilosophische* Denken der 2. Hälfte des 19. Jahrhunderts nachhaltig beeinflußt hat. Mit Lotze wird auch die innerphilosophische Entwicklung der Begriffe von Raum und Zeit deutlich und damit die historische Einordnung Hegelscher Naturphilosophie möglich. Gleichzeitig erweist sich aber auch hier die These von einer „genialen Vorwegnahme" relativistischer Gedanken in der Naturphilosophie Hegels als äußerst fragwürdig,

---

46　Borzeszkowski/Wahsner 1989, S. 41.

47　Vgl. J. E. Erdmann 1878, Pfleiderer 1882, Misch 1912, Falkenberg 1913, Wentscher 1913 und Becher 1929.

weil selbst ein Lotze als herausragender Hegelkenner und -kritiker der nachfolgenden Periode das alte Paradigma nicht endgültig überwindet.

Moderne Nachahmungsversuche Hegelscher Naturphilosophie[48] gehen davon
aus, daß Hegels Logik nicht Resultat einer kritischen Sichtung der Naturwissenschaft seiner Zeit war, sondern als eine „kategoriale Antizipation der nachfolgenden Wissenschaftsentwicklung" angesehen werden kann.[49] Die Hegelsche
Analyse der Physik Newtons mündet in einer negativen Bestimmung der physikalischen Begriffsbildungen als erstarrt und daher undialektisch. Eine positive
Neubestimmung vermag die philosophische Spekulation Hegels nicht zu leisten,
weil ihr dafür der naturwissenschaftliche Stoff fehlte.[50] Im Vergleich zu Hegel
befand sich Lotze da in einer weitaus günstigeren Situation.

Hermann Lotze gilt als der Mitbegründer der modernen Psychologie.[51] Seine
Wirkung auf die Naturwissenschaftler und Philosophen seiner Zeit ist unbestritten. Lotzes große Leistung wird aber nur begreifbar durch Analyse und Vergleich seiner Begriffe von Raum, Zeit und Bewegung mit denen Hegels und
Schellings, weil Lotzes Denken die Hegelsche Naturphilosophie und die Entwürfe des jungen Schelling zur Voraussetzung hatten. Um die Jahrhundertwende
war Lotzes Wirkung zumindest auf die Vertreter der Naturphilosophie noch
nachweisbar.[52] Die Frage, wie weit Physiker dieser Zeit von diesen Wirkungen
profitierten, ist eine schwierige Frage und nicht einfach zu beantworten. Eine
Antwort setzt die Betrachtung des Verhältnisses von Naturphilosophen und Naturforschern jener Zeit voraus.

---

[48] Vgl. z.B. Wandschneider 1982.
[49] Wahsner 1990a, S. 2.
[50] Falkenburg 1987, S. 218.
[51] Frischeisen-Köhler 1913, S. VI.
[52] Falkenberg 1913.

III. Dialektische Naturphilosophie und Physikgeschichte

Hegels Kritik an den Kantschen Denkformen a priori, „Raum" und „Zeit", konnte wegen ihrer Negativität, das heißt als philosophischer Beweis der prinzipiellen Unfähigkeit der Naturwissenschaft begrifflich zu denken, für die erfolgreich voranschreitenden Naturwissenschaftler nur völlig haltlose Spekulation sein. Da die Hegelsche Naturphilosophie *selbst* wirkungslos für die Naturwissenschaft ihrer Zeit und darüber hinaus für die darauf folgende Periode ihrer stürmischen Entwicklung geblieben war, wurde in der Philosophiegeschichtsschreibung die Hegelsche Naturphilosophie zunächst vergessen. Die vernichtende Kritik bekannter Naturforscher blieb nicht ohne Folgen für die Philosophen, die die Geschichte der Naturphilosophie schrieben.[1] Hegels Naturphilosophie wurde häufig als ein bedauerlicher Mißgriff des großen Philosophen gewertet und ihre Stellung im System Hegelscher Philosophie verkannt oder verdrängt. Selbst Lotze hat als ausgewiesener Kenner Hegels dessen Naturphilosophie als bedeutungslos bezeichnet.[2] Ein Urteil, gefällt zum Zwecke der Abgrenzung, das ihm selbst geschadet haben dürfte. Diese scharfe Kritik an der Hegelschen Naturphilosophie relativiert sich aber, wenn man Lotzes Sicht des Verhältnisses von Metaphysik und Naturphilosophie genauer betrachtet. Für Lotze sind „Raum" und „Zeit" wesentliche Kategorien seiner Metaphysik. Damit sind auch die Hegelschen Begriffe von Raum und Zeit nicht der harten Kritik an dessen Naturphilosophie ausgesetzt, sondern sind Teil des philosophischen Fundaments. Lotze bemühte sich selbst generell um eine klare Abgrenzung von den Hegelianern, aus deren Richtung er bereits sehr früh herausgetreten war. Seine Kritik an der Hegelschen Naturphilosphie hat mannigfache Nachahmer gefunden.

Erst in jüngerer Zeit gibt es eine breitere Literatur zur Neubewertung und Aufarbeitung der Hegelschen Naturphilosophie.[3] Mit dieser neueren Entwicklung hat in den letzten Jahren auch die Neubewertung der Hegelschen Naturphilosophie für die Geschichte der Physik selbst breiteres Interesse gefunden.

---

1   Noch 1976 konnte Alexander Gosztonyi in seinem umfangreichen Werk über die Geschichte des Raumbegriffs behaupten, daß die Philosophie der ersten Hälfte des 19. Jahrhunderts keine der „Kantschen Raumdeutung gegenüber prinzipiell neue Interpretation des Raumes" gebracht habe. (Gosztonyi 1976, Bd.1, S. 467)

2   Lotze 1894, S. 73.

3   Zur Rezeption Hegelscher Naturphilosophie vgl. Bonsiepen 1988, Falkenburg 1987, Wahsner1990a, Horstmann 1986, Petry 1987, Neuser 1987.

Schien es über Jahrzehnte als absurd, Hegel in einen Zusammenhang mit relativistischer Physik zu stellen, so ist nun eine überzogene Tendenz festzustellen, Hegel als den genialen Vorwegnehmer wesentlicher Gedanken der Einsteinschen Relativitätstheorie anzusehen, was er schon deshalb nicht sein kann, weil Naturphilosophie keine naturwissenschaftlichen Erkenntnisse vorwegzunehmen vermag. Die philosophischen Begriffe von der Natur entstehen in einem anderen Prozeß als die Begriffe der naturwissenschaftlichen Erkenntnis. Philosophische Begriffe sind mit naturwissenschaftlichen vergleichbar, aber nicht identisch, weil ihre Bedeutung sich aus einem ganz spezifischen Begriffsgefüge erschließt. Die These von der „Vorwegnahme" unterstellt die Möglichkeit der Identität der Begriffssysteme und da das Argument stets von Philosophen kommt, letztlich die Möglichkeit der Auflösung von Naturwissenschaft in Naturphilosophie.

Das Hegelsche System „paßt" aber auch nicht einfach besser zur modernen Physik als andere philosophische Systeme. Seine Logik ist nicht die der modernen Naturwissenschaft angemessene philosophische Grundlage, sondern Hegels Naturphilosophie steht, wie jede Philosophie, im Kontext ihrer Zeit und schöpft aus den Problemen des zeitgenössischen wissenschaftlichen Denkens ihre Ansätze. Diese können über das Zeitverständnis soweit hinausragen, daß sie aus späteren Sichten in modernere Zusammenhänge gestellt, inhaltlich anders bestimmt erscheinen können.[4] Man wird dem wahren historischen Inhalt von Naturphilosophie aber nur dann gerecht, wenn man diese in ihrer eigenen *inneren Logik* begreift. Der Maßstab moderner Naturwissenschaft ist ein äußerer Maßstab, der vielleicht die Richtung, nicht aber den Inhalt dieses historischen Denkens selbst messen kann.[5]

Naturwissenschaftliche Disziplinen haben ebenso ihre eigene Dynamik wie naturphilosophische Fragestellungen. Die Schwierigkeit besteht darin, daß physikalische und (natur)philosophische Begriffe im Prozeß ihres Werdens ihre größte Annäherung erfahren. Fertigen physikalischen Theorien ist diese Nähe zu philosophischen Fragen kaum noch anzusehen, wie umgekehrt durch die philosophische Bearbeitung das naturwissenschaftliche Problem sich scheinbar

---

4 Falkenburg 1987.

5 „Als einziger Maßstab, die Hegelsche Naturphilosophie zu beurteilen, dienen den mir bekannten Interpreten die Inhalte der – damaligen oder heutigen – Naturwissenschaft selbst, die zu ihrem Fortschreiten in den letzten zweihundert Jahren im allgemeinen keiner philosophischen Theorie bedurften. Dementsprechend wurde diese Naturphilosophie entweder als obsolet (wenn auch im Kontext der zeitgenössischen Naturwissenschaft sinnvoll) oder als eine fruchtlos gebliebene Antizipation von Gedanken der heutigen Physik oder als eine Mischung von beiden hingestellt." (Falkenburg 1987, S. 11)

phische Bearbeitung das naturwissenschaftliche Problem sich scheinbar auflöst. Das neue Paradigma wird sehr schnell als klare, logische und widerspruchsfreie Basis der Wissenschaft hingenommen, die der Philosophie nicht bedarf, so wie andererseits Naturphilosophie bis heute in dem Glauben entwickelt wird, erst die begrifflichen Voraussetzungen von Naturwissenschaft legen zu müssen. Beide Standpunkte lassen sich mit Beispielen aus der Geschichte der Wissenschaften ebenso gut bestätigen wie widerlegen.[6]

Philosophische Arbeiten von Physikern um die Jahrhundertwende waren Resultat eines Mangels, der sich aus der vorhergehenden Periode der starken Lösung von Philosophie und Naturwissenschaft ergeben hatte. Darauf machten, wie bereits oben erwähnt, F.A. Lange und Du Bois-Reymond aufmerksam.

Der Maßstab zur Bewertung naturphilosophischer Fragestellungen kann nur aus der Geschichte der Naturphilosophie selbst genommen werden, die aber gerade nicht unabhängig, d.h. nicht ohne Wechselwirkungen mit der Naturwissenschaft verlief, wenngleich es ganze Phasen gegenseitiger Abkopplungen gab. Aber auch ein negatives Verhältnis ist ein Verhältnis, wenn auch nur ein verdrängtes. Die Feststellung, daß auch in der Naturphilosophie die Entwicklungslinie von Kant zu Hegel verläuft, mag aus geschichtsphilosophischer Sicht trivial erscheinen, aber Hegels Naturphilosophie wurde lange Zeit nur als Verirrung des großen Philosophen angesehen. Die heutige Attraktivität Hegelscher Naturphilosophie rührt daher, daß Hegel das Begriffssystem der klassischen Physik mittels seiner dialektischen Begrifflichkeit kritisierte und dabei die Ansätze von Widersprüchen fand, die, beschränkt man sich auf die Physik, erst mit der Ätherphysik der Jahrhundertwende für die Physiker zu Problemen wurden. Wandschneider ist aber ohne Frage zuzustimmen, wenn er feststellt, „daß Hegel der modernen Physik in gewisser Hinsicht nähersteht als Kant".[7] Er blendet dabei aber völlig aus, warum in anderer Hinsicht gerade Hegels Distanz zur Naturwissenschaft größer war als die Kants.[8] Ähnlich ist auch der Ansatz von M. Gies, der es wie Wandschneider für möglich hält, „daß aus bestimmten Gründen die Transposition der

---

6   „Untersuchungen und Studien haben zur Hypothese (Interaktionshypothese) geführt, daß insbesondere in kritischen Phasen der Wissenschaftsentwicklung (Entstehung, Schul- oder Richtungspluralismus, Revolutionen) ein Zusammenspiel von zumeist impliziten ontologischen und methodischen Annahmen (die zum Teil ihrerseits noch von erkenntnistheoretischen und epistemologischen Annahmen abhängen) für die Antworten auf Fragen nach einigen wissenschaftsrelevanten sog. problematischen Entitäten von entscheidender Bedeutung sein kann." (Pasternack/Mehrtens 1990, S. 33)

7   Wandschneider 1982, S. 23.

8   Vgl. Wahsner 1990a, S. 14.

systematischen Begriffsentwicklung auf Hegels zeitgenössische Naturwissenschaft nur unvollkommen gelingen konnte, daß sie dagegen mit Bereichen der Physik des 20. Jahrhunderts erstaunliche Kongruenzen aufzuweisen hat."[9] Die Distanz Hegels zur Naturwissenschaft liegt im Systemansatz Hegelscher Philosophie begründet, was bereits Lotze wie auch Feuerbach erkannten. Indem Natur nur als Entäußerung der absoluten Idee gesetzt wird, können die Wissenschaften von dieser Natur nur zur Entäußerung des Begriffs gelangen und nicht wirklich aufsteigen zum Begriff, d.h. selbst Wissenschaft sein. Dieser Ansatz des Hegelschen Systems korrespondiert mit der Gleichsetzung von Empirismus und empirischen Wissenschaften, die Hegel aus der Analyse des Selbstverständnisses der Naturforscher bezog.

Die reale Geschichte der Physik ging an Hegels Kritik vorbei. Über Lotze und anderen flossen aber wesentliche Momente Hegelscher Kritik am Begriffssystem der Physik in das neue naturphilosophische Denken der 2. Hälfte des 19. Jahrhunderts ein, das sich wieder konsequent an den Naturwissenschaften orientierte. In diesem Sinne hat über Lotze, der die Negativität der Hegelschen Physikkritik positiv aufhob, Hegel auf die Zeit um die Jahrhundertwende gewirkt. Diese Wirkung war aber Resultat von Transformation und Vermittlung. Genau genommen geht es nicht allein um die Wirkungen Hegels, sondern um die Wirkungen einer dialektischen Naturphilosophie, ausgehend von Leibniz und Kant über Schelling und Hegel in die Zeit stürmischer naturwissenschaftlicher Entwicklungen zum Ende des vergangenen Jahrhunderts hinein. Solche Wissenschaftlerpersönlichkeiten wie Du Bois-Reymond sind ein Indiz dafür, daß bei aller zurecht sehr kritischen Auseinandersetzung mit der Philosophie, Ideen von Leibniz bis Hegel das naturwissenschaftliche Denken angeregt und befördert haben.

Naturwissenschaftler und vielleicht besonders die Physiker haben es sich zur Tradition gemacht, alles Beiwerk zu ihren Theorien möglichst wegzulassen. Dies macht die Rekonstruktion realer Physikentwicklungen so schwierig, weil sie in den Lehrbüchern nur noch als Reihe fertiger Resultate und nicht als Gewordenes erscheinen. Diesen Mangel empfindend haben Physikhistoriker die Briefwechsel großer Physiker durchforstet. Im Briefwechsel von Albert Einstein und Max Born finden sich Hinweise, wenn auch nur flüchtige, zur Philosophie. Es taucht der Name Kant auf und Anfang der 30er Jahre auch Hegel. Einstein spricht hier von der Spekulation und Hegelei, der er verfallen sei.[10] Dies sind Indizien für ein umfangreicheres Wechselverhältnis von Physikalischem und Philosophischem, bei deren konkreten Aufarbeitung man sicher auch zu einer Relativierung

---

9 Gies 1989, S. 319.
10 Siehe Briefwechsel Einstein-Born, Born 1972.

der bisher geglaubten *völligen* Wirkungslosigkeit Hegels auf die moderne Physik kommen wird. Diese Wirkungen wird man aber kaum daran messen dürfen, ob jemand den großen Dialektiker selbst gelesen hat, sondern an dem geistigen Klima, an der philosophischen Aufgeschlossenheit der Umgebung, in der die Physiker heranwuchsen, die Wesentliches leisten konnten für die Entwicklung neuer Theorien. Daß dieses Klima im Deutschland der Jahrhundertwende vorhanden war, läßt sich u.a. durch die Gründung der „Annalen der Naturphilosophie" 1902 durch Wilhelm Ostwald belegen. In seiner Einführung spricht er von der Notwendigkeit und dem Bedürfnis nach „philosophischer Vertiefung der Forschung". Aufgabe der Philosophie sollte es daher sein, als „geistige Verkehrs- und Austauschzentrale" der Forschung zu wirken. Ebenso wie Swante Arrhenius zog Wilhelm Ostwald zur Begründung der Notwendigkeit eines konstruktiven Verhältnisses von Naturwissenschaft und Naturphilosophie die Entdeckung des Energieerhaltungssatzes heran.[11]

---

11 Ostwald 1902, S. 3-4.

IV. Der junge Schelling über Raum und Zeit

Schließt man die Entwicklungsgeschichte der vorangegangenen Naturphilosophie aus der Betrachtung Hegelscher Kritik an der klassischen Physik aus, so muß man – wie z.b. Frans H. von Luteren – zu dem Schluß kommen, daß es Hegel offensichtlich an der Fähigkeit mangelte, die Kräfte als mathematische Vektoren zu behandeln.[1] Für v. Luteren sind daher diese „Schwierigkeiten" Hegels, das physikalische Konzept mit mechanischen Variablen verbinden zu können, der Grund dafür, daß Hegel dynamische Probleme auf statische zurückführen will. Diese Sicht macht den Dialektiker Hegel zum Statiker, was nicht stimmt.

Ein Ausgangspunkt Hegels liegt bei Schelling, was heißen soll, der Hegelsche Ansatz ist nicht mit Schellings Sicht der Natur und Naturwissenschaft identisch, sondern Hegel greift Problemsichten des Jugendfreundes in einem *anderen* philosophischen Kontext auf. Der junge Schelling, der die Erde als lebendigen Organismus begreifen will, sucht nach einem tätigen individualisierenden Prinzip („Weltseele").[2] Im Vergleich mit den chemischen und organischen Lebensprozessen erscheinen die mechanistisch verstandenen Kräfte der Physik dafür völlig ungeeignet. Schelling sieht in der Polarität und Gegensätzlichkeit der Elektrizität und des Magnetismus das naturwissenschaftliche Ausgangsmaterial für sein naturphilosophisches Prinzip, das Natur als sich ständig selbst unterhaltenden Prozeß unendlicher Produktivität begreifbar machen soll.[3] 1795 gelangte Schelling in der Auseinandersetzung mit Kant zu dem Schluß, daß Raum und Zeit als Formen der Anschauung „unmöglich vor *aller* Synthesis vorhergehen, und also keine *höhere* Form der Synthesis voraussetzen können".[4] Für ihn sind Raum und Zeit bei Kant nach keinem Prinzip geordnet. Man müsse daher nach einem Prinzip suchen, daß die Einheit des Bewußtseins in einem Prinzip setzt. Formen der Urteile und Kategorien sollten durch dieses Prinzip bestimmbar werden.[5] Schelling will das Apriorische von Raum und Zeit bei Kant auflösen. Den Lösungsansatz dafür meint er bei Spinoza zu finden, dessen Irrtum er darin sieht, die Idee von der absoluten Substanz außerhalb allen „Ichs" gesetzt zu haben. Damit ver

---

1 van Luteren 1986, S. 50-51.
2 Marie-Luise Heuser spricht daher von einer „sehr modern anmutenden Naturauffassung", verweist jedoch völlig zurecht darauf, daß das naturwissenschaftliche Material des beginnenden 19. Jahrhunderts die Schellingsche Konzeption wesentlich prägte. (Heuser 1989, S. 19-20)
3 Schelling, AA, Bde 2, 3 und 5.
4 Schelling, AA, Bd. 2, S. 72
5 Ebd., S. 72.

steht der junge Schelling die Kantsche Frage, wie seien synthetische Urteile a priori möglich, als Frage nach dem Verhältnis von Subjekt und Objekt im Prozeß der Erkenntnis: „Wie kommt das absolute Ich dazu, aus sich selbst herauszugehen und sich ein Nicht-Ich schlechthin entgegenzusetzen?"[6] Sandkühler übersetzt den Kern dieser Schellingschen Frage mit: „Wie ist subjektive Erkenntnis als objektives Wissen begründbar?" und verweist auf gleiche Problemlagen bei Helvetius und d'Holbach. [7]

Für die Erschließung des Schellingschen Herangehens an die Naturphilosophie ist Sandkühlers Feststellung wichtig, daß Schelling die „Konstitution des Bewußtseins ohne die Analogie zur Natur nicht erklären" kann. [8] Für Schelling entspringt diese Analogie jedoch aus der Reflexion des Bewußtseins und ist hier weit von materialistischen Interpretationen entfernt.

Schellings „absolutes Ich" ist das spinozistisch idealistisch genommene Kantsche Ding an sich. Es ist der Begriff an sich, dem noch alle Bestimmung fehlt. Der junge Schelling betont, daß *im* „absoluten Ich" bereits das „Nicht-Ich", die materielle Realität, enthalten sei: „Daseyn" ist Resultat der ersten „Synthesis überhaupt". Ebenso werden Raum und Zeit mittels Synthesis hervorgebracht, beide Begriffe aber sogleich gefaßt als *Bedingung aller Synthesis* selbst.[9] Schelling begreift so Synthesis als „Widerstreit der Vielheit gegen die Ursprüngliche Einheit".[10] Diese Vielheit ist damit schon im absoluten Ich vorhanden. Im „absoluten Ich" wird die Einheit *und* die Vielheit der Materie wie Einheit *und* Vielheit des Bewußtseins gesetzt. Diese Bestimmung wird weitgehend verdeckt durch die „intellektuale Anschauung", in der sich die Kategorien entfalten sollen.[11] In dem so gefaßten absoluten Ich wird das Subjekt-Objekt-Verhältnis von Sein und Bewußtsein im Gegensatz zu Kant als Identität bestimmt.

1797 stellt Schelling in *seinen Ideen zu einer Philosophie der Natur* fest: „Es bleibt ... nichts übrig, als die Vorstellungen von den Dingen abhängig zu machen", *aber* „indem ich mich über den Zusammenhang der Dinge erhebe und frage, wie dieser Zusammenhang selbst möglich geworden ... bin ich gar kein *Ding*, kein *Objekt*." Das soll der Beweis dafür sein, daß Geist und Materie, Gedanken und Ausdehnung nur Modifikationen desselben Prinzips sind. Den Beweis für die Existenz dieses einheitlichen Prinzips sucht Schelling in der Erklä-

---

6   Ebd., S. 99.
7   Sandkühler 1978, S. 80.
8   Ebd., S. 84.
9   Schelling, AA, Bd. 2, S. 158.
10   Schelling, AA, Bd. 3, S. 60.
11   Ebd., S. 88.

rung der Welt. Die Newtonschen Kräfte können dies nicht leisten, weil weder Kräfte ohne Materie noch Materie ohne Kräfte vorstellbar sind. „Kraft" wird als Erfahrungsbegriff dafür genommen, daß mit empirischen Prinzipien, die Möglichkeit einer Welterklärung nicht gegeben ist.[12]

Der Übergang vom Körper zur Seele kann nicht kontinuierlich, sondern nur durch einen „Sprung" vollzogen werden. Schelling beruft sich hier auf Newton, den auch die Frage nach der wirkenden Ursache der Anziehung bewegte. Die Suche nach der Einheit von Philosophie und Naturwissenschaft wird zum Beweis für die Existenz des einheitlichen Prinzips des identischen Subjekt-Objekts im absoluten Ich erhoben.[13] Es sollen daher die Leibnizsche prästabilierte Harmonie und Newtons Gravitationssystem nur als verschiedene Ansichten des einheitlichen Prinzips begriffen werden. Damit ist Natur mehr als „Mechanismus", sondern organisierte organische Wesenheit, an der aber das Mechanische ein wesentliches Moment bildet. Weil „das System der Natur" zugleich das „System unseres Geistes" sein soll, muß sich die Sprache der Physik und Chemie im höheren Begreifen der Naturphilosophie auflösen, weil nur sie sich vom „Erklären" zum „Begreifen" erheben kann. Naturphilosophie, meint Schelling, müsse von den an sich gewissen Prinzipien ausgehen und ihrer eigenen Logik folgen. Wechselwirkung soll so auf eine allgemeine Beseelung der Materie zurückgeführt werden. Schelling glaubt, damit das prinzipielle Problem der Naturwissenschaften, was eigentlich ein permanentes Problem aller Wissenschaft ist, etwas Nichterklärbares voraussetzen zu müssen, durch den Übergang zur Naturphilosophie gelöst zu haben. Die gesuchte Auflösung der Natur in der Identität Geist=Natur ist in Wirklichkeit die versuchte Auflösung von Naturwissenschaft in Naturphilosophie.[14] Diese kann aber prinzipiell nicht gelingen, weil naturwissenschaftliche Begriffe nicht in philosophische auflösbar sind. „Wechselwirkung" als „Beseelung" gefaßt bleibt, was sie als Begriff der Physik ist, ohne inhaltlich tiefer verstanden worden zu sein. Die Identität bewahrt aber auch davor, der „Wechselwirkung" einen abstrakten Inhalt zu geben, indem das Naturwis-

---

[12] Schelling, AA, Bd. 5, S. 73-80.

[13] Schelling hat dazu sehr genau die verschiedensten Theorien von Naturforschern analysiert: „Schelling fand bei Volta das Gedankenmodell, um die Entstehung von diskreten Größen aus dem Raumkontinuum zu erklären." (Moiso 1994 a, S. 96) Vgl. dazu auch Moiso 1994 b.

[14] „[I]n der absoluten Identität des Geistes *in* uns und der Natur *außer* uns, muß sich das Problem, wie eine Natur außer uns möglich seye, auflösen. Das letzte Ziel unserer weitern Nachforschung ist daher diese Idee der Natur; gelingt es uns, diese zu erreichen, so können wir auch gewiß seyn, jenem Probleme Genüge gethan zu haben." (Schelling, AA, Bd. 5, S. 107)

senschaftliche nicht mehr erkennbar ist. So entgeht der junge Schelling der Gefahr, an den naturwissenschaftlichen Fakten vorbei zu spekulieren.[15]

Lotze stellte später in seiner Geschichte der deutschen Philosophie seit Kant zu diesem Problem fest: „*Deduzieren* kann man also die Einzelheiten der Natur aus dem *Absoluten* nicht. Wenn man sie aber vorher empirisch *kennt*, so kann man sie auf das Absolute *reduzieren*, d.h., man kann zeigen ... , daß die gegebenen Formen der Naturgeschöpfe und -prozesse in der Tat der Reihe nach Ausdrücke der Erfüllung jener spekulativen Postulate sind...“[16] Indem Schelling nach der Einheit von Naturwissenschaft und Philosophie sucht, sucht er zunächst nach der Einheit der Naturprozesse auf der Grundlage des Zusammenhangs naturwissenschaftlicher und naturphilosophischer Begrifflichkeit, die erst danach eine abgehobene, völlig spekulative Konstruktion (z.B. durch „Beseelung") erfährt.

So ist für ihn Licht keine „besondere Materie", sondern nur eine „Modifikation der Materie"[17] und in der Elektrizität sieht er das Bindeglied zwischen Licht und gewöhnlicher Materie wie auch das Wesen der Chemie als Galvanismus. Ja, Schelling begreift in der elektrischen Materie das Wesen von Materie überhaupt, weil diese nicht Stoff und Kraft sondern wechselwirkende kraftvolle Materie sei. Die wechselseitige Anziehung der Körper durch die Schwere ist ihm dagegen völlig unbegreiflich, weil weder der Grundstoff der Anziehung erkannt noch durch eine besondere innere Qualität der Körper erklärt worden ist. Für Schelling ist über die Elektrizität als Wesen der chemischen Prozesse die Physik ableitbar und dies das naturwissenschaftliche Argument für die Ableitung der Chemie und der organischen Naturlehre aus der Philosophie.[18] Ganz ähnlich entwickelt sich in der Physik des 19. Jahrhunderts die Vorstellung, daß der Kern physikalischer Prozesse die elektrodynamische Wechselwirkungen seien. Das Spinozistische in den Systementwürfen des jungen Schellings bringt ein Moment hervor, das über die spätere Hegelsche Setzung von Raum und Zeit als Momente der absoluten Idee hinaus reicht, indem Raum und Zeit ins Verhältnis zum naturwissenschaftlich geprägten Begriff „Wechselwirkung" gesetzt werden. Auf diese Weise beziehen sich „Raum" und „Zeit" nicht allein auf die Idee, auf das Absolute, sondern sie stehen in der Natur selbst zu einem Begriff in Beziehung. Damit findet sich beim jungen Schelling der Ansatz dafür, daß die Naturphilosophie nach Hegel in der Frage nach Raum und Zeit das positive Verhältnis zu

---

15 Daß Schelling dabei die empirischen Fakten seinen philosophischen Prinzipien gemäß auswählt und wichtet, steht dabei außer Frage. Vgl. hierzu Küppers 1992.

16 Lotze 1894, S. 55.

17 Schelling, AA, Bd. 5, S. 130.

18 Schelling, AA, Bd. 5, S. 84 ff.

den Naturwissenschaften wiedergewinnen konnte. Lotze greift später diesen Jugendgedanken Schellings auf.[19]

Schellings Beitrag zur Entwicklung einer dialektischen Naturphilosophie wird aus der Sicht Hegelscher Begrifflichkeit von einigen Autoren stark herabgesetzt.[20] Diese Herabsetzung wird unter anderem auch mit Schellings Nähe zu Kant begründet.[21] Sandkühler hält zurecht dagegen, daß Schelling es war, der den Widerspruch „zum allgemeinen Prinzip der Bewegung" machte.[22]

Das höhere Niveau Hegelscher Dialektik ist die Logifizierung, die in der systematischen Ausarbeitung wichtige Problemsichten des jungen Schellings ausblendet. Größere Klarheit der dialektischen Begrifflichkeit ist – dem Hegelschen System geschuldet – gleichzeitig gekoppelt mit Verengungen bestimmter Begriffe. Der verbalen Einschätzung einer höheren Dialektik bei Hegel kann im Detail eine höhere Dialektik bei Schelling entgegengehalten werden. Im „Durchschnitt" wäre Hegel sicher höher zu bewerten, was aber eben nur durchschnittliches Denken wäre, das versucht, Ideen gegeneinander aufzurechnen. Das „höhere" Niveau Schellings ist nachvollziehbar an der Rolle der Kategorie „Wechselwirkung" im Verhältnis zu Raum und Zeit.

Für Moiso ist es die große Rolle der Elektrizität, die Schelling auf einem niederen Niveau der Dialektik verharren läßt. Es ist aber nicht der naturwissenschaftliche Stoff, der die Dialektik behindert, sondern das theoretische Niveau der Philosophie. Moiso meint, indem Schelling die Elektrizität als das „Hauptschema in der Konstruktion der Materie" begreift, verlieren die zunächst gesetzten Individuen ihre Selbständigkeit und werden so Teil der Totalität des universellen Prinzips. Für Hegel habe so der Schellingsche Ansatz die Fähigkeit, die Selbständigkeit der Naturqualitäten zu begreifen, verloren.[23] Hegel wendet jedoch diese Selbständigkeit der Dinge in ihre Vereinzelung, um die Welt der Dinge negativ als Entäußerung der absoluten Idee zu fassen. Gerade die Starrheit macht diese Selbständigkeit der Naturdinge bei Hegel aus. Moisos Argument, Schelling habe im Vergleich zu Hegel „doch nur das Kontinuum und die bloße Mannigfaltig-

---

[19] Erich Becher verwies 1929 darauf, daß Schelling auf Lotze (und Fechner) gewirkt hat und sah beide als Begründer einer „empirisch-induktiven Metaphysik". (Becher 1929, S. 28)

[20] Vgl. z.B. Ruben 1978 und Moiso 1986.

[21] Die Herabsetzung Schellings gegenüber Hegel hat eine ganze Palette von Argumenten. Vgl. hierzu z.B. Seidel/Kleine 1971, S. LVIII, Ruben 1978, S. 50 und Schmied-Kowarzik 1989, S.124.

[22] Sandkühler 1978, S.87.

[23] Moiso 1991, S. 66.

keit" gedacht und das Schellingsche Naturverständnis bleibe daher auf der Stufe des „Homogenen" und „Allgemeinen", ist im Kern ein Argument einer Philosophie, die der Natur jegliche Entwicklung absprechen will.[24]

Schelling, der aus der Naturphilosophie organische Naturlehre, Chemie und dann Physik ableiten will, geht bei der „Konstruktion der Elektrizität" aber den umgekehrten Weg von der Physik zur Elektrizität (als Kern der Chemie) und dann zum Organischen. Die Begriffe werden zwar philosophisch hinterlegt, dies bleibt jedoch weitestgehend formal, weil die großen Lücken der realen Erkenntnis zu viel *abstrakte* (unproduktive) Spekulationen erfordern, indem die Momente *konstruktiver* Spekulation oft untergehen. So hält es Schelling für einen „mißlungenen Versuch, die allgemeine Anziehung" (Gravitation) aus physikalischen Ursachen zu erklären, weil diese Begriffe *allein* philosophisch bestimmbar wären.[25] Was für die Elektrizität funktionierte, hielt er bei der Gravitation für nicht durchführbar.

Im Werden der Welten werden alle Dinge zunächst als „bloße Formen des Raums" gesetzt. Raum wird „in seiner Identität als Abbild des Absoluten" nur als der Unterschied der drei Dimensionen gefaßt. Alle Verschiedenheit der Körper, meint Schelling weiter, müsse sich aus ihrem Verhältnis zu den drei Dimensionen des Raums ergeben. Die Qualitäten aller Körper sind so aus ihren Beziehungen zu den Raumdimensionen bestimmbar: „Es fallen hiermit alle absolut qualitativen Verschiedenheiten der Materie hinweg ... alle Materie ist innerlich eins, dem Wesen nach reine Identität; alle Verschiedenheit kommt einzig von der Form und ist demnach bloß ideell und quantitativ."[26]

Damit wird der Raum als Form des Seins, als eine Einheit des Absoluten, gleichgesetzt mit der Form der dynamischen, wechselwirkenden Prozesse, die als eine andere Einheit des Absoluten verstanden werden soll. Das heißt, die 3 Dimensionen als Formen des Seins werden gleichzeitig als tätige, dynamische Momente gefaßt. Indem Magnetismus als „Prozeß der Länge", Elektrizität als „Prozeß der Breite" und der chemische Prozeß als „3. Dimension" *und* als Totalität aller drei Dimensionen gefaßt werden, glaubt Schelling, die Raumentfaltung als Entfaltung der potenzlosen Dimension der Vernunft gefaßt zu haben.[27] Der junge Schelling will auf diese Weise die einzelnen Raumdimensionen als Resultat und Wesen der konkret gefaßten Wechselwirkungen begreifen. Damit wirft er, wenn auch noch in einer sehr rohen Form, die Frage nach dem Verhältnis von

---

24 Ebd., S. 86-87.
25 Schelling, AA, Bd. 5, S. 208-209.
26 Schelling [1795-1800] S. 339.
27 Ebd., S. 341.

Raum und physikalischer Wechselwirkung auf. Mit Gauß wird dieses Problem zur Frage nach der wahren Geometrie. Lotze setzt diesen Gedanken in der Naturphilosophie fort. Die Philosophiegeschichte hat diesem sehr wichtigen Schellingschen Gedanken bisher kaum Beachtung geschenkt, wie auch die neueren Arbeiten über Hegelsche Naturphilosophie im Verhältnis zur modernen Physik Schelling nur als Wegbereiter Hegels sehen. *Es war aber Schelling, der Raum und Zeit als abgeleitete Kategorien der Wechselwirkung bestimmte.* Ob Gauß von der Spekulation des jungen Schelling beeinflußt wurde, ist eine Frage, der man nachgehen sollte.

Von Schelling geht auch Lotze aus, wenn er ein halbes Jahrhundert später nicht mehr die Raumdimensionen als Resultat konkreter Wechselwirkungen, sondern Raum und Zeit als Momente von Wechselwirkung begreifen will. D.h., der Schellingsche Ansatz erhält in entwickelter Form in Lotzes Vorstellungen von Raum und Zeit einen zentralen Platz.

Für Schelling war die Konstruktion der Identität von Raumdimensionen und konkreten physikalischen und chemischen Wechselwirkungen der Ausgangspunkt für den Ansatz, Materie und Körper aus Kräften erklären zu wollen.[28] Die Physik muß „die Möglichkeit der Materie und der Bewegung *überhaupt* schon" voraussetzen. Aus der Philosophie sollen die Voraussetzungen von Physik deduziert werden. Die Erkenntnis, daß „überhaupt keine Bewegung möglich ohne ursprünglich-*bewegende* Kräfte, die der Materie ... insofern sie überhaupt *Materie* ist ... notwendig zukommen", verleitet ihn dazu, alle Objekte nur als „Produkt von *Kräften*" zu betrachten. Er meint damit „ursprüngliche, dynamische Kräfte" im Gegensatz zu den mechanischen Kräften der Physik.[29] In der Physik soll „Kraft" ein Verstandesbegriff, „ein *gemeinschaftliches* Produkt objektiver und subjektiver Tätigkeit" sein, in der Philosophie dagegen sollen die Grundkräfte als Ausdruck der „ursprünglichen Tätigkeit" des Absoluten für den Verstand gefaßt werden.[30] In dieser Konstruktion erkennt Schelling, daß Naturphilosophie einen der Physik analogen Begriff für „Kraft" braucht, diesen aber nicht mit dem physikalischen Kraftbegriff gleichsetzen kann, weil Philosophie andere Voraussetzungen hat. Für Schelling hat jedoch die Philosophie ganz im Gegensatz zur Naturwissenschaft ihre Voraussetzungen in sich selbst. Indem Physik eigene Voraussetzungen macht, bleibt aus dieser Perspektive das physikalische Erklären hypothetisch, während die Philosophie die Frage nach der Möglichkeit von Materie und Bewegung beantworten muß und dies auch zu leisten vermag. Materie

---

28 Schelling, AA, Bd. 5, S. 204.
29 Ebd., S. 203-204.
30 Ebd., S. 218.

wird über ihre Konstruktion durch Kräfte, die identisch gesetzt sind mit der Entfaltung der Raumdimensionen, zum Resultat der Wirkung der ewigen „Subjekt-Objektivierung", zum Resultat der „produktiven Anschauung" des absoluten Ichs.[31] Diese Konstruktion der Materie wird als „apriorisch abgeleitete" gefaßt und als Gegensatz zur Vorgehensweise des „atomistischen Physikers" gesehen, der genötigt ist, eine Menge Voraussetzungen zu machen, die er nicht erklären kann. Da „die letzten Ursachen der natürlichen Erscheinungen durch Hilfe der Erfahrung niemals erforscht werden können, so bleibt nichts übrig, als entweder überall darauf Verzicht zu tun, sie zu kennen, oder dieselben gleich der atomistischen Physik zu erdichten, oder aber *a priori* aufzufinden, welches die einzige Quelle eines *Wissens* ist, die uns außer der Erfahrung übrig bleibt."[32]

Im Gegensatz zu Kant sind damit nicht mehr Raum und Zeit das Apriorische, sondern die Materie selbst wird a priori konstruiert. Raum und Zeit entstehen erst in dieser Konstruktion aus Magnetismus, Elektrizität und chemischem Prozeß, d.h., beide Kategorien werden erklärbar.[33] Das Apriorische bei Schelling sind nicht so sehr die Kategorien, sondern die Konstruktion der Kategorien, im Kern die Konstruktion des Wissens.

Indem Schelling den Raum aus den Dimensionen entstehen lassen will, setzt er Raum als das „Entgegengesetzte" des Punktes, als „Negation aller Intensität". Raum und Zeit leiten sich aus diesem Punkt ab. Durch die gleichförmige Bewegung eines *realen* Körpers werden Raum und Zeit durcheinander gemessen. „Daher das ursprünglichste Maß der Zeit der Raum, den ein gleichförmig bewegter Körper in ihr durchläuft, das ursprünglichste Maß des Raums die Zeit, welche ein gleichförmig bewegter Körper braucht, ihn zu durchlaufen. Beide zeigen sich als absolut unzertrennlich."[34] In der Hegelschen Dialektik beziehen sich nur noch die mathematisierten logischen Formen aufeinander, weshalb ein Lotze sich veranlaßt sieht, in dieser Frage auf Schelling und nicht auf Hegels Raum-Zeit-Schema zurückzugreifen.

Raum, gefaßt als „Extensität", will Schelling durch die Intensität bestimmt wissen. Diese Intensität setzt er nicht zum Punkt, sondern zum Raum in Beziehung. Punkt und Kraft haben kein eigenes Verhältnis zueinander. Raum und Kraft sollen als Extensität und Intensität sich wechselseitig bestimmen, so wie sich Raum und Zeit als Meßgrößen wechselseitig bestimmen.

---

31 Schelling, SW III, S. 426.
32 Ebd., S. 454.
33 Ebd., S. 448.
34 Ebd., S. 468.

Der Raum Schellings ist ein kraftvoller Raum realer Wirkungen, kein nur durch Geometrie mathematisch bestimmter leerer Behälter. Hegels ausgefeilte dialektische Konstruktion der Relation von Raum und Punkt verliert die Relation Raum – Wechselwirkung aus dem Blick, weil die Wechselwirkungen der Naturgegenstände zum Wechsel des Scheins herabsinken. Schelling fragt dagegen, wie das „Ich", das Subjekt der Erkenntnis, zu Raum und Zeit kommt. Für ihn wird mit Raum und Zeit am Objekt das „schlechthin Zufällige oder Accidentelle" als Zeit und das „Notwendige" oder „Substantielle" als Raum unterscheidbar. „Was am Objekt Substanz ist, hat nur eine Größe im Raum, was am Objekt Akzidens ist, nur eine Größe in der Zeit."[35] Raum und Zeit sind damit Wesensbestimmungen des zu erkennenden Objekts. Das Begreifen des Objekts in der Zeit setzt Schelling als Entsprechung des „inneren Sinns", das Begreifen des Objekts im Raum als Entsprechung des „äußeren Sinns" des Ichs.

Im Zeitbegriff wird sich so das Ich seines „inneren Sinns", in „Raum" seines „äußeren Sinns" selbst bewußt. Raum und Zeit werden zu „Anschauungen des Ichs". Sie sind aber nicht wie bei Kant subjektive Form der Anschauung a priori, sondern werden dies durch „Produktion", durch das Erkennen. Im ersten Produzieren des absoluten Ichs, in der Konstruktion der Materie, werden Raum und Zeit zu wesentlichen Bestimmungen der materiellen Objekte. Das *„zweite Produciren"*, das dem ersten als Erkenntnisprozeß entgegengesetzt ist, macht Raum und Zeit zu Objekten des Erkenntnissubjekts.[36] Indem Schelling das Werden der objektiven Realität mit dem Werden des Wissens unter das Ich subsumiert, kann er Raum und Zeit als materialisierte Momente realer Objekte (als Substanz und Akzidens) eine objektive Existenz ebenso zuschreiben, wie eine Objektivierung der beiden Kategorien durch das Werden des Wissens. Dabei geht er über seinen eigentlichen Ansatz hinaus, weil er Raum und Zeit nicht selbst als materialisierte Bestimmungen (ontologisch) festlegt, sondern in Substanz und Akzidenz die ontologischen Entsprechungen für die Begriffe Raum und Zeit setzt. Durch die Fixierung der Zeit entsteht im Erkenntnisprozeß erst der Substanzbegriff. Indem im Substanzbegriff das Festhalten der Zeit gesetzt ist, kann das, was Substanz in der objektiven Realität ist, nicht in der Zeit entstehen und vergehen, „denn indem etwas vergeht, muß selbst etwas Beharrendes zurückbleiben, durch welches der Moment des Vergehens fixiert wird."[37] Erst im Begreifen des Werdens trennt sich im Objekt Substanz und Akzidens, „die Substanz beharrt, während die Accidenzen wechseln – der Raum ruht, während die Zeit verfließt, beide

---

35 Ebd., S. 469.
36 Ebd., S. 470.
37 Ebd., S. 473.

werden also dem Ich als getrennt zum Objekt."[38] Die Erkenntnis kann auf diesem Standpunkt aber nicht stehenbleiben, weil es keine fixierte Zeit gibt. Zeit ist fließend, aber nicht an sich, sondern nur für das Ich. Damit ist der objektivierte Zeitbegriff für Schelling ein *Konstrukt des Wissens*, dem außerhalb dieses Wissens keine ontologische Existenz zukommt: „Die Sukzession hat nur Eine Richtung. Diese Eine Richtung von der Sukzession abstrahiert macht eben die Zeit, die äußerlich angeschaut nur eine Dimension hat." Zeit drückt diese Gerichtetheit in den Kausalitätsverhältnissen aus. Es ist aber kein Kausalitätsverhältnis konstruierbar und begreifbar ohne Wechselwirkung: „Denn stehen Substanzen nicht in Wechselwirkung, so können zwar allerdings beide ins Bewußtsein gesetzt werden, aber nur so, daß die eine gesetzt wird, wenn die andere nicht gesetzt wird, und umgekehrt." Durch die Wechselwirkung wird die Sukzession fixiert, Substanz und Akzidens synthetisch vereinigt. Mit der Wechselwirkung entsteht der Begriff der „Koexistenz" als „wechselseitiges Fixieren der Substanzen durcheinander". Das Wissen wirkt auf die Aneignung des Seins, wie das Sein die Produktion von Wissen bestimmt. Nach Schelling entsteht der Raum im Bewußtsein als „bloße Form der Koexistenz". „Im Raum für sich betrachtet ist alles nur nebeneinander, wie in der objektiv gewordenen Zeit alles nacheinander ist. ... Synthetisch vereinigt zeigen sich beide, der Raum und die objektiv gewordene Zeit, in der Wechselwirkung."[39]

Es ist die Kategorie der *Wechselwirkung*, wodurch das Objekt für das Ich zugleich Substanz und Akzidenz und Ursache und Wirkung wird. Damit wird erst *mit* der Wechselwirkung das *Wesen* von Raum und Zeit wirklich begreifbar. Sie sind damit keine abstrakten Kategorien mehr, sondern stehen *unmittelbar* in Beziehung zu den *Bestimmungen der Materie* (Substanz, Akzidens, Kausalität). Für Schelling hat sich damit das alte Problem der Philosophen erhellt, warum der Raum „alle Prädikate des Nichts hat, und doch nicht für Nichts geachtet werden kann." Im Prozeß der Erkenntnis muß man nicht Raum und Zeit, sondern „eine Totalität von *Substanzen und* eine allgemeine *Wechselwirkung der Substanzen"* voraussetzen. „Wechselwirkung" wird hier als „ein dynamisches Zugleichseyn aller Substanzen" gefaßt.[40] Das eigentliche Universum als absolute Synthese, als absolute Produktion des Ichs, ist außerhalb der Zeit, weil das Unendliche nur als allgemeine Wechselwirkung und als Ewigkeit betrachtet werden muß: „Insofern

---

38 Ebd., S. 473.
39 Ebd., S. 476-477.
40 Ebd., S. 481.

nun die Intelligenz nicht in der Zeit, sondern ewig ist, ist sie nichts anderes als jene absolute Synthesis selbst...".[41]

Raum und Zeit sind nicht apriorische Begriffe, sondern Produkte des Erkennens, sie kommen nur als Angeschaute im Bewußtsein vor. Beide Begriffe werden dem „Ich" zum Objekt durch Wechselwirkung und Kausalität. Damit gehen Raum und Zeit über vom unbestimmten Anschauen zum Begriff. Dies ist allein Resultat der Naturerkenntnis. Raum ist auf dem Standpunkt der Reflexion das „begrifflose Anschauen". Wenn bewiesen werden kann, so argumentiert Schelling, „daß vor oder jenseits der Reflexion das Objekt gar nicht durch die mathematischen Kategorien bestimmt sey ..., wenn dagegen bewiesen werden kann, daß das Objekt schon in der ersten Anschauung, und ohne daß eine Reflexion sich darauf richtet, als Substanz und Accidens bestimmt seyn muß: so folgt daraus doch wohl, daß die mathematischen Kategorien den dynamischen überhaupt untergeordnet seyn...".[42] *Daher bestimmen die mathematischen (geometrischen) Begriffe den Raum nicht dynamisch, sondern nur geometrisch.* Dies ist von grundsätzlicher Bedeutung für die spätere Hegel-Kritik, die auf Schelling zurückgreifen kann. Schelling unternimmt den Versuch, Raum und Zeit aus dynamischen Kategorien (Wechselwirkung) abzuleiten, während für Hegel die mathematischen Bestimmungen von Raum und Zeit als vom Empirischen gereinigten Begriffen die Ausgangspositionen für ein dialektisches Begreifen von Raum und Zeit darstellen. Bezüglich der Fragestellung nach Raum und Zeit finden Schellings Ansätze, verbunden mit den Hegelschen, ihren Eingang in Lotzes Bestimmungen von Raum, Zeit und Wechselwirkung.

Ebenso wie Lotze greift im Prozeß der Loslösung von Hegel Feuerbach auf wesentliche Argumente der Schellingschen Hegelkritik zurück.[43] Die pauschale Kritik an Schelling aus der Sicht Hegelscher Dialektik ist das Resultat späterer Jahre, wenngleich diese vor allem von Feuerbach und Engels provoziert wurde.[44] Diese verengte Sicht läuft Gefahr, die Leistungen Schellings, wenn nicht

---

41 Ebd., S. 482.
42 Ebd., S. 514-515.
43 Vgl. Frank 1975, S.10.
44 Ebd., S. 187 u. S. 232.

weitestgehend auszublenden, so doch entschieden zu mindern und herabzuset-
zen. Eine Tradition, die man bis in die Gegenwart hinein verfolgen kann.

V. Hegels Naturphilosophie als Mechanizismuskritik

Mit der Wechselwirkung hat die Natur beim jungen Schelling ihr *eigenes* dialektisches Prinzip. Bei Hegel sind dagegen die Begriffe der Natur unmittelbar durch die absolute Idee bestimmt. Damit ist das Hegelsche System klar von den Bewegungen der Begriffe der Naturwissenschaften abgehoben. Der späte Schelling macht Hegel den Vorwurf, seine Methode der Naturphilosophie durch Verallgemeinerung ins Logische erhoben zu haben.[1] Hegel geht jedoch einen anderen, eigenen Weg. Bereits in seinen naturphilosophischen Fragmenten von 1803/04 spaltet er die Schellingsche Totalität in eine negative (Natur) und eine positive (Logik) auf.[2] Es entsteht damit ein anderes Begriffssystem. Die Schellingschen naturphilosophischen Ansätze werden so nicht einfach verarbeitet, sondern aus den gemeinsamen Ausgangspunkten eine dialektische Logik entwickelt.[3] Wechselseitige Systemkritiken sind bereits in den frühen Arbeiten der beiden Philosophen angelegt.[4]

Bereits Ludwig Feuerbach sah Hegel in eine ganz andere Richtung gehen als Schelling. Die Schellingsche Philosophie war ihm ein „exotisches Gewächs" wegen der „alten orientalischen Identität auf germanischem Boden". Dieser spinozistischen *Identität* Schellings setzt aus der Sicht Feuerbachs Hegel das „charakteristische Element" der „*Differenz*" entgegen.[5] Ganz im Sinne Feuerbachs soll hier Hegel als die *andere Richtung* im klassischen deutschen Idealismus verstanden werden.

In der Auseinandersetzung mit der Philosophie Kants forderte der junge Hegel, der sich noch ganz in Übereinstimmung mit seinem Freund Schelling sah, daß als Aufgabe einer „wahren" Philosophie *nicht* verstanden werden kann, Gegensätze aufzulösen. Die Gegensätze von Geist und Welt, Seele und Leib, Ich und Natur müssen nicht aufgelöst, sondern „*aufgehoben*" werden in einer „absoluten Identität". Diese Identität will der junge Hegel nicht als ein allgemeines und sub-

---

1   „Nach Schelling hat Hegel die Methode der Naturphilosophie ins Logische erhoben ... Er wirft also letztlich Hegel vor, seine Naturphilosophie mißbraucht bzw. mißverstanden zu haben." (Bonsiepen 1988, S. 219)

2   Schellings „philosophische Konstruktion des Naturprozesses zielt auf die Erklärung des Substrats aller Qualitäten." (Moiso 1991, S. 63)

3   Zum Verhältnis des jungen Hegel zu Schelling vgl. Neuser 1993.

4   Ebd., S. 79.

5   Feuerbach [1839-1846] 1982, S. 17.

jektives „Postulat" verstanden wissen, sondern diese „absolute Identität" soll die „einzig wahre Realität" sein.

Seine dialektische Philosophie stellt sich das Ziel, „das absolute Aufgehobensein des Gegensatzes" in der „absoluten Identität" zu entwickeln.[6] Aus dieser Zielstellung heraus lösen sich die Kantschen Antinomien durch die Identität von Geist und Welt in seiner absoluten Idee, im verabsolutierten Selbstbewußtsein auf. Damit bleiben die Kantschen Formen der Anschauung und die Formen des Denkens nicht „besondere isolierte Vermögen", sondern verwandeln sich in „höhere Potenzen" im Denken, in welcher die Identität, die Allgemeinheit zu Bewußtsein gebracht wird, während sich im Anschauen das Denken noch vollständig in die „Mannigfaltigkeit" der Welt versenkt.[7] Das Bewußtsein als „unmittelbares Dasein des Geistes" faßt Hegel in zwei Momente: Wissen und Gegenständlichkeit, Gegenständlichkeit aber als dem Wissen gegenüber negatives Moment. Indem sich diese beiden Momente entwickeln, entstehen die „Gestalten des Bewußtseins", als Erfahrungswissenschaften. In der Erfahrung wird die absolute Idee, wegen der Identität von Denken und Sein, Gegenstand seiner selbst als Wissenschaft. Damit ist bereits Erfahrung Denkprozeß und nicht bloße Anschauung der Wirklichkeit wie bei Kant. „Und die Erfahrung wird eben diese Bewegung genannt, worin das Unmittelbare, das Unerfahrene, d.h. das Abstrakte, es sei das sinnliche Sein oder des nur gedachten Einfachen, sich entfremdet, und dann aus dieser Entfremdung zu sich zurückgeht...".[8]

Hier liegt der Hegelsche Ansatz für seine spätere Feststellung, daß die Kantische Bestimmung von Raum und Zeit als Denkformen a priori die Erkenntnis ist, daß Raum und Zeit im Selbstbewußtsein sind.[9] Der Fortschritt gegenüber Kant besteht darin, daß Natur als Stufe der Entwicklung der absoluten Idee (identisches Subjekt-Objekt) genommen wird, d.h. Erkenntnis als Entwicklung von Denkbestimmungen, als geistiger Prozeß gefaßt wird und nicht das Denken nur den Stoff aus der Sinnlichkeit bekommt, den es dann denkt und in Begriffe faßt. Damit überwindet die Hegelsche Philosophie die Absolutheit der Trennung der Erkenntnisstufen in der Philosophie Kants. Aus Hegels Perspektive ist es Kants bleibendes Verdienst, erkannt zu haben, „daß die Physik Gedankenbestimmungen ohne deren weitere Untersuchung gebraucht".[10]

---

6   Schelling/Hegel [1802] 1981l, S. 223.
7   Ebd., S. 225.
8   Hegel [1807] 1949, S.32.
9   Hegel [1833/36] 1982, Bd.3, S. 364.
10   Ebd., S. 386

Kant hat nach Hegels Meinung nicht die Begriffe der Natur bestimmt, sondern lediglich aufgezeigt, daß man für ihre begriffliche Rekonstruktion der Philosophie bedarf. Das Apriorische ist daher für Hegel allein durch die Vernunft gegeben. Raum und Zeit werden so zu Kategorien, die philosophisch zu *hinterfragen*, auf ihre Begrifflichkeit hin zu prüfen sind. Hegel will die Erkenntnis als Prozeß fassen, der verschiedene Stufen aufweist, aber ganz isoliert im Denken selbst verläuft ohne Rückkopplung zur Wirklichkeit. Dies ist nur möglich durch die Voraussetzung der letztlichen Identität von Denken und Sein in der absoluten Idee, die sich in die Natur nur in erstarrten Formen entäußert. Naturerkenntnis wird damit als Wiedererkennen dieser entäußerten erstarrten Bewußtseinsprodukte im begrifflichen Denken gefaßt.

Liest man die Hegelschen Ansichten zur Physik, so ist zunächst festzustellen, daß er die großen Physiker einfach beim Wort nimmt, ihnen ihre Interpretationen der Physik glaubt und ihr Physikverständnis als das Wesen dieser Wissenschaft selbst versteht. Die Hegelsche Physikkritik muß daher vor allem als Mechanizismuskritik begriffen werden. Die Identifizierung des Mechanizismus mit Mechanik und letztlich mit der gesamten Newtonschen Physik liegt aber auch im Hegelschen System selbst begründet. Hegel *muß* empirische Wissenschaften mit wissenschaftlichem Empirismus gleichsetzen, weil in seinem System die Natur nur die Entäußerung der absoluten Idee ist und damit keine eigene selbständige Existenz hat. Diese negative Sicht auf Natur und Naturwissenschaft unterscheidet Hegel ganz wesentlich von Schelling. Natur wird als „Entäußerung" der Idee von der Entwicklung des Absoluten, des begrifflichen Denkens völlig getrennt. Bei Schelling war Natur Teil des werdenden Ganzen. Bei Hegel verliert sie ihre Selbständigkeit, wird zum erstarrten Produkt.

Naturwissenschaft wird so zur Empirie, die der eigentlichen Wissenschaft (Philosophie) nur den Stoff vorarbeiten kann. Diese negative Sicht zwingt Hegel, im Detail den Beweis anzutreten, daß Naturwissenschaft nicht mehr als empirische Verstandesbetrachtung der Natur sei, und nicht für sich genommen selbständige Wissenschaft sein kann, die ihre eigenen Begriffe hervorbringt und auch selbst entwickelt. Das Resultat ist eine scharfsinnige Kritik der Vorgehensweise und Methode der Naturwissenschaften seiner Zeit.

Indem die Natur bei Hegel „als Idee in der Form des Anderssein" gefaßt wird, erscheint sie dem „sinnlichen Bewußtsein" als das „Unmittelbare, Seiende".[11] Dieser Schein ist im Aufsteigen der Vernunft aufzuheben. Hegel kann dann auf die Newtonsche Argumentation zurückgreifen, daß dieser nur die mathemati-

---

11 Hegel [1830] 1966, S. 200-201.

schen Prinzipien gefunden habe, aber nicht das eigentliche dahinterstehende physikalische Wesen der Kräfte. Dies stützt ganz entscheidend die Bewertung der Naturwissenschaften als bloße Empirie, die auf der niederen Stufe des Verstandesdenkens verharrt.

Da wahre Wissenschaft nach dem Hegelschen Verständnis das Begreifen ihrer Grundlagen mit einschließen muß, ist einzig die Naturphilosophie die Wissenschaft von der Natur, der seitens der empirischen Naturerkenntnis nur vor- und entgegengearbeitet werden kann. Naturphilosophie wird so zur Kritikerin der begrifflichen Grundlagen der Naturwissenschaft, mit der Absicht, naturwissenschaftliche Verstandesbegriffe aufzulösen und aus dem logischen Gehalt die wahren philosophischen Begriffe von der Natur zu synthetisieren.

Da die Newtonsche Physik in ihrem Kantischen Selbstverständnis ihre eigenen Grundlagen nicht aus sich selbst heraus begreift und sie daher a priori setzen muß, kann sie für Hegel nicht mehr sein als die Vorstufe des Begriffs. Den Bestimmungen der Physik spricht er das Niveau der Begrifflichkeit ab, weil nicht sie die vorausgehenden Begriffe selbst schaffe, aus denen dann das ganze Begriffssystem *deduziert* werden könne. Die begreifende Erkenntnis vermag daher erst die Naturphilosophie aus sich selbst heraus zu entwickeln. Sie braucht dafür ohne Frage den empirischen Stoff der Physik. Nur sie kann diese „empirischen Quanta" auflösen und in eine „allgemeine Form von Quantitätsbestimmungen" erheben.

Erst im Übergang (Aufsteigen) von den Verstandesbestimmungen der Physik zu den Begriffen der Naturphilosophie entsteht ein Gesetz, das diese Bezeichnung wirklich verdient. Aus dem empiristisch geprägten Selbstverständnis vieler Physiker seiner Zeit schließt der Philosoph, daß physikalische Gesetze allein aus der Zusammenfassung empirischer Meßdaten entstehen. Da sich die Physik der Mathematik bedient und Hegel glaubte, daß das Wesen des Physikalischen allein in ihrem mathematischen Gehalt liege, erscheint das Wesen der Naturwissenschaft Physik als eine formale Anwendung von Mathematik: Daher gelangte Hegel zu dem Schluß: „Es muß aber noch ein höheres Beweisen dieser Gesetze gefordert werden, nämlich nichts anders, als daß ihre Quantitätsbestimmungen aus den Qualitäten oder bestimmten Begriffen, die bezogen sind (wie Raum und Zeit), erkannt werden. Von dieser Art des Beweises findet sich in jenen mathematischen Prinzipien der Naturphilosophie sowie den ferneren Arbeiten dieser Art noch keine Spur."[12] Die Methode naturwissenschaftlicher Erfahrung liegt für Hegel allein im „formellen" Denken und Schließen.[13] Die Newtonsche Mecha-

---

12   Hegel [1812/13] 1963, S. 453-454.
13   Hegel [1833/36] 1982, S. 358.

nik als erste erfolgreiche mathematisierte naturwissenschaftliche Theorie erscheint mit ihren Prinzipien viel zu eng orientiert am empirischen Gegenstand ihrer Erkenntnis. Hegel fordert eine philosophische Begründung der Newtonschen Prinzipien und kann sich hier wiederum auf Newton stützen, der seine physikalischen Prinzipien selbst noch als mathematische verstand. Wenn das theoretische Konstrukt der Newtonschen Mechanik nicht mehr wäre als Mathematik, so hätte Hegel mit seiner Forderung recht. Die mathematische Form fällt jedoch nicht mit dem Inhalt zusammen. Die negative Beurteilung der Newtonschen Leistungen durch Hegel ist daher höchst ungerecht, interessant ist aber Hegels Gedanke, daß man die Newtonschen Prinzipien mit Raum und Zeit in Beziehung setzen müsse.

Bei der Beurteilung dieses Gedankens muß man jedoch beachten, daß Hegel Raum und Zeit einzig und allein als philosophische Begriffe verstand, während die Allgemeine Relativitätstheorie Einsteins gerade durch die Herauslösung dieser Begriffe aus dem philosophischen Gewande erfolgreich war.

Die These von einer geistigen Vorwegnahme der Allgemeinen Relativitätstheorie ist hier daher durchaus nicht so angebracht, wie es auf den ersten Blick erscheinen mag.

Kants Richterstuhl der Vernunft, vor dem sich alles zu erweisen habe, bedeutete aus Hegelscher Sicht nur, daß sich das Denken selbst als ein *Absolutes* fassen muß. Das konkrete Denken der Vernunft liegt im Erkenntnisvermögen, von dem aber Kant „noch das Ansich, Ding-an-sich" unterscheidet.[14] Damit könne man, so Hegel, nicht zur Erkenntnis der Wahrheit gelangen, weil sie als „Subjektivität" noch „Anschauung und Erfahrung nötig" habe. Die Überwindung der Subjektivität ist so gleichzeitig die Überwindung des „empirischen Stoffes" der Newtonschen Physik.[15]

Die Kantsche Vernunft ist aus dieser Sicht nicht „konstitutiv", sondern bloß „regulativ", d.h. Einheit und Regel für sinnliche Mannigfaltigkeit. Sinnlichkeit bei Kant wird als der Anfang des „Apriorischen" verstanden, als Ausdruck der Teilung von Subjektivität und Objektivität. Die Subjektivität liegt im Empirischen der Naturwissenschaft. Objektivierung heißt im Hegelschen Sinne Aufsteigen zum Begriff, den das Empirische nicht haben kann. Die Kantsche absolute Trennung von Denken und Ding an sich verlegt Hegel in die relativierte Trennung von Empirie und Theorie. „Begriff ist nichts Empirisches", aber die empirischen Wissenschaften schaffen den Stoff, der an sich den Widerspruch der entäußerten

---

14 Ebd., S. 365.
15 Ebd., S. 365.

Natur noch hat, den die Vernunft überwindet in Begriffen.[16] Begriff ist so stets die *völlige* Auflösung des empirischen Stoffes der Naturerkenntnis.[17] Hegel will durch seine Logifizierung die Begriffe von der Naturwirklichkeit völlig abheben, um letztlich zu seinem abgeschlossenen System der Philosophie zu gelangen. Das, was in der Physik oft einfach als aus der „Erfahrung" kommend bezeichnet wird, erkennt Hegel als Entwicklung hin zum Begriff. Soweit es um „Erfahrung" geht, gesteht er den Naturforschern mehr denkende Tätigkeit zu, als sie selbst wahrhaben wollen. Er reduziert aber zugleich die naturwissenschaftliche Erkenntnis überhaupt auf bloße empirische Erfahrung und damit auf unbegriffenes Verstandesdenken, als Vorstufe zur Vernunft. Dieser Standpunkt des Philosophen wird verständlich, wenn der Anspruch des Mechanizismus, die Welt mechanisch/physikalisch erklären zu wollen, gesehen wird. Hegel versucht dann aber zu beweisen, daß der Fehler mechanizistischer Welterklärung bereits im Gesetzesbegriff der Mechanik selbst begründet liegt.[18] Aus der Sicht des Hegelschen Systems bleibt die Naturwissenschaft beim abstrakten Denken stehen, weil sie Gesetze von der „entäußerten" und nicht von der wirklichen absoluten Idee selbst zum Gegenstand hat. Naturwissenschaftliches Denken kann so nur das ab-

---

16 Ebd., S.366-367.

17 „Nicht nur muß die Philosophie mit der Natur-Erfahrung übereinstimmend sein, sondern die Entstehung und Bildung der philosophischen Wissenschaft hat die empirische Physik zur Voraussetzung und Bedingung. Ein anderes ist der Gang des Entstehens und Vorarbeiten einer Wissenschaft, ein anderes die Wissenschaft selbst; in dieser können jene nicht mehr als Grund erscheinen, welche hier vielmehr die Notwendigkeit des Begriffs sein soll. – Es ist schon erinnert worden, daß der Gegenstand nach seiner Begriffsbestimmung in dem philosophischen Gange anzugeben ist, noch wieter die empirische Erscheinung, welche derselben entspricht namhaft zu machen und von ihr aufzuzeigen ist, daß sie jener in der Tat entspricht. Dies ist jedoch in Beziehung auf die Notwendigkeit des Inhalts kein Berufen auf die Erfahrung." (Hegel [1830] 1966, S. 200)

18 „Die vielen Gesetze muß er [der Verstand] darum vielmehr in Ein Gesetz zusammenfallen lassen, wie z.B. das Gesetz, nach welchem der Stein fällt, und das Gesetz, nach welchem die himmlischen Sphären sich bewegen, als Ein Gesetz begriffen worden ist. Mit diesem Ineinanderfallen aber verlieren die Gesetze ihre Bestimmtheit; das Gesetz wird immer oberflächlicher und es ist in der Tat nicht die Einheit dieser bestimmten Gesetze, sondern ein ihre Bestimmtheit weglassendes Gesetz gefunden; wie das eine Gesetz, welches die Gesetze des Falles der Körper an der Erde und der himmlischen Bewegung in sich vereint, sie beide in der Tat nicht ausdrückt. ... Der Verstand meint dabei, ein allgemeines Gesetz gefunden zu haben ..., aber er hat in der Tat nur den Begriff des Gesetzes selbst gefunden; jedoch so, daß er zugleich dies damit aussagt: alle Wirklichkeit ist an ihr selbst gesetzmäßig." (Hegel [1807] 1949, S.115-116)

strakte Allgemeine erkennen, während wahre Wissenschaft (d. i. Philosophie) das konkrete Allgemeine als Wesen des Wissens, die absolute Idee selbst zum Gegenstand hat.

In der Newtonschen Physik wird nur ein vor aller Begrifflichkeit stehendes Abbild der Wirklichkeit und nicht zugleich die Rekonstruktion wesentlicher Bestimmungen in Begriffen gesehen. Hier zwängt der Philosoph Physik in sein Schema. Nachdem die Naturphilosophie zu Begriffen gelangt ist, soll sich Physik aus der Entwicklung von Naturphilosophie ergeben, soweit sie Begriffe gebraucht. Der Begriff ist für Hegel die „Totalität, indem *jedes* Moment das Ganze ist". Er ist in „seiner Identität mit sich das *an und für sich* Bestimmte."[19] Es ist hier die Anforderung an einen philosophischen Begriff formuliert, der alle Widersprüchlichkeit der realen Welt überwunden haben soll. Naturwissenschaft kann nicht „das Ganze" zum Gegenstand und damit im Begriff haben, aber auch die Philosophie kann dies nur durch logifizierte Abgeschlossenheit erreichen. Damit müssen die physikalischen Verstandes"begriffe" noch erst aus der Philosophie, aus wirklichen Begriffen hergeleitet werden. Hier korrespondiert Hegels Systemansatz mit der Kritik des Mechanizismus und ergibt sich nicht allein aus der Identifizierung von Mechanik mit Mechanizismus. Die Natur gefaßt als die Idee in der Form des „Anderssein" ist der „unaufgelöste Widerspruch" Hegelscher Naturphilosophie. Die träge Materie ist „nicht die Materie an sich", sondern ein äußerliches Beziehen, weil die klassische Physik Trägheit nicht erklären kann, sondern als empirischen Fakt nehmen muß. In der empirischen Tatsache der Trägheit drückt sich für Hegel aus, daß in dieser „untergeordneten Sphäre" „die Ruhe außer der Bewegung" fällt. Allein in dieser Sphäre habe daher das Prinzip seine Berechtigung, daß Materie wesentlich träge sei.

Trägheit wird als Phänomen der Vereinzelung der Materie gesetzt. Die „reale" von allem Empirischen gereinigte „absolute" Materie kann für den Dialektiker nicht in Ruhe und Bewegung auseinanderfallen. In der „absoluten" Materie ist „Ruhe und Bewegung ungetrennt in sich". In den „himmlischen Körpern", meint Hegel, fallen Ruhe und Bewegung zusammen, weil sie nicht als vereinzelte Körper zu begreifen seien. In der Bewegung der Planeten finde sich daher der Beweis, daß „die absolute Materie an ihr selbst ihrer Natur nach Ruhe und Bewegung in sich hat, indem sie die Einheit des Sichselbstgleichen und des Unendlichen ist, jenes in der Differenz oder als Moment Raum, dieses Zeit".[20]

Hegel erkennt hier klar das Problem der klassischen Physik, Ruhe und beschleunigte Bewegung in den Begriffen völlig trennen zu müssen. Aus der Sicht der

---

19 Hegel [1830] 1966, S. 151.
20 Hegel [1801/07] 1982, S. 213-214.

modernen Physik ist diese Kritik beeindruckend. Die Hegelsche Kritik verkennt aber zugleich die Leistung der Newtonschen Physik, die zwar nicht die Trägheit erklären kann, aber Ruhe mit gleichförmiger und mit beschleunigter Bewegung in Beziehung zu setzen vermag. Die Forderung nach der Aufhebung der nicht erklärbaren Trennung von beschleunigter und gleichförmiger Bewegung ist Ausdruck des Absolutheitsanspruchs des Hegelschen Bewegungsbegriffs. Daher leugnet dann Hegel auch die historische Leistung Newtons völlig und kann so selbst als Rückgriff auf ein Aristotelisches Physikverständnis mißgedeutet werden. Es ist aber im Kern nicht die bloße Wiederholung früherer Kritiken, sondern sie leitet sich ab aus einem komplexeren (wenn auch abstrakt gefaßten) philosophischen Bewegungsbegriff. Hegels Kritik des Newtonschen Kraftbegriffs ist unbestritten zunächst die Kritik seiner mechanistischen Interpretation. Sie geht aber über diese Kritik hinaus, wenn die Newtonsche Axiomatik selbst hinterfragt wird. Dem Leibnizschen Vorwurf, die anziehenden Kräfte Newtons seien scholastische, „verborgene Qualitäten", hält Hegel entgegen, daß Newtons Kräfte nicht verborgenes Wesen beinhalten, sondern bloße Erscheinung repräsentieren.[21] D.h., in der Kraft *erscheint* die Bewegung nur. „Kraft" ist nicht wesentliches Moment von Bewegung selbst. Sie ist nicht die Ursache von Bewegung, sondern ein Teil der Bewegung selbst. Aus Hegelscher Sicht ist im Kraftbegriff der Physik erst der Verstandesbegriff, aber nicht das, was „Kraft" wirklich ausmacht, als Begriff gesetzt worden. Zu dieser Bewertung kann Hegel gelangen, weil in der Newtonschen Axiomatik Gleichungen das Wesen von Kraft und den Bewegungsgrößen definieren, während die mechanistische Physikinterpretation aus der Newtonschen Physik fälschlicher Weise die Kraft als Ursache von Bewegung herausliest. In dieser mechanistischen Fehlinterpretation kommt für Hegel das Bedürfnis nach philosophischer Untermauerung des Kraftbegriffs zum Ausdruck: „In der Tat aber ist die Kraft das unbedingt Allgemeine, welches, was es für Anderes, eben so an sich selbst ist...".[22] Die berechtigte Polemik gegen die mechanizistische Interpretation der Kraft als Ursache der Bewegung, als Grund, ist bei Hegel nur der Ausgangspunkt, um die vorauszusetzenden Prinzipien der Newtonschen Mechanik auch als „Gründe" abzuqualifizieren. Diese Prinzipien, die erst durch den Erfolg der Theorie ihre „Begründung" erhalten, veranlassen Hegel zu der Feststellung, daß in der Physik eine „Verkehrtheit der Stellung" vorherrsche, da als Grund voraus geschickt wird, was in der Tat abgeleitet sei.

---

21 Hegel [1812/13] 1963, S. 107.
22 Hegel [1833/36] 1982, S.105.

Weil Hegel nicht zwischen Konstruktion der Theorie und ihrer Darstellungsweise unterscheidet, kann er die Prinzipien der Physik als „in die Luft hingestellte" erste Begriffe werten: „Sie sind einfach Bestimmungen ohne alle Notwendigkeit an und für sich selbst".[23] Diese Kritik wird dann völlig überzogen in der Forderung, man möge bei den „einfachen Tatsachen" stehenbleiben, wenn man nicht in der Lage sei, ein festes Fundament der Wissenschaft zu schaffen.[24] Physik wird zur plattesten Empirie degradiert. In dieser Überspitzung gehen die positiven Momente der Kritik unter. Der große Dialektiker sucht nach naturphilosophischen Kategorien, aus deren Entfaltung Naturprozesse begreifbar werden. Der theoretische Gehalt von Physik soll im begrifflichen Aufsteigen zur Naturphilosophie entstehen. Innerhalb der Physik bliebe dann nur Erfahrungswissen, das Hegel als von aller Theorie losgelöste platte Empirie versteht. Die theoretischen Begriffe der Physik sinken aus dieser Perspektive zu Erfahrungsgegenständen herab. Erfahrungsdenken wird letzlich aus dem Denken als entfremdetes Denken herausgefilter. Hier zieht Hegel die Trennungslinie zwischen „sinnlichem Sein" und begrifflichem Denken, die nur durch abstrakte verschwommene Überwindung der Entfremdung zum Denken gelangt. Auch wenn Hegel selbst die Verstandesbegriffe als Voraussetzung für die Philosophie bestimmt, ist dieser Übergang nicht in seiner Naturphilosophie zu finden. Die Hegelsche Naturphilosophie deduziert ihre Begriffe aus den philosophischen Prinzipien der empiristisch verstandenen Naturwissenschaft nur entgegen und vermag nicht auf Anknüpfungspunkte zu treffen, weil die logifizierten Begriffe sich nicht von selbst wieder mit Bestimmungen der Naturwirklichkeit anfüllen. Das Positive an der Hegelschen Kritik des Kraftbegriffs liegt in der Forderung, die physikalische Erkenntnis nicht bei der Ableitung von Gesetzmäßigkeiten aus Kräften enden zu lassen. Der Unterschied zu der von Hegel erwähnten Leibnizschen Kritik ist hier wesentlich, weil Hegel den Kraftbegriff als Erscheinung faßt zu deren Wesen erst noch vorzudringen sei. Die Kraft kann so keine philosophische Kategorie sein, womit er bezüglich des Mechanizismus recht hat. Er fordert aber nicht die Beschränkung mechanizistischer Welterklärung, sondern die Ersetzung der Newtonschen Begriffe durch Begriffe, aus denen die Physik als Teil des Wissens ihre Begriffe ableiten könne. Nicht der Anspruch des Mechanizismus soll aufgehoben werden, sondern die Art und Weise, wie dieser Anspruch gerechtfertigt werden kann, wird in ein abstraktes philosophisches System verlegt.

---

23 Hegel [1812/13]1963, S. 108.
24 Ebd., S. 110.

H.-J. Treder sah Hegels Standpunkt in einer unmittelbaren Traditionslinie zu Galilei und Hertz.[25] Die Position von H. Hertz war m.E. jedoch nicht mit der Hegelschen gleichzusetzen, weil Hegel eben nicht auf die physikalische Bestimmung von Bewegung hinaus wollte, sondern diese allein und ausschließlich philosophisch gefaßt hat. Indem Hegel zur Überzeugung gelangte, daß schon mit
dem Kraftbegriff Newtons der Mechanizismus in die Physik hinein gekommen
sei, ging es ihm darum, nicht nur Kraft, sondern auch Trägheit aus der realen Bewegung zu verbannen. Die Newtonsche Dynamik widerspricht damit völlig Hegelschen Vorstellungen von Naturdialektik. Er stellte daher Newtons Leistungen
im Vergleich zu Keplers Entdeckungen ganz in Abrede. Eine Position, die schon
zu Hegels Lebzeiten anachronistisch wirkte.[26] Die Hegelsche Kritik am Newtonschen Kraftbegriff und die Parteinahme für Kepler wird häufig mit dem Ari-
stotelischen in Hegels Philosophie begründet. Es ist aber die Beschränkung, die
sich Newton auferlegen muß für die Begründung seiner Physik, die Hegel als
Mangel empfindet, und wo er dagegen bei Kepler noch die alte Hoffnung sieht,
gleichzeitig physikalisch und philosophisch erklären zu können. Hegels Vorwurf
an Newton, nicht über Kepler hinausgelangt zu sein, ist daher nicht Beweis genug dafür, daß Hegel die alte Aristotelische Traditionslinie verfolgte. Viel eher
knüpft Hegel an einem ganzheitlichen Wissenschaftsverständnis eines Keplers
an.[27] Er sah durch die Forderung nach Eliminierung der Kräfte im Vergleich von
Kepler und Newton nur einen Unterschied der mathematischen Formeln. Für ihn
war damit Physik eigentlich nur Kinematik und nicht Dynamik. Weil der physi-

---

25   „Galilei und Hertz sind wie Hegel der Ansicht, daß der Kraftbegriff der Mechanik die
       Hypostasierung der Aussage ist, daß die Bewegung der Massen durch die Relationen
       zu anderen Massen bestimmt wird." (Treder 1981, S. 205)
26   Bereits in William Whewells „History of inductive sciences" (1. Aufl. von 1837) fin-
       det sich eine sehr klare Gegenüberstellung des Keplerschen und Newtonschen Kraft-
       begriffs. Whewell sieht die Aristotelische Traditionsline im Keplerschen Denken.
       (siehe Whewell 1857, S. 16)
27   „[A]uch braucht die Analyses denselben, die Grundlage der Newtonschen Theorie
       nicht mehr. Die Bedingungen, welche die Bahn des Körpers zu einem bestimmten
       Kegelschnitte machen, sind in der analytischen Formel Konstanten, und deren Be-
       stimmung wird auf einen empirischen Umstand, nämlich eine besondere Lage des
       Körpers in einem bestimmten Zeitpunkte und die zufällige Stärke eines Stoßes, den er
       ursprünglich erhalten haben sollte, zurückgeführt; so daß der Umstand, welcher die
       krumme Linie zu einer Ellipse bestimmt, außerhalb der bewiesen sein sollenden For-
       mel fällt, und nicht einmal daran gedacht wird, ihn zu beweisen. 3.) daß das Newton-
       sche Gesetz von der sogenannten Kraft der Schwere gleichfalls nur aus der Erfahrung
       durch Induktion aufgezeigt ist." (Hegel [1830] 1966, S. 225-226)

kalische Kraftbegriff noch nicht der wirkliche, notwendige Begriff der Wissenschaft im Hegelschen Sinne sein kann, sondern erst die metaphysische Vorstufe des Begriffs, vermag erst die Philosophie, „Kraft" als Wesen der Bewegung zu begreifen. Physik müßte sich in dieser Konsequenz auf Kinematik beschränken. Anders interpretiert, war für Hegel die Newtonsche Physik bei all ihren Leistungen noch nicht abgeschlossen. Für die Erklärung der Welt wird eine Theorie gebraucht, die Ruhe und Bewegung in sich vereinigt und die Trägheit als wechselwirkendes Prinzip auffaßt. Die beiden Momente der Kraft, die physikalisch gesehen erst Wechselwirkung begreifbar machen, will Hegel aus einem wesentlichen Prinzip der „Kraft" herleiten. Das Wesen des Kraftbegriffs, das Bewegende der erscheinenden Kraft, vermutet Hegel *hinter* Newtons Wechselwirkungsprinzip verborgen: „Der Verstand, welcher unser Gegenstand ist, befindet sich auf eben dieser Stelle, daß ihm das Innere nur erst als das allgemeine noch unerfüllte Ansich geworden; das Spiel der Kräfte hat nur diese negative Bedeutung, nicht an sich, und nur diese positive, das Vermittelnde, aber außer ihm zu sein. Seine Beziehung auf das Innere durch die Vermittlung aber ist seine Bewegung ... Unmittelbar für ihn ist das Spiel der Kräfte; das Wahre aber ist ihm das einfache Innere; die Bewegung der Kraft ist daher ebenso nur als Einfaches überhaupt das Wahre."[28]

Das „Innere" sich Vermittelnde ist die Bewegung, die daher nur in ihren Erscheinungen auseinanderfallen kann in Ruhe und Bewegung, in gleichförmige oder beschleunigte Bewegung. Ihr Wesen muß als identisch vorausgesetzt werden, was die Newtonsche Mechanik nicht vermag. Aus der Sicht der Allgemeinen Relativitätstheorie ist dies eine bewundernswürdige Leistung Hegels. Man muß jedoch beachten, daß dies keine physikalisch formulierte Forderung war, sondern die philosophische Begründung der Ablehnung der Newtonschen Physik. Hegel fordert auch keine neue Physik, sondern die Auflösung ihres theoretischen Gehalts in Philosophie.

Wie Schelling will Hegel das philosophische Prinzip in der „Bewegung der Kraft" suchen, bleibt hier aber ganz im Gegensatz zu Schelling bei Forderungen stehen, weil er die Entwicklung des Kraftbegriffs als Teil der erstarrten entäußerten Idee für prinzipiell unmöglich erklärt. Der Newtonsche Kraftbegriff ist in seiner Starrheit wirklich nicht entwickelbar. Dies ist eine sehr wichtige Erkenntnis. Spätere Versuche der Reformierung dieses Begriffes (Elektrodynamismus) scheiterten. Newtons Begriff der Kraft ist fest verankert in seiner Physik. Seine Entwicklung war nur möglich als Entwicklung des Begriffssystems insgesamt. Von dieser Erkenntnis war man aber zu Hegels Zeiten noch weit entfernt.

---

28 Hegel [1807] 1949, S.113.

Aus der historischen Perspektive ist Hegel unbedingt recht zu geben, wenn er das Newtonsche Begriffssystem als ein starres begreift, aus dem allein sich die Theorie nicht weiterenwickeln läßt.

Im Wechselwirkungsprinzip Newtons sah der Philosoph den „unmittelbaren Wechsel oder das absolute Austauschen der Bestimmtheit ..., welche den einzigen Inhalt des Auftretenden ausmacht; entweder allgemeines Medium, oder negative Einheit zu sein."[29] Aus der Analyse des Kraftbegriffs wird auf das Wesen naturwissenschaftlicher Gesetze geschlossen, weil sich im Hegelschen Verständnis das Gesetz aus der Entfaltung des Begriffs ergibt. Es ist hier die Vorgehensweise einer Philosophie, die glaubt, ihr Begriffssystem aus einem Prinzip ableiten zu können, was sie in Wirklichkeit auch niemals leistet.

Hegels Raum-Zeit-Dialektik

Um die Hegelschen Begriffe „Raum und „Zeit" richtig zu verstehen, muß man vom Hegelschen Naturbegriff ausgehen. Wie bereits dargestellt, ist für Hegel die Natur die „Idee in der Form des *Anderssein* ".[30] Dieses andere (äußerliche) Sein hat zur Folge, daß Begriffsbestimmungen der Naturwissenschaften als zufällig und isoliert erscheinen. Der Begriff ist das „Innerliche" der Natur.

Die Entwicklung dieses inneren Begriffs erscheint äußerlich als „System von Stufen" der Natur die nicht auseinander „natürlich" erzeugt werden können. Der Grund dieser Stufen ist die „Metamorphose" des Begriffs, der in seinem Anderssein nur ein beschränkter Begriff sein und sich nicht universell entfalten kann. Die Natur selbst vermag sich nicht von der einen Stufe zur anderen entwickeln, weil durch ihre „Äußerlichkeit" die Unterschiede auseinanderfallen und damit diese Unterschiede als „gleichgültige Existenzen" auftreten. Die Entwicklung der Stufen der Natur liegt in der Entwicklung des inneren dialektischen Begriffs begründet.[31] Damit geht nichts in der Natur aus niederen Stufen hervor. Naturprozesse sind daher aus der Perspektive der Hegelschen Philosophie keine Entwicklungsprozesse.

Der starre, weil empirisch-materielle Widerspruch der Natur, soll so einerseits durch die „Notwendigkeit" und durch die „Totalität vernünftiger Bestimmungen" geprägt sein und andererseits durch die „Zufälligkeit und unbestimmbare Regellosigkeit" der Naturgebilde.[32]

29　Ebd., S.113.
30　Hegel [1830] 1966, S. 200, § 247.
31　Ebd., S. 202, § 249.
32　Ebd., S. 202-203, § 250.

Aus diesem Naturbegriff folgt, daß die naturwissenschaftlichen Begriffe im Gegensatz zu den philosophischen nur die Natur in ihrer Äußerlichkeit, in ihrer Erscheinung erfassen können und sich auf Festsetzung der Unterschiede, einzelner isolierter Gegensätze beschränken müssen. So wie die Natur selbst keine Entwicklung an sich habe, seien die naturwissenschaftlichen Begriffe selbst starre Vorstufen einer flüssigen, weil philosophischen Begrifflichkeit, die auf jeder Stufe naturwissenschaftlichen Denkens die Entwicklung des inneren Wesens, die Entwicklung der absoluten Idee nachvollziehen kann. Für Hegel muß sich daher Naturphilosophie auf allen Stufen von Naturerkenntnis *vollständig* von den naturwissenschaftlichen Begriffen ablösen, die nur das Empirische als isoliertes Verstandesdenken aufzeigen. Hiervon ist auch Hegels Sicht auf den Atomismus geprägt, den die Mechanik braucht, um ihre Begriffe zu konstruieren: „Wenn hier und sonst von materiellen Teilen die Rede ist, so sind nicht Atome, noch Molecules, d.h. nicht abgesondert für sich bestehende zu verstehen, sondern nur qualitativ oder zufällig unterschiedene, so daß ihre Kontinuität wesentlich von ihrer Unterschiedenheit nicht zu trennen ist; die Elastizität ist die Existenz der Dialektik dieser Momente selbst. Der Ort des Materiellen ist sein gleichgültiges bestimmtes Bestehen, die Idealität dieses Bestehens ist somit die als reelle Einheit gesetzte Kontinuität, d.i., daß zwei vorher auseinander bestehende materielle Teile, die also als in verschiedenen Orten befindlich vorzustellen sind, jetzt in Einem und demselben Orte sich befinden."[33] Der Dialektiker Hegel zerreißt das Verhältnis von Kontinuität und Diskontinuität im Begriff „Atom". Das Atom wird als beziehunglose und isolierte Kategorie unterstellt, zum „Ding an sich" gemacht und wird so für eine dialektische Philosophie völlig bedeutungslos. Dics ist dcm System geschuldet, das Wissen als Heraushebung aus einem einheitlichen Grundprinzip, der absoluten Idee faßt, deren Entäußerung die Natur sein soll.

Für den jungen Schelling war das Atom eine Erdichtung der „atomistischen Physik", die außerhalb aller Erfahrung das Werden nicht erklären kann. Er will daher die Materie selbst als Produkt von dynamischen Kräften, als Resultat von Wechselwirkung setzen. In der Hegelschen Sicht auf das Atom als isoliertem starren materiellen Widerspruch ist der Ansatz *verborgen*, Raum und Atom aufeinander zu beziehen, weil „Widerspruch" ein Inbeziehungsetzen fordert. „So ist in der Elastizität der materielle Teil, Atom, Molecule zugleich als affirmativ seinen Raum einnehmend, bestehend gesetzt, und ebenso zugleich nicht bestehend ...".[34] Hier geht der Dialektiker über den Standpunkt seines Systems hinaus, was

---

33 Ebd., S. 246.
34 Ebd., S. 246-247.

bei den konkreten Beispielen, die Hegel angibt, häufiger der Fall ist. In seinem System gehen jedoch diese Ansätze in der Negativität der Natur unter. Dies muß man stets im Blickwinkel behalten, wenn man aus heutiger Sicht an die Hegelsche Kritik naturwissenschaftlichen Denkens herangeht.[35]

Für Hegel sind die synthetischen Urteile a priori Kants der Zusammenhang des Entgegengesetzten in sich und damit Ausdruck des absoluten Begriffs. Aus seiner Sicht übersetzt sich die Kantsche Bestimmung von Raum und Zeit als Denkform vor aller Erkenntnis in Begriffe des Selbstbewußtseins: „Kant zeigt dies auf, daß das Denken in sich konkret sei, synthetische Urteile a priori habe, die nicht aus der Wahrnehmung geschöpft werden. Die Idee, die darin liegt, ist groß; aber die Ausführung selbst bleibt innerhalb ganz gemeiner, roher empirischer Ansichten und kann auf nichts weniger Anspruch machen als auf Wissenschaftlichkeit."[36] Hegel hebt hier als das Große der Kantschen Philosophie hervor, was zum Ende des 19. Jahrhunderts zu einem Problem in der Physik wird: Die Bestimmung von Raum und Zeit losgelöst vom materiellen Zusammenhang.

Das Positive an den Kantschen Begriffen ist für Hegel die Bestimmung von „Raum" als eine bloße Form, als eine „Abstraktion". „Raum" wird für ihn zur *objektiven* Form als Abstraktion der „unmittelbaren Äußerlichkeit". Dies ist so zu verstehen, daß in der Bestimmung „Raum" eine Vorstufe des Begriffs als Äußerlichkeit erscheint. Raum wird noch als völlig isolierter und vereinzelter Begriff gefaßt. Hegel macht dies fest an den ganz „bestimmungslosen" drei Dimensionen. Das Argument dafür findet er in dem Problem der Geometrie, die eben nicht aus sich heraus deduzieren kann, daß der Raum der Physik gerade drei Dimensionen haben muß. Dies Problem liegt nach Hegels Meinung in dem niedrigen Niveau des Raumbegriffs selbst begründet. Die Geometrie dürfe aber diesen Raumbegriff mit allen seinen Bestimmungen als ihren Gegenstand einfach voraussetzen, weil sie nicht Philosophie sei, eben gerade nicht nach den Gründen fragen müsse. Da der Raum der erste abstrakte Begriff der „Äußerlichkeit" sein soll, sind seine inneren Bestimmungen nicht diejenigen, aus denen der Raum hervorgeht, d.h. geometrisch konstruiert wird. Die Linien entstehen eben

---

35	Zu dem Standpunkt von D. Wandschneider, daß von der Hegelschen Naturphilosophie ausgehend „eine naturphilosophische Deutung der (speziellen) Relativitätstheorie" möglich wird, die „die Beziehung von absoluter und relativer Bewegung zu klären" vermag, kann man nur gelangen, wenn Hegels punktuelles Hinausgehen über das System, als Überwindung seines Systems selbst gefaßt wird. Der Versuch einer modernen Lesart Hegels mag dazu verleiten, wird aber weder Hegel noch den nachfolgenden Philosophen (z.B. Lotze) wirklich gerecht. (Wandschneider 1986, S. 351)

36	Hegel [1833/36] 1982, S. 364.

nicht einfach nur aus Punkten und die Flächen nicht einfach nur aus Linien, sondern die Begriffe Punkt, Linie, Fläche, Raum beziehen sich (für Hegel dialektisch) aufeinander: Es ist daher die „Fläche die erste Negation, und die Linie die zweite".

Der Punkt ist die Negation der Negation des Raums, weil die Linie „die zweite, ihrer Wahrheit nach sich auf sich beziehende Negation der Punkt ist".[37] Das bedeutet, daß Raum und Punkt in einer dialektischen Beziehung stehen, sich erst in ihren Relationen zueinander begreifen lassen und in diesem Verhältnis erst zum Begriff werden. Der Raumbegriff erschließt sich erst über die (dialektische) Beziehung von Raum und Punkt. Dies ist der wichtige Fortschritt, den Hegel für das Begreifen des Raums erreicht. Für den Punkt heißt dies in der Sprache Hegels ein „Räumlichsein". Eine „punktartige" Bestimmung des Raums vermag Hegel aber nicht anzugeben. Indem er dem Punkt Räumlichkeit zuordnet, kann der Dialektiker aus ihm die räumliche Totalität konstruieren. Die Umkehrung geht aber nicht. Damit bleibt Hegel auf halbem Wege stehen. Die Ursache liegt in der Ausgangsbasis, der alleinigen Setzung von mathematischen Bestimmungen von Raum und Punkt. Somit bezieht sich die Hegelsche Analyse des Begriffs nur auf die mathematische Seite des Raumbegriffs, den die Physik voraussetzen muß.

Weil Hegel von seinem Naturbegriff her nicht vom Punkt zum Massenpunkt, dem Atom der klassischen Physik, übergehen kann, bleibt das Verhältnis von Raum und Punkt ein einseitiges.

Der raumartige Punkt schafft den Raum und die zweifache Negation des Raums schafft den Punkt. Dies ist eine *formale* Negation der Negation, weil nur bloße Umkehrung des bereits Gesetzten. Die Identität siegt über den Widerspruch.

Vittorio Hösle hat das Formale der Hegelschen Konstruktion von Punkt-Linie-Fläche-Raum herausgearbeitet, sieht aber die Lösung des Hegelschen Problems darin, daß Raum als Begriff des „totalen Außereinander" der erste Begriff der Naturphilosophie sein müsse und nicht der Punkt, weil dieser „nicht eigentlich erste Bestimmung", „nichts eigentlich Positives, sondern gewissermaßen ein Nichts" sei.[38] Damit bleibt diese Interpretation ganz im Rahmen des Hegelschen Systems, das Raum nur begreifen kann als im Kern rein mathematischen Begriff als „umschließende Oberfläche".[39] Es ist noch nicht ein neuer Raumbegriff, sondern wesentlich die objektivierte als Begriff gesetzte Denkform Kants. Unbe-

---

37 Hegel [1830] 1966, S. 207-208.
38 Hösle 1987, S. 262-263.
39 Hegel [1830] 1966, S. 208.

streitbar lassen sich die Ansätze eines neuen Begriffs in der dialektischen Beziehung von Punkt und Raum finden. Obwohl Hösle erkennt, daß „Raum" bei Hegel negativ bestimmt ist, d.h. die konkreten Dinge mit ihren Relationen „etwas Wahreres als die Abstraktion des Raums" sind, macht er dann aus dieser negativen Bestimmung einen völlig unvermittelten Sprung in eine positive Interpretation des Hegelschen Raumbegriffs im Sinne der relativistischen Physik. Durch diese mit Hegel nicht zu begründenden Wende gelangt er zu der modernen Fassung, daß der Raum erst *in* den konkreten Dingen, das heißt in der Gravitation als dem „Inbegriff der Wechselwirkung der Materie" zu seiner „Wahrheit" gelangt.[40] Dieser Überziehung der Hegelschen Begriffe setzt Brigitte Falkenburg ihre Sicht auf Hegel aus dem Blickwinkel Newtons und Leibniz entgegen. Sie gelangt zu dem Schluß, daß bezüglich der Auffassung von Raum und Zeit Hegel ähnlich wie Kant eine „Mittelstellung zwischen Newton und Leibniz" einnehme. Hier vereinseitigt sich ihr Konzept, Hegel mit der Elle Kantischer Philosophie zu messen. Die Nähe zu Leibniz wird in Hegels Materiebegriff gesehen, den er „auf raumzeitliche Bestimmungen" gründet.[41] Das eigentliche Argument für die Nähe zu Leibniz liefert aber Hegels Suche nach einem dynamischen Konzept, was er schon wegen der historischen Distanz nicht von Leibniz übernehmen kann. Hegel muß daher wieder eine Wendung hin zu Kantschen Ansätzen vollziehen. B. Falkenburgs wichtiger Gedanke, daß Hegel sein dynamisches Prinzip im Gegensatz zu Leibniz auf raum-zeitliche Bestimmungen zurückführt, wird aber nur als Hinwendung zur Kantischen Forderung, „die inneren Bestimmungen einer raumzeitlichen Substanz allein mit äußeren Relationen zu identifizieren" gesehen.[42] Indem Hegel aber nach einem dynamischen Prinzip in der entäußerten absoluten Idee sucht, werden die Bestimmungen ihrer Äußerlichkeit, Raum und Zeit, zu Bestimmungen von Bewegung. Raum und Zeit werden *Teil* des *dynamischen* Prinzips. Hier setzt Hegel *Schelling* und *nicht Kant* fort. Dies verkennend reduziert Brigitte Falkenburg Hegels Fortschritt, Raum, Zeit und Materie als Totalität zu fassen, wieder auf Kant und Leibniz.

Das in dieser Sicht enthaltene prinzipielle Problem der Rekonstruktion Hegelschen Denkens hat Manfred Baum treffend charakterisiert: „Es ist zwar möglich und sogar unumgänglich, die Entstehung der Hegelschen Dialektik auch auf den Einfluß früherer und zeitgenössischer Philosophen zurückzuführen, doch hat keiner der als Begründer oder Mitbegründer beanspruchten Autoren auch nur

---

40 Hösle 1987, S. 272-273.
41 Falkenburg 1987, S. 208-209.
42 Ebd., S. 210.

von ferne eine solche Auffassung vom Begriff und von der Methode der Philosophie intendiert."[43]

Dieter Wandschneider hebt in seiner Analyse des Hegelschen Raumbegriffs hervor, daß Hegels dialektische Begriffsanalyse „weder auf vorgebliche unhinterfragbare 'Prinzipien' noch, wie andere Lösungsansätze ... letztlich empirische und insofern selbst erklärungsbedürftige Zusammenhänge rekurriert."[44] Für ihn ist Hegels dialektische Raum-Punkt-Relation vor allem „Deutung der Dreidimensionalität". Das Empirische hebt Hegel nicht in der Weise auf, daß „erklärungsbedürftige Zusammenhänge" einfach verschwinden, wie Wandschneider glaubt, sondern die Konstruktion des Hegelschen Systems bestimmt das Substrat des Raums von vornherein als die Menge der mathematischen Punkte. Hegels Raum ist daher nicht der natürliche physikalische Raum, wie auch Wandschneider betont, sondern das abstrakt Allgemeine, die unmittelbare Äußerlichkeit der entäußerten Idee, letztlich der mathematisch bestimmte Raum, in dem nur Mathematik, aber nicht Physik *denkbar wird*. Mit dem Übergang zu mathematischen Bestimmungen wird nicht die „Erklärungsbedürftigkeit" aufgehoben, sondern das Empirische auf mathematisierte Inhalte reduziert. *Innerhalb* von Physik ist der Gang des theoretischen Erkennens stets an die Mathematisierung des Empirischen *gekoppelt,* aber *ohne* Integration in das *physikalische* Begriffssystem und damit in Meßvorschriften gibt es keine physikalische Erkenntnis. Das von Wandschneider zugegebene „Defizit an sachspezifischer Evidenz", mit dem Hegel die „Reinheit" dialektischer Begriffsentwicklung erkauft, ist daher das Defizit an physikalischer Begrifflichkeit, ohne die Naturphilosophie zur Analyse des Mathematischen wird.[45] Das Große an der Hegelschen Begriffsentwicklung Raum-Punkt ist daher die Rekonstruktion des Dialektischen in den mathematischen Voraussetzungen messender Naturwissenschaft und nicht die dialektische Rekonstruktion des physikalischem Raums selbst. Allerdings liefert die Hegelsche dialektische Analyse dafür wichtige Erkenntnisse.[46]

---

[43] Baum 1986, S. 5.

[44] Wandschneider 1982, S. 67.

[45] Ebd., S. 63-65.

[46] Das von Hegel in der Form der Negation der Negation aufgeworfene Problem von Raum und Punkt und ihrer Vermittlung sieht Sklar als Konstituierung des Newtonschen Raums durch „entities". Raum im Newtonschen Sinne ist für ihn dann die Äquivalenzklasse „of simultaneous events". Diese „basic entities" begreift er als Teile des Raums, die diesen Raum erst konstituieren. Ihre wesentliche Bestimmung erhalten sie durch Äquivalenzrelationen. Damit ist das Hegelsche Problem aber nicht weiter vorangebracht. Wie viele Autoren hält auch Sklar sich nicht lange beim Raum-

Raum und Äther

Einen weitreichenden Ansatzpunkt für die Neubestimmung des Raumbegriffs hatte der junge Hegel im *„Äther"* gefunden. In der *Enzyklopädie* taucht dieser Begriff dann nicht mehr auf. In den *Jenaer Systementwürfen II* heißt es noch: „Geist; als ... das aus oder vielmehr in die Bewegung in sich Zurückgekehrte, der absolute Grund und Wesen aller Dinge, ist der Äther, oder die absolute Materie, das absolut Elastische, jede Form Verschmähende...".[47]

Für den jungen Hegel ist es der Äther, der nicht nur alles durchdringt, sondern selbst alles ist. Der Äther erscheint als eine Art dialektische Substanz der Natur, in der alles angelegt ist, um Natur in wechselwirkenden Zusammenhängen dialektisch zu begreifen. Im Äther sollen Allgemeinheit und Unendlichkeit in der „absoluten Unruhe" zu sein und nicht zu sein, in der unendlichen Bewegung zusammenfallen. Hier ist der Äther der vage „Schatten" eines neu zu bestimmenden Raumbegriffs, der zur „Materie" in Beziehung gesetzt werden kann. „Der Äther ist die Luft, die das Sprechen aufnimmt, und vernimmt, die weiche Materie, welche die entgegengesetzte Gärung der Unendlichkeit in sich empfängt, und ihr Wesen gibt, oder ihr Bestehen ist, ein einfaches Bestehen, das ebenso das einfache Nichts ist."[48] Der Äther ist unendlich, seine „Kontraktion der Gediegenheit des Äthers" ist der Punkt.[49] Als „Kontraktion der Gediegenheit" ist der Punkt hier noch ein materieller. Der Punkt und seine Quantität, so argumentiert der junge Hegel weiter, ist nur der formale Ausdruck der formalen Unendlichkeit, in der der Äther zunächst gefaßt wurde. Diese formalen Verhältnisse können die Totalität des Verhältnisses nur wie ein „System geometrischer Figuren, und das Zahlensystem, als Sternbilder" haben. Dies ist für Hegel *noch* ein formales Modell, ein unbewegliches Gemälde. Erkenntnis des Universums kann daher nur die lebendige Bestimmung des Äthers und seiner Momente liefern.

Diese Momente sind Raum, Zeit und Bewegung.[50] Hier liegt noch der Versuch vor, Naturdialektik in physikalischen Relationen und damit *Natur als entwick-*

---

47 Punkt-Problem auf, sondern geht über zur Frage der Raumstruktur. (Sklar 1977, S. 203)

47 Hegel [1801/07] 1982, S. 200.

48 Ebd., S. 202 – 203.

49 Nach R.-P. Horstmann haben die Jenaer Fassungen der Hegelschen Naturphilosophie alle die Gemeinsamkeit, „daß in ihnen die Exposition aller Naturphänomene und deren Abläufe geleistet wird durch...'Äther' und 'Materie'". (Horstmann 1987, S. XIV)

50 „Die Momente des unmittelbar als wahrhaft unendlich sich aufschließenden Äthers, sind Raum und Zeit, und die Unendlichkeit selbst ist die Bewegung, und als Totalität, ein System von Sphären oder Bewegungen." (Hegel [1801/07] 1982, S. 205)

lungsfähigen Organismus im Schellingschen Sinne zu denken. Indem es der große Dialektiker aber nicht vermag, dem Äther einen Ätherpunkt gegenüberzustellen, bleibt ihm nur, diesen in Relation mit dem „Punkt" selbst zu setzen. Damit wird jedoch die „Kontraktion der Gediegenheit", die dieses Entgegengesetzte bestimmen soll, unter der Hand zu der abstrakten Bestimmung „Punkt". Um der Gefahr physischer (empirischer) Bestimmungen zu entgehen, setzt Hegel dann die Momente des Äthers als Raum und Zeit an. Auf diese Weise ist aber der real seiende Raum „Äther" durch abstrakte Begriffe gesetzt, die ihn dann logischerweise in der weiteren Entwicklung Hegelschen Denkens ersetzen. *In den Systementwürfen zeigt sich noch der ursprüngliche mit dem jungen Schelling weitgehend übereinstimmende Ansatz einer entwicklungsfähigen Naturwirklichkeit.* Durch die spätere Logifizierung verschwindet diese Linie im Hegelschen Denken.

Für den jungen Hegel ist der Äther wichtig, weil nur mit ihm das Licht begreifbar wird. Er richtet sein Augenmerk auf die physikalischen Phänomene, die die Newtonsche Physik mit ihren atomistischen Bestimmungen gerade nicht erfassen konnte. Raum ist für ihn „das Allgemeine gegen die Bewegung" und wird daher als bloße Abstraktion des Allgemeinen gefaßt.

Raum wird so ein dialektischer Pol, der ohne die Forderung nach „Raumerfüllung, oder Realität" nicht denkbar ist.[51] Der Äther als Träger des Lichtes steht dem Newtonschen Raum beziehungslos gegenüber.[52] Daß Hegel dann aber gerade nicht zu einem Ätherpunkt gelangt, liegt auch darin begründet, daß nach dem Hegelschen Systemansatz die Dominanz des Kontinuums, als vorausgehende absolute Identität des entäußerten Begriffs, vorprogrammiert ist. Hinzu kommt, daß die ihm zugängliche Physik das Problem des Ätherteilchens noch nicht „empirisch" vorgearbeitet hatte, so daß nach der Logik seines Systems die Philosophie diesen Gegenstand noch nicht haben konnte. Damit aber bleibt der Äther letztlich eine isolierte Bestimmung, die durch die Systematisierung konsequenterweise dann abgelegt wird. In der „Jenenser Logik" findet man bereits den Übergang, indem die Momente des Äthers Raum und Zeit zu den alleinigen Kategorien werden, die ihn inhaltlich charakterisieren. Das „absolut Elastische, jede Form verschmähende", der Äther als die „absolute Materie", die die „weiche Materie", d.i. die bewegende Materie aufnimmt, wird zum erstarrten abstrakten Raum, der nur noch die mathematischen Bestimmungen an sich hat. Die „weiche Materie"

---

51 Ebd., S. 233.
52 „Dieses Licht als einfacher Punkt, die Ruhe der Bewegung, ist der absolute Äther selbst, in seiner Sichselbstgleichheit dem Allgemeinen, dem Raume, nicht entgegengesetzt." (Ebd., S. 233)

wird zur Zeit. Äther konstituiert sich somit einzig aus den abstrakten Kontinuitäten Raum und Zeit. Er legt das Materielle vollständig ab. Die Entäußerung des Absoluten wird von ihrem empirischen Gehalt gereinigt.[53]

Indem hier der Äther durch die Abstreifung von Bestimmungen der Materie übergeht in den Begriff einer abstrakteren entäußerten Idee, verlieren die „Momente", „Raum" und „Zeit" ihre innere Stabilität. Sie werden wie das Sein identisch mit der entäußerten absoluten Idee. Bei Schelling waren Raum und Zeit hingegen über die Wechselwirkung objektivierte Begriffe.[54] Im Denken aber bleiben beide Kategorien Formen der Anschauung des Nebeneinander bzw. des Nacheinander. Das objektive Verhältnis von Raum, Zeit und Wechselwirkung zerfällt bei Schelling im Versuch, dieses zu begreifen, wieder in wesentlich von Kant her bestimmten Formen der Anschauung, Zeit als „innerer Sinn" und Raum als „äußer Sinn". Dieses Problem hat Hegel durch die Identität beider Bestimmungen nicht. Die absolute Idee in der Natur ist aber nicht mehr das Identische von Wechselwirkung der endlichen Naturprozesse und unendlichem Absoluten, sondern die starren Naturformen sind Stufen der erstarrten Entäußerung der absoluten Idee. Als flüssige Momente Hegelscher Begriffsentwicklung müssen Raum und Zeit alles Materiellen verstanden als erstarrte Bestimmungen abstreifen.

Die Hegelsche Spekulation kommt aus dem Begreifen von Raum und Zeit als Momente des Unendlichen wie Schelling zur These, daß Raum und Zeit nicht unabhängig voneinander existieren, aber sie kann diese Abhängigkeit nur als Identität aussprechen. Eine These, die die zeitgenössischen Physiker nur mit einem Lächeln abtun mußten. Aus der historischen Perspektive ist dies eine überragende Leistung, bei ihrer Bewertung wird jedoch zu schnell übersehen, daß

---

53 „Der Äther als diese absolute Einheit des Sichselbstgleichen und des Unendlichen ist die Einheit beider als Momente, als abgesonderter, in Absonderung idealer, sich selbst aufhebender und in sich zurückgekehrter; sie sind als Moment schlechthin sich selbst gleich, oder beide ein und eben dasselbe. Das einfache Sichselbstgleiche, der Raum, als Abgesondertes, ist Moment; aber als sich realisierend, als seiend, was er an sich (ist), ist er das Gegenteil seiner selbst, ist er Zeit, – und umgekehrt das Unendliche als das Moment der Zeit: realisiert sie sich oder ist als Moment, das heißt sich aufhebend als das, was sie ist, ist sie ihr Gegenteil, Raum; und es ist nur diese Einheit dieser Reflexion des Ganzen, das aus Raum Zeit, aus Zeit Raum wird, unmittelbar indem es das eine und das andere ist, unmittelbar auch das Gegenteil des einen so wie des andern." (Hegel [1801/07] 1968, S. 202)

54 „Synthetisch vereinigt zeigen sich beide, der Raum und die objektiv gewordene Zeit, in der Wechselwirkung." (Schelling [1795-1800] 1971, S. 668)

Hegel nicht die Wechselwirkung von Raum und Zeit, *nicht die Ankopplung der zeitlichen Dimension an die räumlichen postulierte*, sondern die vollständige identische Wandlung von Raum und Zeit ineinander über einen rein abstrakten Begriff erreichte. Diese Entartung zur vollständigen Identität lag im Setzen des mathematischen Raumbegriffs als den eigentlichen Raumbegriff der Philosophie begründet. Indem Hegel nach Begriffen völlig frei vom Empirischen strebte, erschien ihm die mathematische Begriffsbildung als ideales Vorbild seiner Philosophie.

Für die Geometrie (zumindest für die klassische, um die es hier geht) steht die „Zeit" außerhalb ihres Begriffssystems. Daher wird Zeit nicht zu einer Dimension des Raums. Hegel schafft somit keinen Vorläufer der Raum-Zeit moderner Physik, sondern Raum geht über, wird identisch mit Zeitraum.

Unbestritten ist Hegels große Leistung, die Frage nach dem Zusammenhang von Raum und Zeit aufgeworfen zu haben. Die Antwort, die er aus dem Blickwinkel seines Systems und dem Stand der Naturwissenschaft seiner Zeit geben kann, ist aber nicht die, die von der modernen Physik später als Ausgangspunkt genommen werden konnte.

Damit ist die Interpretation des Hegelschen Ortsbegriffs als ein raum-zeitlicher nicht haltbar, nicht als „Ereignis" im Sinne der relativistischen Physik interpretierbar, wie Wandschneider meint.[55] Daß Hegel nicht von vornherein den Äther mit dem mathematischen Raumbegriff gleichsetzen will, wird an der begrifflichen Setzung als „Raumtotalität" deutlich: Der Raum ist „zum Punkt geworden, Totalität, aber er ist dies nur als Gegenteil seiner selbst. Seine Totalität ist, absolut positiver und absolut negativer Raum zu sein; er ist jenes als sogenannter absoluter Raum, dies als Punkt, aber diese Momente der Totalität fallen selbst auseinander."[56] Die Raum-Punkt-Relation, die die Physik als Geometrie zugrunde legt, ist nach Hegels Auffassung *negative Totalität*, die die Beziehung von Raum und Punkt nicht wirklich vermitteln kann. In der „Enzyklopädie" endlich ist der „Raum" die „abstrakte Allgemeinheit" der entäußerten absoluten Idee. Er wird als „schlechthin kontinuierlich" gefaßt, d.h., die Totalität des Raums, die in der dialektischen Beziehung zwischen Punkt und Raum liegt, wird vollständig von der abstrakten Kontinuität des Raums hervorgebracht, der andere Pol dieser dialektischen Beziehung verliert im fertigen System seine Selbständigkeit völlig, liegt selbst ganz innerhalb dieser Kontinuität, die so an dialektischer Substanz verliert.

---

55 Wandschneider 1986, S. 353.
56 Hegel [1801/07] 1968, S. 210-211.

Zeit als räumlicher Begriff

Der Zeitbegriff des frühen Hegel unterscheidet sich viel weniger von der „Zeit" im fertigen System seiner Philosophie, als das bei der Entwicklung des Raumbegriffs der Fall war.[57] Da das „mathematische Atom", Punkt, aufgrund seiner rein mathematischen Bestimmung keine Zeit an sich selbst hat, bleibt das Beziehen von Raum und Zeit aufeinander tote Konstruktion: „In der Zeit ist die Unterscheidung ihrer Momente und die Realität der Zeit selbst nur der Raum; oder die sich realisierende Zeit ist unmittelbar räumlich."[58] Damit löst sich die Zeit im mathematischen Raum zu einem abstrakten Parameter, zu einer kontinuierlichen Variable auf.

Die Zeit ist für Hegel „nur am Raum real, und der Raum ist nur diese aus ihm werdende Zeit. Der Dialektiker bestimmt das Verhältnis von Raum und Zeit als sich selbst aufhebende einfache reale Einheit und reale Unendlichkeit des Äthers.[59] Als absolut einfache Momente können Raum und Zeit im Hegelschen System jedoch nicht den Äther wirklich bestimmen, die Unendlichkeit nicht Fixieren, sondern nur als „ein unmittelbares Aufgehobenwerden darstellen". „*Diese reale Unendlichkeit ist die Bewegung.*"[60] Damit sind Raum und Zeit für Hegel keine eigentlichen Begriffe der Philosophie, sondern tragen den Stempel der mathematisierten Naturwissenschaft.

Die Zeit erhält neben dem Bezug auf den Raum durch ein Beziehen auf Gegenwart und Zukunft selbst entgegengesetzte Bestimmungen: „Es ist also in der Tat weder Gegenwart noch Zukunft, sondern nur diese Beziehung aufeinander ...

---

57 „In diesem Sinnlichen ist aber auch ein allgemeines Sinnliches selbst; dies andere bei solchem Stoff ist die Bestimmung von *Raum und Zeit,* sie sind das Leere. Außer uns ist das Räumliche, für sich ist es unerfüllt; die Erfüllung macht jener Stoff aus... Die Zeit ist ebenso leer; derselbe Stoff ... Raum und Zeit sind reine Anschauungen, d.h. abstrakte Anschauungen ... Der Inhalt ist neben- oder nacheinander; isolieren wir das Neben und Nach, so haben wir Raum und Zeit. ... Also Raum und Zeit ist das Allgemeine des Sinnlichen selbst, nach Kant die apriorischen Formen der Sinnlichkeit ... Es ist dies Teilung von Subjektivität und Objektivität." (Hegel [1833/36] 1982, S. 366)

58 Hegel [1801/07] 1968, S. 212.

59 Die reale Einheit beider hat beide in sich trennend und unmittelbar Trennen als sich selbst aufhebend; sie ist selbst einfach und die reale Unendlichkeit des Äthers, deren Momente, Zeit und Raum, selbst absolut einfache, die Unendlichkeit nicht als Fixieren der Momente, sondern (als) ein unmittelbares Aufgehobenwerden darstellen." (Ebd., S.213)

60 Ebd., S. 213.

Das Itzt hat sein Nichtsein an sich selbst, und wird sich unmittelbar ein Anders, aber dieses Andere, die Zukunft, ... ist unmittelbar das Andere ihrer selbst..."[61] Die Auflösung des Zeitbegriffs beginnt mit der These, daß Zeit nicht als Moment wirklicher Unendlichkeit existiere, sondern „Zeit nur das „Übergehen in das Entgegengesetzte, und aus diesem wieder in das Erste; eine Wiederholung des Hin und Hergehens" bedeute.[62] Die Totalität des Unendlichen kann aber nicht allein ein bloßer Wechsel sein, sondern muß sich darstellen als das „aufgehobene Erste". In der Zeit manifestieren sich daher für Hegel allein die Naturkreisläufe. Vergangenheit, Gegenwart, Zukunft sind Momente eines Naturprozesses, der keine Entwicklung in sich hat. Diese Sichtweise liegt im Naturbegriff Hegels begründet, spricht aber auch aus, daß die Naturwissenschaften einen Zeitbegriff haben, der von sich aus nicht zur Entwicklung kommt, weil „Zeit" als umkehrbare Größe konstruiert werden muß, damit sie zu einer meßbaren Größe wird. Als Dialektiker will Hegel einen Begriff des „Werdens" selbst, um Entwicklung aus dem „Begriff" deduzieren zu können. Die „reale Zeit" der Naturwissenschaft ist dieses „Werden" nicht, sondern nur die „paralysierte Unruhe des absoluten Begriffs".[63] Von dem Erfassen des Werdens im Begriff Zeit ist nur die Bestimmung der „Sichselbstgleichheit" geblieben. Zeit ist Darstellung der identisch gebliebenen Momente des „Werdens", die für Hegel gleichgültige Momente sind, weil gerade sie nicht die Entwicklung ausmachen. Die Darstellung dieser Momente findet in der „Form" des Raumes statt. „Zeit" als negativer Begriff vom „Werden" geht über in Raum. Diese Entwicklung des Zeitbegriffs findet sich bereits in den „Jenaer Systementwürfen".

Die *Phänomenologie des Geistes* (1807) ist als die Vermittlungsstufe zwischen den *Jenenser Vorlesungen* und der *Enzyklopädie* anzusehen. In der Vorrede polemisiert Hegel gegen die Methode der Mathematik, wo er doch gerade die mathematische Begriffsbestimmung als Wesen von Physik versteht. Dies findet seine Begründung darin, daß Hegel das wirkliche Begreifen der Natur einer Naturphilosophie zuordnet und die Herausarbeitung des Mathematischen auch nur eine Stufe zur Herausarbeitung wahrer Naturbegrifflichkeit sein soll. So richtet sich hier die Kritik des Philosophen auf Physik, soweit sie als angewandte Mathematik verstanden wird. Es bleibt aber die Physik als Gegenstand seiner Kritik erhalten, weil sie eben nicht auf angewandte Mathematik reduzierbar ist.[64] In der

---

61 Hegel [1801/07] 1982, S. 207.
62 Ebd., S. 209.
63 Ebd., S. 210.
64 „Die immanente, sogenannte reine Mathematik stellt auch nicht die Zeit als Zeit dem Raume gegenüber, als den zweiten Stoff ihrer Betrachtung. Die angewandte handelt

„Enzyklopädie" wiederholt sich in sehr verknappter prägnanter Form die frühe Argumentation. Die Zeit ist für Hegel das „angeschautes Werden", d.i. der abstrakte Begriff des „Seins" „indem es ist, nicht ist" und umgekehrt. Hegel begreift Zeit als Moment des daseienden Widerspruchs, Bewegung. Es ist Bewegung begriffen als „Werden". In diesem Begriff ist aber noch nicht die wahre philosophische Begrifflichkeit vorhanden. Es ist „Form der Sinnlichkeit", d.h. „Anschauen" und damit noch nicht Begriff, weil „Zeit" noch in der Form gedacht wird, in der alles entsteht und vergeht. Als *Begriff* ist die Zeit *selbst das „Werden":"* Aber nicht in der Zeit entsteht und vergeht Alles, sondern die Zeit selbst ist dies Werden, Entstehen und Vergehen ... Das Reelle ist wohl von der Zeit verschieden, aber ebenso wesentlich identisch mit ihr. Es ist beschränkt, und das Andere zu dieser Negation ist außer ihm; die Bestimmtheit ist also an ihm sich äußerlich und daher der Widerspruch seines Seins; die Abstraktion dieser Äußerlichkeit ihres Widerspruchs und der Unruhe desselben ist die Zeit selbst."[65] Zeit wird hier gefaßt als „die Negativität, die sich als Punkt auf den Raum bezieht", dieser „Punkt" ist die obige gleichgültige Identität. Zeit ist nicht der Begriff des Werdens sondern das *„angeschaute Werden"*. „Die Zeit ist ebenso *kontinuierlich* wie der Raum, denn sie ist die abstrakt *sich auf sich beziehende* Negativität, und in dieser Abstraktion ist noch kein reeller Unterschied."[66] Zeit wird damit zum Zeit-"Punkt", der aber nur als kontinuierlicher Parameter im Raum seine Wirklichkeit hat. Die Dimension der Zeit hat nichts mit den Dimensionen des Raumes selbst zu tun. Die räumliche Daseinsweise der Zeit ist Hegels Kritikpunkt, das Negative, das, was die Zeit zum bloßen angeschauten Werden macht, sie nicht zum Begriff werden läßt. Es ist hier, wie mehrfach erwähnt, der Systemansatz, der die dialektische Kritik naturwissenschaftlicher Bestimmungen als Negativität dieser Bestimmungen faßt. Damit ist diese Kritik eine unvollendete.

---

wohl von ihr, wie von der Bewegung, auch sonst andern wirklichen Dingen, sie nimmt aber die synthetischen, d.h. Sätze ihrer Verhältnisse, die durch ihren Begriff bestimmt sind, aus der Erfahrung auf und wendet nur auf diese Voraussetzungen ihre Formel an. Daß die sogenannten Beweise solcher Sätze, als der vom Gleichgewichte des Hebels, dem Verhältnisse des Raums und der Zeit in der Bewegung des Fallens usf., welche sie häufig gibt, für Beweise gegeben und angenommen werden, ist selbst nur ein Beweis, wie groß das Bedürfnis des Beweisens für das Erkennen ist, weil es, wo es nicht mehr hat, auch den leeren Schein desselben achtet und eine Zufriedenheit dadurch gewinnt." (Hegel [1807] 1949, S. 38)

65   Hegel [1830] 1966, S. 209-210.
66   Ebd., S. 209.

D. Wandschneider meint, daß im Hegelschen Raumbegriff bereits der Übergang zum Zeitbegriff vorgezeichnet sei.[67] Es ist aber ein Übergang über den mathematischen Punkt. Dieser ist so nur die formale Negation der Negation, so wie der Punkt bei Hegel die formale Negation der Negation des Raums ist. Es ist die Vorgehensweise der klassischen Physik, die hier reflektiert wird. Sie kann Raum und Zeit nur über den dimensionslosen Punkt verknüpfen. Dies ist Hegels Ansatzpunkt zur Kritik. Damit ist aber noch nicht die Frage nach einer neuen, umfassenderen Verbindung von Raum und Zeit über die Dimensionalität beider Begriffe aufgeworfen, sondern als notwendiger erster Schritt die Beschränktheit des bisherigen, klassischen Verhältnisses von „Raum" und „Zeit" nachgewiesen.

Ja, Hegel zeigt überhaupt erst *diese* Verbindung von Raum und Zeit über den Punkt auf, die es schon in den klassischen Begriffen gibt, auch wenn „Raum" und „Zeit" als beziehungslose Begriffe nebeneinander erscheinen.[68]

Fazit: Aus der Kritik der vorhandenen Begriffe von Raum und Zeit leitet Hegel ab, daß „Zeit" nur „angeschautes Werden" ist. Dieses Anschauen führt zur räumlichen Fassung des Zeitbegriffs. Das heißt, der naturwissenschaftliche Zeitbegriff ist einer, der nur über den räumlichen Begriff, Punkt, faßbar wird. Hegel subsumiert entgegen seines früheren Ansatzes den Punkt unter den Raum, was seinem System geschuldet ist. Aus der Aufgabe der wirklichen Negation der Negation von realem Raum (Äther) und realem „Punkt" (Ätheratom) entwickelt Hegel, orientiert an der Mathematik, dieses Verhältnis als Raum-Punkt-Verhältnis. Damit entsteht das Verhältnis von Zeit und Raum vermittelt über den Zeit-"Punkt". Dies ist für Hegel die Mathematisierung der Zeit. Er erkennt darin die Vorgehensweise der mathematisierten Naturwissenschaften. Die abstrakten Begriffe Raum und Zeit stehen über den Punkt in Beziehung zueinander. Hegel fordert nicht die weitere Entwicklung dieser Beziehungen in neuen Begriffen von Raum und Zeit, sondern will damit die Negativität, die Begrenztheit der Begriffe der mathematisierten Naturwissenschaft aufzeigen. Hinter dieser negativen Form der Kritik liegt aber die Neubestimmung von Raum und Zeit als „Abstrak-

---

67 Wandschneider 1982, S. 71.

68 „Die Vergangenheit aber und Zukunft der Zeit als in der Natur *seiend* ist der Raum, denn er ist die negierte Zeit, so ist der aufgehobene Raum zunächst der Punkt und für sich entwickelt die Zeit. Der Wissenschaft des *Raums,* der Geometrie, steht keine solche *Wissenschaft* der Zeit gegenüber. Die Unterschiede der Zeit haben nicht diese *Gleichgültigkeit* des Außersichseins, welche die unmittelbare Bestimmtheit des Raums ausmacht. Sie sind daher der Figuration nicht, wie dieser, fähig. Diese Fähigkeit erlangt das Prinzip der Zeit erst dadurch, daß es paralysiert, ihre Negativität vom Verstande zum *Eins* herabgesetzt wird." (Hegel [1830] 1966, S. 211)

tionen der Äußerlichkeit", d.h. als Verstandesbegriffe des äußerlichen reellen Seins, die als abstrakte Begriffe dieses Seins nicht beziehungslos nebeneinander stehen, sondern als mathematisierte Konstrukte der Naturwissenschaft sich über den Punkt wechselseitig bestimmen. In der Hegelschen Kritik versteckt sich auch eine Kritik an dem jungen Schelling. Für diesen war durch die Wechselwirkung die Gerichtetheit der Zeit selbst fixiert, das heißt, die Zeit selbst schon die abstrakt gefaßte Gerichtetheit der „Sukzession".[69]

Damit ist die Zeit bei Schelling schon das Moment des Werdens in der Wechselwirkung gleich Produktion der Materie. Hegel sieht dagegen, daß die Naturwissenschaft gerade auf die Gerichtetheit der Zeit verzichten muß und daher die Naturwissenschaften keine Entwicklungstheorien sein können.

Indem Hegel die Bestimmung aller Wissenschaft zur Bestimmung der Philosophie macht, muß er den Beweis für das vorwissenschaftliche Niveau der existierenden Naturwissenschaften antreten. Das Positive daran ist, daß eine philosophische Kritik naturwissenschaftlicher Theorien entwickelt wird, die ständig die Frage nach der Entwicklungsfähigkeit naturwissenschaftlicher Begriffsbildungen stellt und damit Grenzen solcher Begriffssysteme aufzeigt. Dieser fruchtbare Ansatz, aus dem heraus Hegel die Widersprüche der Naturforschung aufzuzeigen vermochte, erschien aber als negative Bestimmung von Natur und Naturerkenntnis.

Dies begreifend beginnt mit Lotze die positive Aufarbeitung des Hegelschen Erbes und damit die Überwindung der von Hegel so aufgefaßten Negativität von Natur und Naturwissenschaft. Diese Negativität war aber die Voraussetzung für die positive Bestimmung naturwissenschaftlicher Begrifflichkeit aus der Sicht einer dialektischen Philosophie. Die negative Position Hegels zur Naturforschung schärfte das Instrumentarium für die philosophische Kritik. Von einer positiven Betrachtung der Naturwissenschaften aus (insbesondere der Physik) war genau dies angesichts der großen Erfolge der Naturforschung nicht möglich. Der Ausgangspunkt Hegels, seine Identifizierung von Mechanik und Mechanizismus, darf aber nicht auf diesen unbestreitbar sehr wesentlichen Punkt reduziert werden. Die negative Bestimmung des Verhältnisses von Naturphilosophie und Naturwissenschaft muß auch als ein Moment des realen historischen Verhältnisses von philosophischer und naturwissenschaftlicher Begrifflichkeit verstanden werden, was sich im Selbstverständnis der Hegelschen Philosophie (d.i. sein System) ebenso artikulierte wie im Selbstverständnis der Naturforscher. Die

---

[69] Schelling [1795-1800] 1971, S. 664-665.

positive Bestimmung des Verhältnisses von Philosophie und Naturwissenschaft hatte die Entwicklung der Beziehungen beider Disziplinen zur Voraussetzung.

Die Hegelsche Position mußte in einer Zeit stürmischer Entwicklung der Naturwissenschaften auf den schärfsten Protest der Naturforscher stoßen. Der rationale Kern Hegelscher Kritik, zu fragen, in welchem Rahmen die Grundbegriffe physikalische Erkenntnis zulassen und dann zu prüfen, wo ihre möglichen Schranken liegen, geht in diesem Protest gänzlich unter.[70]

Erst Lotze setzt später an die Stelle der Hegelschen „Bewegung" die realistisch gewendete Schellingsche „Wechselwirkung" als Grundbestimmung des ganzheitlichen Seins und kann bestärkt durch die Erfolge einer hoch dynamischen Entwicklungsetappe der Naturforschung das Verhältnis der Naturphilosophie zur Naturwissenschaft völlig neu begründen.

Die bisherige Geschichtsschreibung der Naturwissenschaften hat aus dem belegbaren breiten Protest der Naturwissenschaftler gegen Hegel auf die völlige Wirkungslosigkeit seiner Philosophie auf die Naturwissenschaften geschlossen. Die Philosophiehistoriker haben dagegen bis nach der Jahrhundertwende Lotzes Versuch der Versöhnung von Naturphilosophie und Naturwissenschaft hervorgehoben.[71] Die moderne Geschichtsschreibung der Naturphilosophie wie der Physik kennt Lotze leider nicht mehr. Die gegenseitigen, teils heftigen Vorwürfe von Philosophen und Naturforschern des 19. Jahrhunderts, werden ganz in unserem Zeitgeist sehr gerne zitiert. Der besonnene Vermittler Lotze ist dazu kaum zu verwerten. Hinzu kommt, daß Lotze sich völlig zurecht nicht als ein Schüler Hegels sah, weil er seine Naturphilosophie auf realistischer Grundlage entwickelte.[72] Er paßte aber auch in keine der üblichen Schubladen philosophischer Ismen, so daß die übliche Etikettierung stets zweifelhaft und schwierig blieb. In diesem Zusammenhang ist sicher auch zu sehen, daß Lotze selbst keine neue philosophische Schule begründete, weil er ein Mann des Übergangs war. Dies kann als ein Indiz dafür genommen werden, warum Lotze in den Jahren wachsenden Interesses an Hegelscher Naturphilosophie keine Beachtung gefunden hat. Der innere Zusammenhang liegt m.E. darin, daß die moderne Naturphilosophie, konfrontiert mit der Quanten- und Relativitätstheorie, das traditionelle Verhältnis der Philosophie zur Naturwissenschaft endgültig über Bord warf.

---

70 *„Hegel's* ganze ... Naturphilosophie ist eine solche Perlenschnur der gröbsten empirischen Unwissenheit oder besteht nur aus kläglicher Kritik ..." (Schleiden, 1844, S. 60)
71 Vgl. J.E. Erdmann 1878, Frischeisen-Köhler 1912, Misch 1912, Wentscher 1913.
72 Höffding betonte 1888 den „realistischen Charakter" Lotzes. (Höffding 1888, S. 422)

„Das Wesen der Naturphilosophie wird am einfachsten dadurch bestimmt, daß man ihr Verhältnis zur Naturwissenschaft angibt", so die Erkenntnis von Moritz Schlick aus seiner philosophischen Auseinandersetzung mit der Allgemeinen Relativitätstheorie.[73] Die sich formende moderne Naturphilosophie distanzierte sich von ihrer Geschichte, um ihr neues Verhältnis zur Naturwissenschaft zu artikulieren. Das neue Bewußtsein eigener Geschichte hat sich in den letzten Jahren bis an Hegel herangearbeitet. Es ist nur logisch, wenn erst jetzt die Männer der Zeit nach Hegel neu ins Blickfeld naturphilosophischer Betrachtung geraten können.

---

[73] Schlick 1948, S. 1.

VI. Nachwirkungen und Neuanfang

Will man Hegels Naturphilosophie als *eine* Entwicklungsstufe des naturphilosophischen Denkens begreifen, so steht die Frage nach der Fortsetzung dieser Traditionslinie nach seinem Tode.
An Marx orientierte Philosophen beantworteten diese Frage meistens mit einem
Hinweis auf Engels.[1] Dies ist jedoch eine Verengung. Erstens, weil Feuerbach
und dann Marx die Auseinandersetzung mit der Hegelschen Naturphilosophie
begannen und zweitens, weil es wenigstens noch eine weitere bedeutende Traditionslinie der deutschen Naturphilosophie gibt, die von Hegel ausging. Diese
Traditionslinie ist mit dem Namen Lotzes verbunden.

Feuerbachs Kritik der Hegelschen Raum- und Zeitauffassung

Für den jungen Ludwig Feuerbach[2] sind die Formen des Denkens zugleich „wesentliche Formen" der Dinge selbst. Im Denken sollen sich diese Inhalte jedoch
aus der Form von Gesetzen zur „freien Selbstbestimmung des Geistes" erheben.[3]
Das Denken als das Sein „konstituierende Kraft" wird über das Wesen der Objektivität als „Sein im Sein" bestimmt. Raum und Zeit sind für Feuerbach daher
logische Kategorien *und* gleichzeitig, soweit sie die Dinge selbst bestimmen, das
heißt „reale Eigenschaften" an ihnen bezeichnen, metaphysische Begriffe.

In der Entwicklung seiner naturphilosophischen Positionen greift Feuerbach auf
Schellings Hegelkritik zurück, wie auf dessen positive Sicht der Natur. Beide
Aspekte befördern eigene Denkanstöße in der Auseinandersetzung mit Hegel.[4]
Die freien Bestimmungen des Geistes werden so in Feuerbachs realistischer Di-
stanzierung von Hegel gleichzeitig zu notwendigen, allgemeinen und damit zu
metaphysischen Bestimmungen, das sind „wirkliche reale Bestimmungen" des
Seins.[5] Zu dieser unmittelbaren Verbindung von Logik und Metaphysik kann er
gelangen durch die Relativierung der absoluten Idee Hegels als menschlichen

---

1 Vgl. Engels [1878] 1978.
2 Hier wird vor allem auf den Zeitraum 1835-1846 Bezug genommen, ohne daß damit
   eine Periodisierung beabsichtigt ist.
3 Feuerbach [1835-1839] 1982, Bd. 8, S.8.
4 Vgl. Frank 1975, S. 187 ff.
5 Feuerbach [1835-1839] 1982, Bd. 8, S. 10.

Geist, „der in jedem Akt der Lebenstätigkeit" in sich und außer sich sei.[6] „Geist haben nur die *geistig tätigen* Menschen."[7]

Den Mangel eines positiven Verhältnisses der Hegelschen Philosophie zur Naturwissenschaft empfindend kritisiert Feuerbach, daß Hegel die Natur nur in ihrer Differenz zur Idee dargestellt habe: „Hegel bestimmt also die Natur als die Idee nicht in ihrem idealen, mit ihr identischen, sondern in ihrem ihr ungleichen, der Identität ... nicht entsprechenden ... Sein."[8] Die Ursache für die negative Bestimmung der Natur bei Hegel liegt für den jungen Feuerbach aber noch in einer *generellen* Vorgehensweise der *Philosophie* begründet. Da Philosophie jeden Gegenstand nur nach *der* Wirklichkeit, die „der Idee entspricht", begreifen kann, argumentiert Feuerbach, „so bestimmt sich die wahre Existenz der Idee zum Idealen", wenn „eine Existenz ihrer Idee nicht ent- oder vielmehr geradezu widerspricht".[9]

Der Negativität des Hegelschen Naturbegriffs wird hier in der Idealität der Natur ein abstraktes positives Ideal entgegengesetzt, das nicht mit Hegels „Entäußerung" der absoluten Idee zusammenfällt. Die Argumentation läuft der Hegelschen genau entgegen. Hegel bestimmt gerade Natur als Nichtidee. Der junge Feuerbach hält dies zunächst für einen zu behebenden Mangel Hegels. Die absolute Idee wird als vereinseitigte Fassung der Idee nur als „Identität des Begriffs" mit der „Realität des Seins" gesehen. Die Natur, die diese Realität des Seins ausmache, könne so nicht auch als *positive Differenz* zum Begriff der Idee gefaßt werden und müsse daher im Hegelschen System ein negativer Begriff sein. Für Feuerbach kann die Natur dem Wesen der absoluten Idee so nicht entsprechen.

In der weiteren Auseinandersetzung mit Hegel erkennt Feuerbach, daß bei Hegel die Identität erst die Differenz der Begriffe aus sich selbst erzeugt, die Differenz daher stets als negative Identität keine Selbständigkeit haben kann und daher nicht wirklich Differenz sei, sondern nur das Negative der Identität. Der *Rückgriff auf Schelling* ist hier überdeutlich. Schelling hatte bereits 1804 gegen das Hegelsche Absolute eingewandt, daß eine Selbstbeziehung der Negation nichts Positives zum Resultat haben kann.[10]

Die „Differenz" im Hegelschen System, die Feuerbach seit seiner „Kritik des Anti-Hegels" (1835) vertrat und auch noch einleitend in „*Zur Kritik der Hegel-*

---

6   Ebd., S. 70.
7   Ebd., S. 159.
8   Ebd., S. 80.
9   Ebd., S. 86.
10 Vgl. Frank 1975, S. 65 ff.

schen Philosophie" (Anfang 1839) betonte, erweist sich als *„unvermittelter* Bruch mit der sinnlichen Anschauung" und so Hegel als der eigentliche Philosoph der Identität. Wurde Schelling zunächst von Feuerbach als Philosoph der Identität begriffen, wird nun aus der kritischen Perspektive zum Hegelschen System Schelling als Philosoph zweier „Selbständigkeiten", zweier entgegengesetzter „Wahrheiten", des Idealismus *und* der Naturphilosophie gesehen.[11] Aus der Feuerbachschen Denkrichtung und aus dem Ansatz seiner Hegelkritik heraus, nahm daher auch das Interesse an Schelling im Kreise der Junghegelianer zu diesem Zeitpunkt ganz unverkennbar zu.[12]

Das aus der Identität des Absoluten resultierende negative Verhältnis Hegels zur Naturwissenschaft wird jedoch von Feuerbach nicht allein dem Philosophen angelastet, sondern als ein Problem des Verhältnisses von Philosophie *und* Naturwissenschaft selbst gesehen. Den Mangel dieser Beziehungen drückt Feuerbach 1839 in dem Bekenntnis aus: „Ich vermisse in der spekulativen Philosophie das Element der Empirie und in der Empirie das Element der Spekulation."[13] Einen Ausweg sieht er in der Verbindung von „empirischer" und „spekulativer" Tätigkeit.

Da Feuerbach das Verhältnis von Philosophie und Naturwissenschaft als Verhältnis von Empirie und Spekulation begreift, erscheinen die theoretischen Begriffe der Naturforschung als rein empirische Bestimmungen, als unmittelbar aus der Natur geschöpft, die als Empirie dem theoretisch-spekulativen Denken (Philosophie) gegenüberstehen. Hierin wird der frühe Feuerbachsche Ansatzpunkt für die spätere Ontologisierung der Naturbegriffe erkennbar. Da die naturwissenschaftlichen Begriffsbildungen noch keine Momente der Konstruktion haben sollen und damit nach Feuerbachs Meinung nichts Spekulatives enthalten können, werden sie zu unmittelbaren Ausdrücken des realen Seins.

Aus diesem Blickwinkel heraus wird dann auch das Hegelsche Begriffssystems kritisiert: „Die Form seiner [Hegels]) Anschauung und Methode selbst ist nur die exklusive *Zeit*, nicht zugleich auch der tolerante Raum, sein System weiß nur von *Subordination* und Sukzession, nichts von Koordinaten und Koexistenz."[14]

---

11 Feuerbach, [1839-1846] 1982, Bd. 9, S. 42-48.
12 Aus dem Feuerbachschen Interesse an Schelling läßt sich sicher auch die zunächst wohlwollende Haltung von Teilen der Junghegelianer gegenüber Schelling vor und auch noch nach seinen Berliner Vorlesungen 1841 erklären. (siehe Sandkühler1984, S. 47)
13 Feuerbach, [1839-1846] 1982, Bd.9, S. 12.
14 Ebd., S. 17.

Indem Feuerbach Hegel mit der Elle der Naturforschung mißt, gelangt er zu dem Ergebnis, daß auch die Philosophie nicht voraussetzungslos an ihren Gegenstand herangeht. Das „Apriori" der Philosophie ist der Verstand. Der Verstand verwandelt sich unter der Hand bei Feuerbach zur „geistigen Materie", aus der sich die Begriffe entwickeln. Diese „geistige Materie" soll zur Entwicklung aller Bestimmungen fähig sein, wie die reale Materie zur unendlichen Produktion fähig sein soll.[15] An diesem Standpunkt der Materialisierung des Schellingschen einheitlichen Prinzips angelangt, hebt Feuerbach einerseits die positive Bedeutung der Schellingschen Naturphilosophie hervor, andererseits wird aber Schellings Naturphilosophie nur als „umgekehrter Idealismus" gesehen.[16] In diesem Spannungsfeld gewinnt am Ende die Sicht auf Schelling als Idealisten die Oberhand, die als politische Sicht letztlich für Feuerbach den Rückgriff auf Schelling verbietet. Hegel und Schelling werden gemeinschaftlich als Philosophen eingestuft, die die „Eigenschaften", und nicht das *„Wesen"* der vorhandenen Philosophie verändern wollten.

Vor dem Vorwurf an Schellings Naturphilosophie, nur „umgekehrter Idealismus" zu sein, steht aber einschränkend das Wörtchen „zunächst", was heißt, Feuerbach sieht im Schellingschen Ansatz der Naturphilosophie mehr als diese Umkehrung. Er schwankt zwischen Systemsicht und Sicht der Details, die im System Neues findet. Das Positive bei Schelling wird in der Selbständigkeit der Natur gesehen, die sich in der „Wahrheit der Naturphilosophie" manifestiert.[17]

Die Feuerbachsche Systemsicht stellt sich hier selbst in Frage, oder wahrscheinlich genauer, das spätere Verständnis (besonders im Marxismus) des Kampfes der Systeme ist bei dem jungen Feuerbach noch Kampf der *Richtungen in* den philosophischen *Systemen* selbst. Schellings Philosophie wird als Versuch der Vermittlung des absoluten Widerspruchs zwischen Idealismus und Naturphilosophie verstanden. Aus der Feuerbachschen Systemsicht ist nun aber die Naturphilosophie Ausdruck des Materialismus. Das Absolute Schellings als einheitliches Prinzip von Geist *und* Natur ist aus dieser Perspektive nicht wirkliche Vermittlung, weil die „absolute Identität" das „absolute Subjekt-Objekt" ist, während die Natur das „objektive Subjekt-Objekt" bleibt. Dieses „Mehr" an Objektivität, was die Natur bei Schelling erhält, kompensierte letztlich das Absolute. Es bleibe, so konstatiert Feuerbach, der „Standpunkt des idealistischen Dualismus" übrig. Die menschliche Intelligenz werde so das „subjektive Subjekt-Ob-

---

15 Ebd., S. 24.
16 Ebd., S. 46-50.
17 Ebd., S. 48.

jekt", das in der Naturphilosophie die Trennung von Geist und Natur, die „Trennung in ein Intelligentes und Nichtintelligentes", aufhebe.[18]

Das Verbinden von Subjekt und Objekt im Naturbegriff versteht Feuerbach als „Aufhebung der Trennung", die dem Idealismus geschuldet sei.

Der junge Feuerbach will aber zugleich noch diese Naturphilosophie als Idealismus verstanden wissen, weil sie nicht die Wissenschaft von „einem dem Ich entgegengesetzten Objekt" sei, sondern von einem Objekt, das „selbst *Subjekt-Objekt*" ist.[19]

Feuerbach will Natur in einer gleichgewichtigen, gegensätzlichen Relation, *Subjekt-Objekt*, begreifen, ohne dem alten Dualismus zu verfallen. Für diese Gleichwertigkeit der Subjekt-Objekt-Relation fehlt ihm aber das gegenständliche Moment, das der Erkenntnis im Erkennen selbst entgegengesetzt ist. Feuerbach vermag diese Lücke zwischen der „Spekulation" (Philosophie) als dem „Wesen des Empirischen" und der Empirie (Naturerkenntnis) nicht durch einen Prozeß, der dem Erkennen auf der gegenständlichen Seite gegenübersteht, zu ergänzen. Sein Ausweg führt zur Ontologisierung der Begriffe.

Aus der Kritik der Hegelschen Naturbegriffe, die als Verstandesbegriffe mit dem Widerspruch unlösbar behaftet gedacht werden, wird der Schluß gezogen, daß „jede intellektuelle Bestimmung" „ihren Gegensatz, ihren Widerspruch" hat. Die Begriffe haben ihren Widerspruch an sich selbst. Den Widerspruch „gegen die sinnliche Realität, gegen den Verstand der Wirklichkeit" will Feuerbach jedoch gänzlich auflösen. Er macht Hegel den Vorwurf, „die Form zum Wesen" gemacht zu haben. Hier findet sich der Ansatz, von dem aus Feuerbach später Raum und Zeit von Hegelschen Wesensmomenten zu Formen des Denkens zurückverwandelt – ein Schritt in die Kantsche Richtung –, um dann diese Denkformen als „Existenzformen" im Sinne Newtons als objektiven, real seienden Raum aufzufassen.[20]

Das, was für Hegel die Negativität der Natur ausmachte, ist Bestimmung des Begriffs, die sich nicht vollständig in der Entfaltung des Begriffs auflösen läßt. Die Natur kann dagegen im Hegelschen Sinne nur positiv sein durch die *vollständige* Auflösung ihrer Widersprüchlichkeit. Der Feuerbachsche Weg dahin führt über die Ontologisierung (Naturalisierung) der absoluten Idee: „Die Philosophie ist die Wissenschaft der Wirklichkeit in ihrer Wahrheit und Totalität; aber der Inbegriff der Wirklichkeit ist die Natur (Natur im universellsten Sinne des

---

18 Ebd., S. 49.
19 Ebd., S. 48.
20 Ebd., S. 37.

Wortes)."[21] Auf diese Weise bleibt die Erkenntnis der Notwendigkeit einer anderen Philosophie mit der Vorstellung behaftet, daß die vorliegende Dialektik etwas anderes sei als die Hegelsche Dialektik begrifflicher Konstruktionen: „Die Dialektik ist kein Monolog der Spekulation mit sich selbst, sondern ein Dialog der Spekulation und Empirie."[22] Was heißen soll, die Hegelsche Logik ist das Wesen einer Naturdialektik.

Hier liegt der *Ansatz* für die auch später von Engels übernommene These von der Möglichkeit der Trennung der Hegelschen Dialektik von seinem System. Für Feuerbach wird dies möglich, indem er seine Kritik *als Erweiterung einer allgemeinen (Natur)Dialektik* begreift, obwohl er zur *Hegelschen* Identität der Begriffe die selbständige, positive Differenz setzt. Feuerbach will vom *Hegelschen* „Monolog der Spekulation" zum „Dialog mit der Empirie" übergehen. Hegels „unvermittelter Bruch" mit der „sinnlichen Anschauung", den er auch bei dessen Vorgängern findet, wird jedoch nicht über den geforderten „Dialog" mit der Empirie philosophisch neu vermittelt, sondern in der „Umkehrung" Hegels nur als bloße Identität von Theorie und Empirie gesetzt.

Feuerbach interessiert die Auswirkung der Systemsicht als Ganzes und nimmt aus dieser Blickrichtung die Begriffe des Systems als atomistische Bausteine. Daß das System rückwirkend auch seine Momente, die Begriffe seiner Konstruktion bestimmt, gerät so aus dem Blickfeld des Hegel Kritikers, der den Übergang vom Idealismus zum Materialismus vollzog.

Hegels Philosophie ist aus der nun erreichten Sicht Feuerbachs zwar „kritisch", aber nicht „genetisch-kritisch", weil sie gerade *nicht* einen „durch die Vorstellung gegebenen Gegenstand" untersucht und Hegel *nicht* „aufs strengste zwischen Subjektiven und Objektiven unterscheidet." Die Hegelschen Naturbegriffe erscheinen Feuerbach als bloß negative Bestimmungen, aus denen keine positive Begrifflichkeit entwickelbar ist. Sie werden auch gar nicht mehr benötigt, weil sie nur als negative Doppelung der eigentlichen (Natur-)Dialektik in der Form Hegelscher Logik verstanden werden.

Die Negativität der „entäußerten Idee" Natur bestimmt so *allein* den Gehalt Hegelscher Naturbegrifflichkeit. Das Wertvolle an Hegel liegt aber in einer abstrakt gefaßten Dialektik als System und nicht in den konkreten Momenten Hegelscher Begrifflichkeit, weil sich auch für Feuerbach das Begriffssystem aus einem Begriff, der „geistigen Materie" („Verstand") entwickeln soll.

---

21 Ebd., S. 61.
22 Ebd., S. 37.

Das *System* Hegelscher Dialektik leistet dies in der Logik und wird daher *über* den konkreten Gehalt der *Begriffe* gestellt.

Die postulierte Notwendigkeit der Umkehrung Hegelscher Logik wird zum Grundprinzip Feuerbachs: Man brauche „die spekulative Philosophie nur *umkehren*, so haben wir die unverhüllte, die pure, blanke Wahrheit."[23]

Er gesteht Hegel die Notwendigkeit einer Kritik der früheren oberflächlichen „Erklärungsweisen" zu, die „in der Physik nicht Metaphysik, in der Natur nicht die Vernunft erkannte." Seine Forderung daraus: Natur muß „wahrhaft" erfaßt werden als die „gegenständliche Vernunft", weil Natur der „Inbegriff der Wirklichkeit" ist. Die Philosophie müsse daher als Wissenschaft von der Wirklichkeit „in ihrer Wahrheit und Totalität" zu einer Wissenschaft von der Natur werden. Die von Hegel aufgezeigten starren Widersprüche der Natur werden als falsche Widersprüche gewertet: „Die Natur sträubt sich nur gegen die phantastische Freiheit, aber der *vernünftigen* Freiheit widerspricht sie nicht."[24] Die Widersprüchlichkeit der Natur, bei Hegel gefaßt in der „Entäußerung", verliert in der realistischen Wendung Feuerbachs ihre Realität.

Die Idealisierung der Widersprüche macht die Ontologisierung der Begriffe in starre Seinsformen möglich. Die Flüssigkeit der Dialektik geht ganz verloren. Damit werden aber die philosophischen Konstrukte nicht zu Begriffen der Naturwissenschaft.

1842 bezeichnet Feuerbach Raum und Zeit als „Existenzformen allen Wesens". Eine Formulierung, die sich später bei Engels wiederfindet: „Alle die Bestimmungen, Formen, Kategorien oder wie man es sonst nennen will, welche die spekulative Philosophie vom Absoluten abgestreift und in das Gebiet des *Endlichen, Empirischen* verstoßen hat, enthalten gerade das *wahre Wesen* des Endlichen, das *wahre Unendliche*, die *wahren und letzten Mysterien* der Philosophie. *Raum* und Zeit sind die Existenzformen alles Wesens. Nur die Existenz in Raum und Zeit ist *Existenz*. Die Negation von Raum und Zeit ist immer nur die *Negation ihrer Schranken, nicht ihres Wesens*... ein zeitloses Wesen sind Undinge... Die Negation von Raum und Zeit in der Metaphysik, im Wesen der Dinge hat die verderblichsten praktischen Folgen."[25]

Gerade in der Negation der Negation von Raum und Punkt (Atom) offenbarte sich bei Hegel der Wesenszug des Raums, nur über begriffliche Relationen sich ausschließender Bestimmungen als Begriff faßbar zu sein.

---

23 Feuerbach [1842-1845] 1950, S. 56.
24 Ebd., S. 60-62.
25 Feuerbach [1842-1845] 1950, S. 65.

Feuerbach macht die isolierten Begriffe von Raum und Zeit zu den „crstcn Kriterien der Praxis" und warnt davor, daß Ausschluß der Zeit aus der Metaphysik zur Geschichtslosigkeit führe, zum „antigeschichtlichen Stabilitätsprinzip".26 Feuerbachs Vorwurf an Hegel, den Bruch mit der sinnlichen Anschauung, den er für unvermeidlich hielt, nicht *vermittelt* zu haben, richtet sich nun auch gegen Feuerbach selbst. Indem er Raum und Zeit unmittelbar zu „Gesetze[n] des Seins wie des Denkens" macht, wird das theoretische Konstrukt, Raum und Zeit, zur unmittelbar erfahrbaren Größe des Seins selbst: „Wo kein Raum, da hat auch kein System Platz. ... Nur im Raume orientiert sich die Vernunft."27 Damit verfehlt Feuerbach seinen Anspruch, „den Raum in seiner *Wirklichkeit"* zu erfassen, völlig. Der theoretische Entwurf von der Wirklichkeit verflacht zum simplen Abbild: „Mit dem Wo entsteht mir erst der Begriff des Raumes." „Der Zeigefinger ist der Wegweiser vom Nichts zum Sein."28 Der Gegensatz zum früheren Feuerbach wird hier ganz offensichtlich. 1837 hatte er noch in der Auseinandersetzung mit dem Empirismus erklärt: „Was der Verstand begreift, begreift er *nur aus und durch sich selbst*; nur das Verstandesgemäße ist ein Objekt des Verstehens."29 Der Feuerbachsche Versuch einer Umkehrung Hegelscher Dialektik endet in der Setzung von Raum und Zeit als unmittelbare Gegebenheiten des Seins: „Raum und Zeit sind *keine bloßen Erscheinungsformen* – sie sind *Wesensbedingungen, Vernunftformen, Gesetze des Seins, wie des Denkens.*"30

Von hier aus kritisierte Feuerbach die Hegelsche Bestimmung von Raum und Zeit als „negativ": „Hegel gibt dem Raume, wie überhaupt der Natur nur eine *negative* Bestimmung. Allein Hiersein ist positiv. ... Es ist ein Außereinander, das *sein soll*, das der *Vernunft* nicht wider-, sondern *entspricht*. Bei Hegel aber ist dieses Außereinandersein eine negative Bestimmung, weil es das Außereinander dessen ist, was *nicht* außer einander sein *soll* – weil der logische Begriff, als die absolute Identität mit sich für die Wahrheit gilt...".31 Es ist hier die Kritik an der Hegelschen „Entäußerung", der dieser Entäußerung nur die reale ontologisch gefaßte Existenz der Begriffe entgegenhält. Raum und Zeit bei Hegel werden so ganz unbegreiflich, weil ihre dialektische Vermittlung über den „Punkt" ontologisch unbegreiflich ist.

---

26 Ebd., S. 66.
27 Feuerbach [1842-1845] 1950, S. 156.
28 Ebd., S. 156-157.
29 Feuerbach [1835-1839] 1982, Bd. 8, S. 163.
30 Feuerbach [1842-1845] 1950, S. 155-156.
31 Ebd., S. 157.

Die Hegelsche Negativität des realen Widerspruchs wird nicht überwunden, sondern bestimmt Feuerbachs Verständnis des Seins.

Er verlegt die Natur an die Stelle der Hegelschen absoluten Idee, die absolute Idee wird zur Natur, die auf diese Weise ihren Widerspruch aufheben kann. *Der Raum macht so erst der Idee Platz als „erste Sphäre der Vernunft".* Ebenso will Feuerbach die Trennung von Zeit und Entwicklung wieder rückgängig machen.[32] Er vermag nicht vom Erkennen der Negativität Hegelscher Begriffe zu deren positiven Aufhebung zu gelangen, weil er glaubt, daß mit der Wendung der dialektischen Logik ins Materialistische, sich die Widersprüche von selbst auflösen, die Hegel an den Begriffen der Naturwissenschaft aufzeigt. Somit trifft die oben zitierte Kritik F.A. Langes auch auf Feuerbach zu, daß der Materialismus Raum und Zeit einfach als objektive ontologische Gegebenheiten nimmt.

Engels setzte die von Lange kritisierte Tradition fort, während sich beim jungen Marx ein Ansatz zur positiven Aufarbeitung Hegelscher Raum-Zeit-Begrifflichkeit findet.

Der junge Marx über Raum und Zeit

Der junghegelianische Marx schrieb 1841 in seiner Doktordissertation, in der er aus der Sicht des Verhältnisses von epikureischer und demokritischer Atomistik das Raum-Zeit-Problem berührte:"... wenn die Leere als räumliche Leere vorgestellt wird, ist das *Atom die unmittelbare Negation des abstrakten Raums*: also ein räumlicher Punkt. Die Solidität, die Intensität, die sich gegen das Außereinandersein des Raums in sich behauptet, kann nur durch ein Prinzip hinzukommen, das den Raum seiner ganzen Sphäre nach negiert, wie es in der wirklichen Natur die Zeit ist." Das Atom ist, so Marx weiter, „soweit seine Bewegung gerade Linie ist, rein durch den Raum bestimmt."[33]

Der junge Marx setzt hier im Gegensatz zu Hegel das „Atom" als materiell bestimmten Punkt ins Verhältnis zum Raum.

Bei Hegel blieb diese Relation auf das Verhältnis des abstrakten mathematischen Punktes zum Raum beschränkt, der damit nur der mathematisch gefaßte Raum sein konnte. Marx setzt Raum mit materiellen Bestimmungen des Atoms („Solidität", „Intensität") in Beziehung.

Der Hegelschen Konstruktion, den abstrakten (mathematischen) Punkt als Negation der Negation des Raumes zu fassen, wird hier eine „unmittelbare Negation"

---

32 Feuerbach [1842-1845] 1950, S. 66.
33 Marx [1841] 1981, S. 280.

von „Raum" und „Atom" entgegengehalten. Raum und Atom sind damit unmittelbar sich *aufeinander beziehende* Begriffe. Bei Hegel hingegen war der Punkt als Negation der Negation des Raums, als Entwicklung der raumbestimmenden Begriffe aus dem abstrakten „Raum" hervorgegangen. Die Hegelsche Negation der Negation erhält bei dem jungen Marx eine andere inhaltliche Ausrichtung.

Der Raum ist für Marx mehr als nur das Negative, das Nichtsein der Materie.[34] Im Raumbegriff findet ein selbständiges Prinzip ebenso seine Verwirklichung wie das „Atom" Ausdruck eines gegensätzlichen Prinzips ist. Allein im Beziehen aufeinander finden beide Prinzipien ihre Begründung. Sie bestimmen sich wechselseitig, ohne daß das eine Prinzip aus dem anderen abgeleitet werden kann.[35] Die Konstruktion des Raums setzt schon den Atombegriff voraus wie das Atom nicht ohne den leeren Raum konstruierbar ist: „Soweit also das Atom seinem reinen Begriff nach gedacht wird, ist der leere Raum, die vernichtete Natur, seine Existenz; soweit es zur Wirklichkeit fortgeht, sinkt es zur materiellen Basis herab, die Träger einer Welt von mannigfaltigen Beziehungen, nie anders als in ihr gleichgültigen und äußerlichen Formen existiert."[36]

Das Atom wird so zu einem „Abstrakt-Einzelnen", das als fertiges Prinzip vorausgesetzt wird. Als ewiger nicht wandelbarer Baustein der Welt muß das Atom die Zeit ausschließen. Daher erscheine „Zeit" in der Atomistik als der „Wechsel des Endlichen" und nicht als Gerichtetheit von Naturprozessen.[37]

Für Marx ist die Vorgehensweise der Atomisten legitim, soweit damit nicht ein universelles Prinzip der Welterklärung unterstellt wird, sondern eine Art der Naturbetrachtung, die ganz wesentliche Momente ausschließen muß, um konsistente Prinzipien zu erhalten:" Der imaginierende Verstand, der die Selbständigkeit der Substanz nicht begreift, fragt nach ihrem zeitlichen Werden. Es entgeht ihm dabei, daß, indem er die Substanz zu einem Zeitlichen, er zugleich die Zeit zu einem Substantiellen macht und damit ihren Begriff aufhebt; denn die absolut gemachte Zeit ist nicht mehr zeitlich."[38] Die Hegelsche Kritik an der Physik, daß sie die Zeit nur als „paralysiertes Werden" nimmt, wird von Marx dahingehend relativiert, daß die Bestimmung der Zeit als ein absoluter unzeitlicher Maßstab eine Voraussetzung der konkreten Naturerkenntnis war. Die Korrektur an Hegel

---

34 „Das Leere, die Negation ist nicht das Negative der Materie selbst" (Marx [1838/39] 1981, S. 91)

35 „[J]edes ist selbst Prinzip, also ist weder das Atom noch das Leere Prinzip, sondern ihr Grund, das, was jedes als selbständige Natur ausdrückt." (Ebd., S.161)

36 Ebd., S. 294.

37 Marx [1841] 1981, S. 294-295.

38 Ebd., S. 295

ist hier nicht die Umkehrung (wie bei Feuerbach) sondern die Herausarbeitung neuer Prinzipien, die Hegel aus Gründen der Konsistenz seines Systems vernachlässigen mußte. Anders als Feuerbach folgt der junge Marx dem „Meister" ins Detail seiner Begrifflichkeit. Marx will nicht einfach nur die Atomistik gegenüber der Hegelschen Kritik verteidigen, sondern er steht selbst noch ganz wesentlich auf dem Boden der Hegelschen Kritik am Atomismus. Die Vorgehensweise der Atomisten ist für ihn jedoch eine legitime, die zu einer Wissenschaft von der Natur führt. Epikur hat aus dieser Perspektive „den Widerspruch im Begriff des Atoms zwischen Wesen und Existenz verobjektiviert und so die Wissenschaft der Atomistik geliefert".[39] Dieser Widerspruch „ist am einzelnen Atom selbst gesetzt, indem es mit Qualitäten begabt wird. Durch die Qualität ist das Atom seinem Begriff entfremdet, zugleich aber in seiner Konstruktion vollendet", weil nun aus den Wirkungen der Kräfte die „erscheinende Welt" entstehen kann. In diesem Übergang aus der Welt des Wesens in die Welt der Erscheinungen offenbart sich der Widerspruch im Begriff des Atoms selbst, der die Atome als „formloses Substrat der erscheinenden Welt" degradiert.[40]

Hegels an den materiellen Dingen erstarrter Widerspruch erweist sich so als begriffliches Konstrukt, der Naturerkenntnis ermöglicht.

Für den jungen Marx ist die Relation Atom – Raum ein Verhältnis, das nicht auseinander hervorgehen kann, sondern es sind sich wechselseitig bedingende begriffliche Abstraktionen von der Wirklichkeit. Die Wirkungsfähigkeit der Atome liegt in dieser Konstruktion ebenso begründet, wie die *Wirkung des Raums auf das Atom* in der Bewegung auf gerader Linie. Der Raum der physikalischen Wirkungen ist so nicht mehr wie bei Hegel auf die mathematischen Bestimmungen reduzierbar. Der Raum der Naturwirklichkeit ist damit stets auch Trägheitsraum, d.h. Raum physikalischer Wirkungen.

Marx kam es darauf an zu zeigen, daß erst Epikur den Atomismus vollendete. Er hat dabei *Ansätze* für ein neues Begreifen von Raum und Zeit geliefert, das in der späteren marxistischen Tradition nicht zum Tragen kam. Diese Überlegungen des jungen Marx über Raum, Zeit und atomistischer Konzeption stehen den Vorstellungen Lotzes sehr nahe.

Mit der Lösung von seinem junghegelianischen Anfang verbirgt sich für Marx in der Hegelschen Fassung von Natur als entäußertes abstraktes Denken der Gegensatz von abstraktem Denken und sinnlicher Wirklichkeit (gleich wirklicher

---

[39] Ebd., S. 289.
[40] Ebd., S. 289-294.

Sinnlichkeit) *im Denken* selbst.[41] Das abstrakte Denken nimmt auf diese Weise Naturwirklichkeit als ein geistiges Wesen.

Marx will nicht, wie Feuerbach, den Gegensatz von Denken und sinnlicher Wirklichkeit (gleich wirklicher Sinnlichkeit) aufheben, sondern will das *abstrakte* Denken durch *konkretes* Denken ersetzen.

Bezüglich der Atomistik des Epikurs hatte der junge Marx festgestellt: „Dadurch, daß man verschiedenen Bestimmungen die Form verschiedener Existenz verleiht, hat man ihren Unterschied nicht begriffen."[42] Es ist hier als Kritik an der Feuerbachschen Auffassung von „Raum" und „Zeit" anwendbar, die bei Engels ihre Fortsetzung fand.

Friedrich Engels' Interpretation Hegelscher Raum-Zeit-Dialektik

Friedrich Engels Interesse an der Auseinandersetzung mit der Hegelschen Naturphilosophie war, Feuerbachschen Ambitionen folgend, von der Hoffnung auf politische und ideologische Wirkungen von Philosophie geprägt. Von Feuerbach wird daher auch die These übernommen, daß man die Hegelsche Dialektik nur „um[zu]kehren" brauche, um zu einer neuen philosophischen Sicht der Natur zu gelangen. An der Seite von Karl Marx konnte dies jedoch nicht zum alleinigen Konstruktionsprinzip einer neuen Naturphilosophie werden. Im Vergleich zu den Feuerbachschen und Marxschen Arbeiten um 1840 kommt für die Bewertung der Engelschen Arbeiten zur Naturphilosophie zwischen 1870 und 1880 nun aber eine ganz außerhalb der philosophischen Entwicklungsrichtung liegende Komponente hinzu. Die Naturwissenschaften hatten in dieser Zeit sehr an innerer Dynamik gewonnen, so daß man von einer neuen Qualität, einem neuen Typ der naturwissenschaftlichen Disziplinen sprechen kann.[43] Engels orientierte sich aber trotz hoher Wertschätzung einzelner großer Entdeckungen (Energieerhaltungssatz, Darwinsche Abstammungslehre u.a.) sehr stark an dem Typ Naturwissenschaft, den Hegel kritisierte. Damit übernahm er, wenn auch in abgeschwächter Form, von Hegel den Empirismusvorwurf, der der bereits abgeschlossenen Entwicklungsphase der naturwissenschaftlichen Disziplinen in keinster Weise mehr entsprach. Dies hängt unmittelbar mit der Engelsschen „Umkehr"-These

---

41   Marx [1844] 1981, S. 572.
42   Marx [1841] 1981, S. 293.
43   H. Höffding hob neben den Arbeiten von Duma und Liebig für das Begreifen chemischer und pflanzlicher Prozesse die Veränderungen in der Medizin um 1840 hervor, worin sich dann R. Mayers Prinzip der Erhaltung der Energie einordnet. (Höffding 1896, S. 553-554)

Hegelscher Begrifflichkeit zusammen. Hegels Verständnis der Naturwissenschaften manifestiert sich in seinen naturphilosophischen Begriffen und in seiner Kritik insbesondere der Newtonschen Physik. Marx entwickelte 1845 die für Engels Arbeiten zur Naturphilosophie in ihrer Vereinseitigung später bestimmend gewordene Überlegung, daß Hegel sehr oft „innerhalb der *spekulativen* Darstellung eine *wirkliche*, die Sache selbst ergreifende" Darstellung gebe. Diese „wirkliche" Entwicklung „*innerhalb*" der spekulativen Konstruktion verleite dazu, „die spekulative Entwicklung für wirklich und die wirkliche Entwicklung für spekulativ zu halten."[44] Damit widersprach hier Marx bereits der Feuerbachschen These der Möglichkeit einer materialistischen Umkehrung Hegelscher Dialektik. Aber auch für den jungen Marx liegt das Positive der Hegelschen Philosophie in der Möglichkeit, wirkliche Entwicklung dialektisch zu begreifen.

Engels versucht in seinen naturphilosophischen Arbeiten, zwischen der *Feuerbachschen „ Umkehrung"* und der *Marxschen These* vom „*rationellen Kern"* der Hegelschen Philosophie zu vermitteln. Das Resultat ist ein Schwanken zwischen dem Marxschen Jugendgedanken einer positiven Hegelkritik und dem Feuerbachschen Materialismus. Indem Engels von der Hegelschen Naturphilosophie „den idealistischen Ausgangspunkt" und die den Tatsachen gegenüber „willkürliche Konstruktion des Systems" abziehen will, glaubt er eine Dialektik vor sich zu haben, die ohne grundlegende Umarbeitung auf die Naturwissenschaft anwendbar sei.[45] Dies ist Engels fundamentaler Irrtum, der sich durch seine ganze Polemik gegen das metaphysische Denken insbesondere in der Physik zieht.

Demgegenüber spricht Marx auch noch 1873 viel differenzierter vom „rationellen Kern in der mystischen Hülle" und der Notwendigkeit, Hegelsche Dialektik umzustülpen, vom Kopf auf die Füße stellen, um den „rationellen Kern" in ihr *zu entdecken.*[46] Mit der Umkehrung allein ist es eben nicht getan. Das Hegelsche Erbe muß aufgearbeitet, neu entdeckt werden.

Für Engels ist dagegen der Prozeß kritischer Aneignung Hegelscher Begriffe mit dem Übergang zum Materialismus (mit dem Vom-Kopf-auf-die-Füße-stellen) wesentlich geleistet. In Analogie zur Entwicklung der Phlogistontheorie zur mechanischen Wärmetheorie wird für die Entwicklung einer „rationellen Dialektik" nur ein Umstülpen der Hegelschen „Formulierungen" für notwendig erachtet.[47] D.h., nicht das ganze begriffliche System der Hegelschen Dialektik muß kritisch gesichtet werden, sondern die einzelnen Begriffe bedürfen nur einer Uminterpre-

---

44 Marx [1845] 1980, S. 63.
45 Engels [1925] 1978, S. 334.
46 Marx [1867] 1975, S. 27.
47 Engels [1925] 1978, S. 336.

tation im neuen materialistischen Kontext. Aus dieser Perspektive ist Hegels Philosophie als ein „entwickeltes Kompendium der Dialektik" unmittelbar nutzbar.[48] Die Konsequenz ist, daß das Hegelsche Motiv der Auseinandersetzung mit der empirischen Naturwissenschaft weitestgehend erhalten bleibt. Letztlich will auch Engels aus philosophischer Spekulation der Vernunft gemäß ableiten, was die empirische Naturwissenschaft nur aufzuzeigen, aber nicht wirklich zu begreifen vermögen. Bei aller Wertschätzung der Naturforschung und ihrer Erfolge bleibt im Kern der Hegelsche Bruch zwischen philosophischem und naturwissenschaftlichem Erkennen erhalten.

Das Wissenschaftsverständnis eines der führenden Köpfe naturwissenschaftlicher Forschung, Du Bois-Reymond, macht dagegen überdeutlich, daß die Engelsche Sicht auf die „empirischen Wissenschaften" schon nicht mehr dem neuen Selbstverständnis naturwissenschaftlicher Forschung entsprach. Du Bois-Reymond reflektiert sehr treffend die neue Dynamik in der Entwicklung der Naturwissenschaften, wenn er feststellt: „Dogmatisch nenne ich den Vortrag, der die Wissenschaft Satz für Satz scheinbar fertig mitteilt, als ein nach so und so viel Ober- und Unterabteilungen geordnetes System von Tatsachen; der das Ergebnis der Untersuchung in Gestalt eines Lehrsatzes vorausschickt, und die begründeten Tatsachen gleichsam als Bedeckung hinterdrein sendet; der die Wissenschaft zu einem toten Fachwerk erstarren läßt, statt daß sie als ein in lebendiger Entfaltung begriffener Organismus erscheinen sollte."[49] Da Du Bois-Reymond Hegel gelesen hatte, kann man dieses Zitat als eine Antwort eines der führenden Köpfe der deutschen Naturforschung auf die Hegelsche Kritik auffassen.

Engels Empirismusvorwurf war von dem Irrtum getragen, die Naturwissenschaft könne mit den großen Entdeckungen seiner Zeit unmittelbar begrifflich Entwicklungszusammenhänge der Wissenschaft *insgesamt*, das Aufsteigen des Begriffs im Sinne des Hegelschen Systems realisieren.

Wie Engels, so unterschied auch Du Bois-Reymond die Methoden, die er als „dogmatische" und „induktive" Methode bezeichnete. Der historische Werdegang der „induktiven Wissenschaften" ist für Du Bois-Reymond aber im Wesen derselbe wie der Gang der Induktion. Und hier nennt er zur Illustration Hegel.[50]

---

48 Ebd., S. 334.

49 Du Bois-Reymond 1912, Bd.1, S. 433.

50 Emil Du Bois-Reymond: „Hegel lehrt bekanntlich, daß die Geschichte der Philosophie im allgemeinen ein Abbild der logischen Begriffsentwicklung im menschlichen Geiste sei, welche sich wiederholend immer höhere Stufen erklomm, bis sie in seinem Systeme gipfelte. Etwas Ähnliches trifft in der induktiven Wissenschaft zu, nur daß

Der historische Entwicklungsgang der „induktiven Wissenschaften" folgt für Du Bois-Reymond ebenso mit allen Abweichungen diesem Hegelschen „Entwicklungsgesetz" wie dies die „Geschichte der Spekulation" beherrsche.[51] *Die Begründung für die selbe Entwicklung* sieht er darin, daß sich der „Gang der Versuche" und die „logische Entwicklung der gesuchten Wahrheit" im Erkenntnisprozeß des einzelnen Forschers zur Deckung gebracht werden und sich die Entwicklung der Wissenschaft aus diesen beiden Momenten zusammensetzt. Empirie und Spekulation verschmelzen zur naturwissenschaftlichen Theorie und heben darin ihren starren Gegensatz auf. Die philosophische Spekulation, die sich für Du Bois-Reymond gerade nicht auf das Gebiet der Philosophie allein beschränken läßt, sondern als ein durchgängiger Zug von Erkenntnis wie experimenteller empirischer Forschung verstanden wird, sind zwei Seiten eines einheitlich gefaßten Erkenntnisprozesses.

Damit ist aber nicht gemeint, daß die Naturforschung Vorteile aus der Naturphilosophie ziehen könne. Du Bois-Reymond sieht nur die umgekehrte Richtung, daß die neuere Philosophie von naturwissenschaftlichen Methoden profitiere, nicht aber die Naturwissenschaft von der Philosophie etwas lernen könne.[52]

Für Engels ist es dagegen weiterhin Aufgabe der Philosophie, das Handwerkszeug zu liefern, um „die sich massenhaft häufenden, rein empirischen Entdeckungen zu ordnen".[53] Die „Tatsachen der Naturwissenschaft" werden dem theoretischen (philosophischen) Denken beziehungslos gegenübergestellt. Engels setzt die Hegelsche Traditionslinie hier fort und verteidigt daher auch noch im Vorwort des Anti-Dühring von 1885 die völlig unberechtigte Hegelsche Herabsetzung der Newtonschen Leistungen, weil das Newtonsche Gravitationsgesetz bereits in allen drei Keplerschen Gesetzen enthalten sei.[54] Dieser Logik folgend erscheint dann auch die Entdeckung des Energieerhaltungssatzes nur als der „nachträglich auf physikalischem Wege" bewiesene Satz des Descartes, „daß die Quantität der in der Welt vorhandenen Bewegung unveränderlich" sei.[55] Das Eigenleben des Hegelschen Erbes tritt hier offen zu Tage.

Philosophische Erkenntnis manifestiert sich auf diese Weise im Wiedererkennen durch die Naturforschung: „Sätze, die die Philosophie seit Jahrhunderten aufge-

---

dem Naturforscher die Überhebung fremd bleibt, seine Einsicht für die letze erreichbare Stufe der Erkenntnis zu halten." (Du Bois-Reymond 1912, Bd. 1, S. 435)

51 Ebd., S. 435.
52 Vgl. dazu auch Du Bois-Reymond 1912, Bd. 2., S. 145 ff.
53 Engels [1878] 1978, S.13.
54 Ebd., S. 12.
55 Engels [1925] 1978, S. 318

stellt ... treten oft genug bei theoretischen Naturforschern als funkelneue Weisheiten auf."[56] Den unüberwindbaren Hegelschen Gegensatz von empirischem Verstandeswissen und Vernunft macht Engels zu einem überwindbaren, ohne diese Hegelsche Konstruktion selbst aufzugeben. Dieser Gegensatz von naturwissenschaftlicher Empirie und theoretischem Wissen der Philosophie führt in der materialistischen Wendung des Hegelschen Verständnisses von Raum und Zeit zur Loslösung dieser Kategorien vom Bewegungsbegriff. Raum und Zeit werden zur „endlosen Zeit" und „endlosem Raum", d.h. zu abstrakteren Begriffsbestimmungen des Seins, in denen sich die Materie wie in einem Behälter bewegt.[57]

Damit geht Engels wie Ludwig Feuerbach *hinter* Hegels Deduktion von Raum und Zeit aus der Bewegung zurück. Raum und Zeit werden zu einfachen ontologischen Tatsachen, ohne daß sie wesentliche Momente der Bewegung (wie bei Hegel) enthalten: „Die Grundformen alles Seins sind Raum und Zeit, und ein Sein außer der Zeit ist ebenso ein großer Unsinn, wie ein Sein außerhalb des Raums."[58] Das Sein hat nicht mehr Zeit und Raum als wesentliche Bestimmungen der materiellen Welt an sich selbst (wie bei Hegel), sondern das Sein wird wieder *in* der Zeit und *in* dem Raum gedacht. Engels glaubt der Hegelschen Dialektik damit Genüge getan zu haben, daß „Raum" und „Zeit" als „Grundformen", „Existenzformen der Materie" begriffen werden.[59] „Raum" und „Zeit" sind damit als materielle Seinsformen gefaßt, aber nicht wie bei Hegel als Bewegungsformen, nicht als wesentliche Bestimmungen von Bewegung, sondern als Wesenheiten der Materie ganz im Feuerbachschen Sinne. Sandkühler verweist zurecht darauf, daß Engels Standpunkt auf naturalistische Erklärungen naturwissenschaftlicher Empirie gestützt ist und die dialektischen Bestimmungen weitestgehend beziehungslos neben seinen ontologischen Annahmen stehen.[60]

In Engels' Polemik gegen den Standpunkt, daß wir zwar wissen, was eine Stunde oder ein Meter bedeute, aber nicht, was Zeit, Raum und Bewegung sei, wird diese Abkopplung von der Hegelschen Dialektik überdeutlich, wenn Engels antwortet: „Als ob die Zeit etwas andres als lauter Stunden, und der Raum etwas

---

56 Ebd., S. 331.
57 Ebd., S. 327.
58 Engels [1878] 1978, S. 48. In der *Dialektik der Natur* werden dann Raum und Zeit als „Existenzformen der Materie" bestimmt. (Engels [1925] 1978, S. 503)
59 Engels [1925] 1978, S. 503.
60 Sandkühler 1991, S. 240-241.

andres als lauter Kubikmeter! Die beiden Existenzformen der Materie sind natürlich ohne die Materie nichts, leere Vorstellungen ...".[61]

Engels wie Feuerbach setzen die Begriffe von Raum und Zeit mit einer als unmittelbar sinnlich verstandenen Wirklichkeit gleich. Diese sinnliche Wirklichkeit ist aber gerade nicht die Wirklichkeit der Physik. Hatte die Physik für Hegel keine eigene Begrifflichkeit, weil sie im Verstandesdenken verharrt, so ist mit der beabsichtigten Umkehrung Hegelscher Dialektik durch den philosophischen Begriff bereits auch die Begrifflichkeit der Physik gegeben. Daher sieht Engels weder bei der physikalischen Formulierung des Energieerhaltungssatzes einen wesentlichen Unterschied zum philosophischen Bewegungsbegriff (Quantität der Bewegung), noch bei der begrifflichen Bestimmung von Raum und Zeit.

Die Wirklichkeit der Physik ist jedoch nicht die „wirkliche" Welt, sondern das System physikalischer Theorien und empirischer Fakten, die sich aufeinander beziehen.[62]

Die Negativität der Kategorien „Raum" und „Zeit" bei Hegel, da beide keine Bestimmungen des Werdens sein können, veranlaßt Engels dazu, „Raum" und „Zeit" außerhalb des Verhältnisses von „Bewegung" und „Materie" anzusiedeln. War die Zeit bei Hegel das bloß äußere Maß der Entwicklung, das „paralysierte Werden", so wird sie nun von Engels als „von der Veränderung verschieden, unabhängig" gefaßt.[63] Die Hegelsche Bestimmung, daß das Wesen der Bewegung „die unmittelbare Einheit des Raums und der Zeit" sei, wird zwar zitiert[64], aber nirgends in diesem Sinne verarbeitet, weil die Bewegung selbst als die „Daseinsweise der Materie" gefaßt wird.[65] In dieser ontologischen Fassung von „Bewegung" geht es nicht um das Begreifen „mechanischer" Bewegung als „Ortsveränderung größter oder kleinster Teile der Materie in sich", sondern Engels will zeigen, daß die „mechanische Bewegung" den philosophischen Bewegungsbegriff nicht erschöpft, sondern „Bewegung" auf den „übermechanischen" Gebieten ganz allgemein „Qualitätsänderung" sei.[66] Orientiert an der Suche nach einer einheitlichen Theorie des Gesamtzusammenhanges wird dann ganz im Hegelschen Sinne die Mechanik als eine niedere Wissenschaft mißverstanden, in der keine Qualitäten vorkommen.[67] Die „mechanische Auffassung" wird

61 Engels [1925] 1978, S. 502-503.
62 Vgl. Borzeszkowski/Wahsner 1991, S. 189.
63 Engels [1878] 1978, S. 49.
64 Engels [1925] 1978, S. 511.
65 Engels [1878] 1978, S.55.
66 Ebd., S. 517.
67 Engels [1925] 1978, S. 349.

so zum reduktionistischen Konzept, alle qualitativen Unterschiede aus quantitativen zu erklären. Dies führt bei Engels dann zur Konsequenz, daß in der Mechanik „alle Materie aus *identischen* kleinsten Teilchen" ohne qualitative Unterschiede begriffen werden sollen.[68] Hegel hatte gerade aus der Unmöglichkeit, die Welt aus so gefaßten kleinsten Bausteinen begreifen zu können, den Atombegriff abgelehnt. Der junge Marx hatte ebenfalls im Gegensatz zu Engels gemeint, daß die Atome „Qualitäten" an sich haben müssen, um das „Substrat der erscheinenden Welt" werden zu können.[69]

Auf die Marxsche Analyse der Atomistik greift Engels aber nicht zurück. Durch den Feuerbachschen Ansatz der einfachen Umkehrung der Hegelschen Kategorien ist für ihn die klassische Physik mit den Newtonschen Kräften die Inkarnation des Mechanizismus selbst, eine historisch objektiv notwendige, aber nun abzulegende Naturauffassung. Die mechanizistisch fehlinterpretierte Physik müsse daher, wie beispielhaft beim Energiebegriff von Engels dargestellt, die Begriffe der Philosophie als die eigenen ausgeben. Steigt man bei Hegel von den empirischen Verstandesbegriffen der Naturwissenschaften auf zu den Begriffen der als Vernunft gefaßten Philosophie, so findet sich bei Engels der nur scheinbar entgegengesetzte Weg, der Versuch der Ableitung der „empirischen" Begriffe der Naturwissenschaft aus der Philosophie, denn auch Hegels Aufsteigen hat diese Ableitung zur Voraussetzung.[70]

Durch das Engelssche Verständnis des Marxschen Verhältnisses zu Hegel als bloße Umkehrung setzt er die Hegelsche Kritik an den „empirischen" Naturwissenschaften und insbesondere an der Physik auf materialistischer Basis fort. Die Hegelsche Argumentation wird übernommen, um das Vorherrschen einer metaphysischen, antidialektischen Denkweise in den als rein empirisch verstandenen Naturwissenschaften nachzuweisen.[71] Diese Sicht verkennt völlig, daß mit der Suche nach wirkenden Kräften in den angrenzenden naturwissenschaftlichen

---

68   Ebd., S. 518.

69   Marx [1841] 1981, S. 293.

70   „Das philosophisch berechtigte Anliegen, die Hegelsche Naturphilosophie materialistisch aufzuheben, wurde bislang zumeist in einer Form zu realisieren versucht, die darauf hinausläuft, die beabsichtigte Aufhebung als schlichte Vorzeichenveränderung zu verstehen..." (Wahsner 1990a, S. 2)

71   „Es ist die Unbekanntschaft unsrer heutigen Naturforscher mit anderer Philosophie als der ordinärsten Vulgärphilosophie, wie sie heute an den deutschen Universitäten grassiert, die es ihnen erlaubt, in dieser Weise mit Ausdrücken wie 'mechanisch' zu hantieren, ohne daß sie sich Rechenschaft geben oder nur ahnen, welche Schlußfolgerungen sie sich damit notwendig aufladen." (Engels [1925] 1978, S. 518)

Disziplinen der Physik die Leistungsfähigkeit *physikalischer* Methoden, ihre Möglichkeiten wie Grenzen getestet wurden. Ganz im Sinne der vergangenen Hegelschen Zeit warnt Engels vor der weltanschaulichen Sicht des Mechanizismus und meint, daß die naturwissenschaftliche Forschung *unmittelbar* im Forschungsprozeß selbst als Basis solider Forschung eine dialektischen Naturphilosophie brauche.

Du Bois-Reymond kann dagegen in seinem ständigen Warnen vor der „falschen Naturphilosophie" als das Gegenstück zur Engelsschen Argumentation genommen werden. Du Bois-Reymond sah *einen* logischen Entwicklungsweg von „Induktion" *und* „Spekulation" in der Geschichte der Wissenschaften. Wenn er gleichzeitig in finsteren Farben das Vorherrschen einer „falsche Naturphilosophie" beschreibt, in der die Spekulation „die Induktion aus dem Laboratorium, ja fast vom Seziertisch" verdränge, so bezieht er sich auf ein anderes Zeitalter der Entwicklung der Naturforschung.[72]

In der neuen Entwicklungsphase will er Spekulationen in der Naturforschung soweit gelten lassen, wie sie sich auf Vermutungen beschränken, die mittels Erfahrung bestätigt werden können. 1880 räumt er allerdings ein, daß die „Naturwissenschaft selber an manchen Punkten beim Philosophieren angelangt" sei.[73] Dies könnte als ein Indiz dafür genommen werden, daß in dieser Phase der Entwicklung der Naturforschung sich ein neues Bedürfnis nach Spekulation einstellte.

Aus der Sicht der Geschichte der Naturphilosophie ist es logisch, daß Engels den Versuch machte, die Hegelsche Dialektik materialistisch gewendet in Beziehung zu setzen mit der Naturwissenschaft seiner Zeit. Es sollen hier in keiner Weise die oft und viel zitierten Engelsschen Leistungen bei der Entwicklung einer Naturdialektik bestritten werden. Bezüglich der Physik und der hier interessierenden Frage nach Raum und Zeit ist aber der Engelssche Versuch mißglückt. Er vermochte nicht, über den Feuerbachschen Standpunkt hinauszugehen, der Raum und Zeit einfach als objektiv real als das setzt, worin Materie und Bewegung sind. Die Hegelsche Bestimmung von Raum und Zeit als der Bewegung wesentlich zukommend, von Feuerbach als idealistisches Moment verstanden und kritisiert, findet auch bei Engels keine Beachtung. Hegels Naturphilosophie wurde durch die Engelsche Sichtweise in der späteren marxistischen Entwicklungslinie der Naturphilosophie weitgehend ignoriert. Engels gelangte bezüglich der Probleme der *Physik* am Ende des 19. Jahrhunderts nicht nur nicht über die Hegelschen Positionen hinaus, sondern ging mit Feuerbach einen Schritt hinter

---

72 Du Bois-Reymond 1912, Bd. 1, S. 437.
73 Du Bois-Reymond 1912, Bd. 2, S. 67.

Hegel *zurück.* Dies entsprach allerdings ganz dem philosophischen Zeitgeist, wie der allgemein übliche Rückgriff auf Kant beweist. Engels' Naturdialektik erweist sich somit als ein zeitgemäßer Lösungsversuch. Die Einsteinsche Einschätzung des Engelschen philosophischen Nachlasses (*Dialektik der Natur*), daß der Inhalt weder vom Standpunkt der heutigen Physik noch auch für die Geschichte der Physik von besonderem Interesse sei, mag aus heutiger Sicht zu hart ausfallen. Man muß jedoch bedenken, daß die Physik gerade eine Revolution vollbracht hatte, an deren Verständnis sich auch die anderen philosophischen Richtungen erst neu herantasteten. [74]

---

[74] Ein exemplarisches Beispiel dafür, daß auch heute noch ganz im Engelsschen Sinne die Hegelsche Naturphilosophie verstanden wird, findet sich bei Manfred Gies: „Indem nun hier eine *Engführung* eines Teils der Hegelschen Naturphilosophie (HNP) mit einem Theorien-Programm der heutigen Physik skizziert werden soll, sei von vornherein dementiert, ich wolle Hegel die Fähigkeit der Vorahnung nachweisen. Ich möchte vielmehr den Grundriß eines Programms darstellen, das zeigen soll, daß bestimmte begriffliche, ontologische, erkenntnistheoretische Probleme, vor die sich die Physik gestellt sieht, vor dem Hintergrund einer dialektischen (und vielleicht *nur* einer solchen) Naturphilosophie gelöst werden könnten, und daß die HNP dafür als Basis oder Prototyp gelten kann." (Gies 1989, S. 319)

VII. Die Naturphilosophie Rudolf Hermann Lotzes (1817 – 1881)

Ebenfalls von Hegel ausgehend entwickelte ein anderer Philosoph das dialektische Raum-Zeit-Konzept weiter: Rudolf Hermann Lotze.

Hermann Lotze, geboren 1817, studierte in Leipzig Medizin und Philosophie und promovierte dort in beiden Fachrichtungen. Bereits seine erste philosophische Arbeit setzte sich mit „Raum" und „Zeit" in der Hegelschen Philosophie und mit der Form, die sein Lehrer, der Hegelianer Christian Weiße, diesem Problem gab, auseinander.[1] In der Literatur wird besonders Lotzes Engagement, beeinflußt von Weber und Fechner, für die Durchsetzung physikalischer Methoden (Vitalismuskritik) in der Medizin und insbesondere der Psychologie hervorgehoben.[2] Lotze entwickelte aber in kritischer Auseinandersetzung mit dem deutsche Idealismus von Kant bis Hegel ein eigenes philosophisches System.

Von 1844 bis 1881 lehrte er ohne Unterbrechungen an der Göttinger Universität. Im April 1881 an die Berliner Akademie berufen, starb Lotze im Juli desselben Jahres an einem langjährigen Herzleiden. Seine Schüler haben nach seinem Tode Vorlesungsmitschriften herausgegeben. Die Verbreitung dieser Mitschriften, wie die Nachauflagen insbesondere der Lotzeschen Metaphysik, verweisen auf eine breite Wirkung Lotzes nicht allein in Deutschland bis zur Jahrhundertwende.[3] Der Aufsatz *Philosophy in the last forty years*, geschrieben als Einleitung einer geplanten Artikelreihe für die Zeitschrift Contemporary Review, ist ein gewichtiges Indiz dafür.[4]

Lotzes Metaphysik von 1841

Lotze entwickelte seine Vorstellungen von Raum und Zeit zunächst in der Auseinandersetzung mit seinem Lehrer Christian Hermann Weiße, der zumindest bezüglich der Naturphilosophie ein Hegelianer war.[5] Als Bestimmtheit der Dinge selbst soll nach Weiße der Raum Ausdehnung und der Ort seine Negativität

---

1   Lotze 1841a.
2   Vgl. Lotze 1851 und Lotze 1856/58/64.
3   Lotze [1879] 1912.
4   Vgl. Lotze [1880] 1912b, Lotze 1883, Lotze1889.
5   „Die Dreidimensionalität des Raumes leitet Weiße aus der alten Tradition her die Trinität rationaler Einsicht zu erschließen. ...Weiße glaubt durch die Reihe fortgesetzter dialektischer Übergänge vom Zahlbegriff zum Raumbegriff, das metaphysisch als Denknotwendigkeit erwiesen zu haben, was der Mathematiker als Axiom voraussetzt." (Pester o.J., S. 202)

sein. Lotze will dagegen „Ausdehnung" als unendliche Mannigfaltigkeit möglicher Richtungen fassen. Die Dreidimensionalität bezieht sich für ihn auf endliche Lagebeziehungen. Die Dimensionen konstruieren nach Lotzes Auffassung daher gar nichts, sondern setzen selbst schon den Raum voraus, in dem sie konstruiert werden. Die „Dreiheit der Richtungen" kann aus dieser Sicht nicht Formbestimmung des Raumes sein, sondern wird zum Wesensmerkmal des Ortsbegriffs. [6] Die Dimensionalität des Raums wird erst in der weiteren Ableitung über die Kräfte und der Bewegung, die in drei Momente zerlegt werden kann, begreifbar.

Erst die Kräfte bringen die Zurückführung auf die drei Richtungen zustande, „welche daher auch nicht mehr eine einfache Reduktion der Richtungen ist, sondern Natur und Wirkungsweise der Kräfte, so wie den Begriff der Bewegung, voraussetzt."[7]

Mit der positiven Bestimmung des Kraftbegriffs ist die Hegelsche Dialektik, die Weiße weiterentwickeln will, für Lotze keine „philosophische Methode der Entwicklung", sondern im Gegenteil der Nachweis erbracht worden, daß Hegelsche Dialektik in „Unbestimmtheit und Unsicherheit verschwimmt". Sie kann daher künftig nicht mehr philosophische Methode, sondern nur noch „operatives Hilfsmittel" sein. Was heißen soll, die dialektische Methode ist nicht die „kompetente Richterin über den Zusammenhang einigermaßen komplizierter Gedankenbestimmungen". Als Hilfsmittel soll sich die Dialektik daher an die „Festigkeit der Gegenstände" halten.[8] Genau dies aber findet sich nach Lotzes Meinung weder bei Hegel noch bei Weiße. Die Hegelsche Philosophie vermag nicht, zwischen Begriff und Anschauung, zwischen logischen Denkformen und Formen möglicher äußerer Erfahrung dialektisch zu vermitteln. Mit dieser Position ist selbst der junge Lotze schwerlich als Hegelianer, auch nicht im weitesten Sinne, zu bezeichnen, wie Richard Falckenberg noch 1913 meinte.[9] Die Unmöglichkeit, Lotze in eine philosophische Strömung seiner Zeit einordnen zu können, hat nach Erich Bechers Ansicht dazu geführt, daß man Lotze in seiner Zeit als Eklektiker mißverstanden habe. Für Becher bedeutete dieser Lotzesche „Eklektizismus" nicht „oberflächliches Zusammenraffen, sondern beruht ganz im Gegenteil auf gründlicher kritischer Sichtung und Verarbeitung".[10]

---

[6] Lotze 1841a, S. 8.
[7] Ebd., S. 10.
[8] Ebd., S. 16 -20.
[9] Falckenberg 1913, S. 42.
[10] Becher 1929, S. 51.

Auch der junge Lotze fand, dem Zeitgeist folgend, zunächst den positiven Ausgangspunkt, um aus der wilden Spekulation der Hegelschen Philosophie herauszukommen, bei Kant. Kants Metaschematismus der reinen Verstandesbegriffe war ihm eine spekulativere Herangehensweise, „in ihrer Anwendung auf die Anschauung des Raumes und der Zeit", als die Hegelsche dialektische Methode.[11] Dies sollte aber nicht heißen, daß Kant zum neuen Ausgangspunkt genommen werden könnte, sondern daß dieser wichtige Anhaltspunkte lieferte für einen Neuanfang mit den Grundbestimmungen der Anschaulichkeit in der Metaphysik.[12]

Die Kantsche Anschaulichkeit soll, so forderte der junge Lotze, wie der Begriff des Seins als nicht ableitbar als Anfang gesetzt werden, weil „die reinen Anschauungen" von sich selbst aus beginnen: „In der Metaphysik wird es überall recht deutlich, wie jene Momente des Einen, Vielen, Entgegengesetzten, ganz beziehungslose Momente sind, die nur durch die Einheit des denkenden Geistes zusammengebracht werden."[13]

Damit ist für Lotze auch die Ableitung des Hegelschen Systems aus der absoluten Idee nicht haltbar. Die metaphysischen Begriffe brauchen einen Hintergrund, an dem die „mannigfachen Verhältnisse" aus ihrer „atomistischen Vereinzelung und Beziehungslosigkeit" herauskommen. Die „wirklich in Kontinuität" gesetzten begrifflichen Zusammenhänge, in der die „einzelnen Momente überhaupt erst wahrhaft objektiv in Verhältnisse gebracht werden", ist die Aufgabe, die aus der Sicht des jungen Lotze erst noch zu leisten ist und die man aus der Hegelschen Distanz zu den Naturwissenschaften nicht zu leisten vermag."[14]

Aus dieser Sicht hält Lotze einen grundsätzlichen Neuanfang in der Philosophie für unumgänglich. Er betont mit Kant das Apriorische der Kategorien „Sein" und „Anschaulichkeit", sieht aber die Kantsche Lösung aus der Sicht der Philosophie nach Hegel als eine zu anspruchslose an. Die Vermittlung von Sein und Begrifflichkeit mittels dialektischer Bestimmungen der Hegelschen Philosophie ist hier sein neuer Ansatz. Raum als wesentliche Form der Anschaulichkeit ist für den jungen Lotze nicht aus abstrakten Begriffen mittels Dialektik ableitbar.[15]

---

[11] Lotze 1841a, S. 21.

[12] Bereits Richard Falckenberg hatte zu Anfang unseres Jahrhunderts dieses Motiv im Blick, wenn er feststellte: „Von Hegel und Weiße kommend, erkennt Lotze den wahren Sinn des Apriori besser, als die Verfechter eines ins Physiologische mißdeuteten Kantianismus." (Falckenberg 1913, S. 46)

[13] Lotze 1841a, S. 21-22.

[14] Ebd., S. 22.

[15] Ebd., S. 24.

Er stimmt zwar mit Weiße darin überein, daß „Raum", „Zeit" und „Bewegung" nicht wie bei Hegel „als Äußerlichkeit der Idee" zur Naturphilosophie, sondern zur Metaphysik gehören müssen,[16] für Weiße bleibt aber „Raum" Teil der Kette der Begriffsbestimmungen, aus denen sich im „stetigen dialektischen Aufsteigen" die absolute Idee aufbaut.[17] Indem er den Boden des Systems verläßt, geht Lotze die Ansätze seines Lehrers zu einer realistischen Wendung der Hegelschen Dialektik weiter. Da er aber zunächst auf Kant zurückgreift, erscheint sein Standpunkt als Rückkehr zur „Kant`schen Unterscheidung zwischen Formen des Denkens und Formen der Anschauung", was Weiße sofort kritisch anmerkt und ihn zu einer langen Polemik gegen Kant veranlaßte.[18] Für Lotze ging es aber gerade nicht um ein zurück zu Kant, sondern um das, was man bei Kant finden kann, um die Fehler des Hegelschen Systems in einem Neuansatz nicht zu wiederholen. Weiße sah, daß sein Schüler von seiner Differenz zu Hegel, die darin bestand, der Natur eine größere Realität gegenüber der absoluten Idee zuzugestehen, ausgeht, wollte aber nicht akzeptieren, daß damit auch Raum und Zeit Momente dieser Naturwirklichkeit selbst werden. Lotzes Schluß, daß mit der Anerkennung der Naturwirklichkeit die Begriffe des Hegelschen Systems vereinzelt, atomisiert werden, weil sie zu dieser Wirklichkeit nur als Entäußerung der absoluten Idee und damit als beziehungslose Stufen stehen, war für den überzeugten Hegelianer Weiße inakzeptabel.[19] Den Beweis für die Möglichkeit der Deduktion des Raumbegriffs aus der absoluten Idee glaubte Weiße aus der Mathematik holen zu können. Raum ist für ihn letztlich nichts anderes als „die Totalität aller arithmetischen Größen", was nur heißen kann, der reale Raum soll als mathematischer Raum, beschränkt auf geometrische Bestimmungen, deduziert werden.[20] Raum ist daher für ihn keine eigenständige Kategorie der Metaphysik.[21] Er gesteht Mängel in der Ableitung der Kategorien auseinander zu, sieht aber nicht, daß Lotze den Standpunkt der Hegelschen Philosophie zweifach verlassen hatte. Einmal bezüglich der dialektischen Methode, die er nicht verwarf, sondern stark relativierte (dialektische Methode als „operatives Hilfsmittel") und zum anderen bezüglich des Systems (Neubestimmung des Seins) selbst. Beides steht in enger Wechselbeziehung. Die Erkenntnis, daß ein Mehr an Realität der Natur zum Zerfall des Zusammenhangs der Hegelschen Kategorien füh-

---

16   Ebd., S. 10.
17   Weiße 1841, S. 26.
18   Ebd., S. 28 ff.
19   Lotze 1841a, S. 22.
20   Weiße 1841, S. 54.
21   Das „Sein" erscheint bei Weiße nur als dialektischer Übergang nach der Erweiterung des Ortsbegriffs zur Ausdehnung. (Ebd., S. 64)

ren muß, ist eine sehr wichtige Erkenntnis des jungen Lotze. Lotzes Herangehensweise an die Hegelsche Dialektik ist im Vergleich mit der Engelsschen Lesart Hegels genau entgegengesetzt.

Orientiert an den Naturwissenschaften ist es der Übergang zu einer realistischen Naturphilosophie, deren letztendliche Begründung aber auch bei Lotze aus einem idealistischen (teleologischen) Prinzip fließen soll, was ihn als Philosoph des Übergangs kennzeichnet. Dies betonte bereits 1913 Max Wentscher in seiner Lotze-Biographie.[22] Trotz dieser Sicht auf Lotze meinte aber auch Wentscher, daß Lotze die Kantsche Auffassung von Raum, Zeit und Bewegung wieder hergestellt habe. Ebenso schrieb R. Falckenberg 1913, daß Lotze von Kant die „Subjektivität des Raumes, die er allerdings anders begründet", übernommen habe.[23] Aus der Kantianischen Sicht wird hier Lotze auf die Wiederherstellung Kants reduziert, was schon vom Ausgangspunkt Lotzes her nicht stimmt.[24]

Bezeichnenderweise findet Lotze beim Kant der vorkritischen Periode den Ausgangspunkt für sein Konzept der Verbindung des Atomismus mit einem universellen dynamischen Prinzip. Der vorkritische Kant, so meint er, konnte noch nicht auf angebbare „Centra" verzichten, während der Kant der *metaphysischen Anfangsgründe* offen lasse, „wer oder was eigentlich das ausübende Subjekt der dort erwähnten Repulsion und Attraktion ist".[25] Die Kantische Theorie von 1756 mit dem Gedanken einer „dynamischen Raumerfüllung" birgt für Lotze den „wahren Abschluß der Atomistik" in sich.[26] Hier wollte Kant, so Lotzes Interpretation, noch durch eine Verbindung von Geometrie und Metaphysik begreiflich machen, „ob die Körper durch das bloße gemeinsame Dasein ihrer einfachen Teile oder durch den gegenseitigen Kampf der Kräfte den Raum erfüllen." Dabei ging er davon aus, „daß ein Prinzip für alle innern Vorgänge oder eine den Elementen einwohnende bewegende Kraft bestehen muß".[27] Die Existenz „einfacher Substanzen" (Monaden oder Elemente) voraussetzend wird nach der Teilbarkeit des Raums gefragt. Indem dieser atomistische Standpunkt vorausgesetzt

---

22 „Gegenüber dem spekulativen Idealismus Weißes ... vertritt Lotze einen wesentlich empiristischeren, realistischeren Standpunkt." (Wentscher 1913, S. 53)
23 Falckenberg 1913, S. 46.
24 Viel eher ist da Pester zuzustimmen, der Lotze außerhalb aller Schubladen der Philosophie sieht: „Lotzes Denken entfaltete sich im Widerstreit idealistischer und realistischer Systeme. Früh hatte er entdeckt, daß beide auf ein Allgemeines zielen, dem sie sich aus verschiedener Perspektive nähern." (Pester o.J., S. 214)
25 Lotze 1891, S. 227.
26 Siehe Kant [1756] 1961, Bd. 2.
27 Ebd., S. 458.

wird, kann bezüglich des Raums, dessen unendliche Teilbarkeit für Kant evident war, nur der Schluß folgen, daß „die Teilung des Raumes keine Trennung seiner Teile bedeute" und daher „die Teilbarkeit des Raumes der Einfachheit der Monade nicht entgegen" stehe. Die „Teilbarkeit des Raumes, den ein Element einnimmt," beweise daher in keiner Weise „die Teilbarkeit des Elementes selbst in substantielle Teile". Die „Eigenschaften" des „wirklichen Raumes" waren für Kant hier noch mit dem atomistischen Prinzip vereinbar. Für Lotze war nun *entscheidend*, daß die Kantsche Monade den Raum bestimmt, in dem sie sich befindet „durch den Umfang ihrer Wirksamkeit".[28] Hierin sah er den Sinn der *dynamischen Raumerfüllung*, die unmittelbar mit dem atomistischen Problem zusammenhängt. Der alte Streit zwischen dynamischer und atomistischer Physik wird für Lotze durch eine Synthese von Atomismus und Dynamismus überwindbar.[29] Damit übernimmt er nicht einfach Kantsche Ideen, sondern nur dessen Problem und sucht eine zeitgemäße Antwort insbesondere in der Auseinandersetzung mit Fechners Atomismus darauf. Er kann dabei auf seine früheren eingehenden Studien der Newtonschen Physik zurückgreifen. Darüber hinaus war er ebenso mit *Whewells* umfangreichem Werk, *History of inductive sciences,* vertraut.[30] Wie der frühe Kant sah Lotze die Notwendigkeit der Aufnahme eines atomistischen Prinzips in ein Konzept zur Neubegründung des Raumproblems. Aus der Sicht der Hegelschen Kritik am Atomismus versucht er, das Kantsche Raumproblem neu zu formulieren. Vom vorkritischen Kant erhielt Lotze wesentliche Impulse für sein dynamisches atomistisches Prinzip, mit dem er sich in Einklang mit der Newtonschen Physik wußte: „So wie geometrisch nur der Punkt ein wirklich Einfaches ist, so kann auch das Atom des Wirklichen nur als eine unausgedehnte, einen punktförmigen Ort allein besitzende Realität gedacht werden, und jede stoffliche Erfüllung eines ausgedehnten Raumes, wie sie die Erfahrung uns zunächst darzubieten scheint, muß in eine bloß dynamische Beherrschung dieses Raumes durch die Kräfte dieses punktförmigen Realen umgedeutet werden."[31]

Der Zusammenhang mit der Schellingschen Philosophie wird in der Auseinandersetzung mit der Fechnerschen Atomlehre sehr deutlich, wenn Lotze im Anschluß an die Darstellung seines Interesses an Kant Schelling gegen die Tendenz einer sehr oberflächlichen Kritik verteidigt.[32]

---

28 Ebd., S. 461.
29 Lotze 1891, S.227.
30 Whewell [1857]1875.
31 Lotze 1891, S. 224.
32 Ebd., S. 228.

Schelling sei es darauf angekommen, so argumentiert Lotze, den ideellen Gehalt zu entdecken, „den die einzelnen Erscheinungen, selbst Teile einer einzigen verkörperten Idee, darzustellen *berufen* sind."

Bei Schelling wie beim vorkritischen Kant findet Lotze einen „Apparat der Materiekonstruktion" aus „Attraction und Repulsion".[33] Schellings Materiekonstruktion ist von Bedeutung, weil „Attraction" und „Repulsion" bei Schelling keine Naturkräfte mehr darstellen, sondern philosophische Begriffe sind. Wie für Schelling so ist auch für Lotze der Stein des Anstoßes in der Atomistik die „Zersplitterung des Naturlaufs in viele zerstreute Anfänge und die äußerliche Zusammensetzung, die jede Erscheinung ... aus faktischen Vorangängen konstruierte."[34]

Darüber hinaus muß die Naturforschung noch eine „bestimmte Lage der Umstände" in Betracht ziehen. Diese „zweite Prämisse" wird nötig, um die resultierende Erscheinung zu bekommen und ist hypothetischer oder empirischer Natur. Die traditionelle Atomistik, wie sie in der Physik angewandt wird, ist aus Lotzes Sicht eine unvollendete Theorie. Für den Philosophen besteht die Notwendigkeit, die naturwissenschaftliche „Welt der Atome" mit dem philosophisch „Absoluten" zu verbinden. Ein Rückgriff auf Schelling ist daher für Lotze unverzichtbar.

Eine Stellungnahme zu Hegel findet sich hier nicht, weil Lotze selbst meinte, nichts Positives bezüglich der Naturphilosophie von Hegel übernommen zu haben. Dies stimmt insofern, als daß nicht angegeben werden kann, welches *Element* der Lotzeschen Naturphilosophie auf Hegel zurückgeht. Das ganze naturphilosophische System Lotzes stellt eine Kritik der Hegelschen Naturphilosophie dar. Im Vergleich zu Kant und Schelling ist Hegel die Negativität der Natur, der Lotze in der Entkräftung der Hegelschen dialektischen Argumente zum Beweis einer starren Naturwirklichkeit seine positive Naturphilosophie entgegenhalten will. Darüber hinaus ist der an der Hegelschen Dialektik geschulte Lotze, ein Philosoph der Entwicklung der Begriffe. Lotzes Alternative zur Hegelschen Auflösung der Begriffe der Naturwissenschaft in Philosophie ist die Synthese, die dabei wesentliche Momente Hegelscher Spekulation einbüßt. Zur *Vorgehensweise Hegels* sagt Lotze in den nach seinem Tode erschienenen Grundzügen der Metaphysik (1883):

„Diese Art der Ableitung scheint uns vielmehr die *natürliche* Darstellungsweise einer Wahrheit, die man bereits kennt; die *Untersuchung* dagegen, welche die

---

[33] Ebd., S. 228-229.
[34] Ebd., S. 230.

Wahrheit erst finden soll, muß von möglichst vielen voneinander unabhängigen, für sich klaren und bekannten Anlässen ausgehen, mit dem Vorbehalt, die Ergebnisse ... später durch die Ergebnisse der anderen ... zu korrigieren."[35] Im Vergleich zu Kant sieht Lotze den Vorteil der Hegelschen Philosophie darin, „daß das Wesen und Sein der Dinge nicht dem Wesen und Sein des Geistes als ein diesem wildfremder zweiter Hauptbestandteil der Welt entgegengesetzt" wird.[36] Damit folgt er der prinzipiellen Kritik Hegels an Kant. Die realistische Orientierung Lotzes ist vom zeitgenössischen Kantianismus mehrfach als neue Hinwendung zu Kant interpretiert worden, was so nicht stimmt, weil die Abkehr von Hegel nur mit der Orientierung am vorkritischen Kant korrespondiert. Lotzes Systementwürfe mit ihren ständigen Änderungen erweisen sich viel mehr als Resultate der Auseinandersetzung mit Hegel aus der Perspektive der Schellingschen Naturphilosophie und den Erfolgen der neuesten Naturforschung. So merkt dann Lotze auch zu seiner eigenen Vorgehensweise an: „Dies ist ganz derselbe Inhalt, der den Anfang der Hegel'schen Logik ausmacht ... Aber die Reihenfolge von *Denkoperationen,* die wir hier ausführen ... erscheint für Hegel als eine innere Entwicklung, welche nicht *unsere Gedanken* erfahren, sondern deren Gegenstand: das „Absolute", zuerst als *reines Sein* gedacht, soll sich als solches wirklich gleich dem Nichts finden, und aus dieser ihm unanständigen Gleichheit sich durch eine neue Entwicklungstat in der neuen Form des `Daseins' wiederherstellen."[37]

In der Hegelschen „Idee", so argumentiert Lotze weiter, wird das im Denken ganz zu erschöpfende Wesen der Dinge selbst vorausgesetzt. Im Begriff bleibt kein empirischer Rest bestehen, weil der empirische Gehalt als monotone Anschauung gefaßt wird, die der Hegelschen Forderung nach einer dialektisch gegliederten Begrifflichkeit widerspricht. In der Hegelschen Idee ist nach dieser realistischen Lesart „eine Vielheit verschiedener Bestimmungen zur Einheit zusammengefaßt."[38]

Für Lotze besteht das Problem weiter, daß durch keine „sinnliche Qualität" eine „*objektive Eigenschaft* der Dinge", ein „*Abbild* der Dinge" geschaffen wird, sondern nur eine „*Folge der Einwirkung* derselben".[39] Dieses Einwirken ist aber von der „Natur" des erkennenden Wesens abhängig. Ganz im Sinne Hegels ist diese Subjektivität der Erkenntnis für Lotze keine Beschränktheit, sondern ob-

---

35 Lotze 1883, S. 6.
36 Ebd., S. 86.
37 Ebd., S. 11.
38 Ebd., S. 25.
39 Ebd., S. 76.

jektiv notwendig, wenn Erkenntnis auf „Wechselwirkung" mit anderen Wesen beruht. In der „Wechselwirkung" verbindet Lotze Hegelsche Logik mit den Ansätzen des jungen Schellings.

Den rationalen Kern in der Hegelschen Setzung der Natur als entäußerte, entfremdete Idee wird darin gesehen, daß „Geist zu sein" die einzig *denkbare* Realität ist, weil wir nur in der Vorstellung des „*geistigen* Lebens" wirklich verstehen, was „reales" Sein bedeutet.

Die noch nicht geistig verarbeitete materielle Realität denken wir dagegen nur in „abstrakten" Begriffen, wovon wir daher eigentlich noch nichts wissen.[40] Somit sind Lotzes „Elemente" nicht immaterielle Atome, sondern objektive reale Elemente, die wir uns im Erkennen geistig erarbeiten.[41] Die Natur wird zur *geistig angeeigneten* Natur, die nur ein Teil der uns noch fremden Natur ist. D.h., die Hegelsche entäußerte Idee ist gerade die in Begriffen angeeignete Natur, deren Fremdsein das Denken bereits überwunden hat. Damit erschöpft aber unser Denken nicht die wirkliche Beschaffenheit des „inneren Wesens" der bereits erkannten Dinge. Ausdrücklich gegen Hegel gewandt, stellt Lotze fest: „Wenn also die Dinge nur *da sind* und die Ereignisse nur *geschehen*, damit die formalen Verhältnisse von *Identität und Gegensatz, Einheit und Vielheit, Indifferenz und Polarität* ... usw. auf möglich mannigfachste Weise verwirklicht und in der Erscheinung dargestellt werden – dann freilich ist das Wesen der Dinge so erbärmlich und bedeutungslos, daß seine adäquate Auffassung unserem *Denken* vollkommen gelingt."[42]

Für Lotze ist die Identität von entäußerter Idee und Natur der systematische Grund für die negative Betrachtung der Naturwissenschaft durch Hegel. Indem die reale Selbständigkeit, das Fürsichsein der Natur vor aller Erkenntnis vorausgesetzt wird, wird die Idee selbst und nicht nur ihre Entäußerung zum Teil der erkannten Natur. Diese Aufwertung des Naturbegriffs entsprach ganz den Bedürfnissen einer aufstrebenden Naturwissenschaft, der sich die Lotzesche Philosophie verpflichtet weiß.

Nachdem der Hegelsche Naturbegriff als angeeignete Idee des realen materiellen Seins an die Stelle des Hegelschen fundamentalen Systembegriffs „absolute Idee" gesetzt wurde, bedarf aber auch dieses reale Sein bei Lotze einer philosophischen Begründung seines pantheistischen ideellen Wesens, weil aus der Naturwirklichkeit der Naturwissenschaften kein Zweck, Grund der Welt ableitbar

---

40 Ebd., S. 82.
41 Diese Fehlinterpretation findet sich z.B. bei H. Höffding 1888 und Höffding 1896.
42 Lotze 1883, S. 87-88.

ist. Lotze setzt in Anlehnung an Fichte das „sittlich Gute", wovon das Fichtesche „Handeln" nur die unerläßliche „Verwirklichungsform" sein soll, als philosophischen Urgrund dem realen Sein voraus. Mit diesem Lösungsversuch erweist sich Lotze wieder als Philosoph des Übergangs, der viele Bausteine seiner Alternative aus den Systementwürfen der klassischen deutschen Philosophie zusammenträgt.

Als Konsequenz aus diesem Fichteschen Moment liegt dann die Objektivität unserer Erkenntnis darin, daß sie uns eine Welt vermittelt, deren wesentlicher Zusammenhang nach dem „Gebote des *einzig Realen* in der Welt, des *Guten*", geordnet ist. Lotze will dies als eine „Grenzbetrachtung" der Metaphysik verstanden wissen, weil der „substantielle Grund" der Welt nur etwas Ideelles sein könne. Diese abstrakte metaphysische Wahrheit soll ausdrücklich nicht als ein „*Erkenntnisprinzip*" angesehen werden, „*aus* dem sich die Summe der metaphysischen Wahrheiten *deduzieren* ließe". Somit dient die Lotzesche Grenzbetrachtung nur dem traditionellen Bedürfnis des Systemdenkens nach einem befriedigenden Abschluß und ist für die Philosophie der Natur bedeutungslos.[43] Auf diese Weise bleibt Lotzes *naturphilosophisches Denken* ganz innerhalb eines naturwissenschaftlichen Realismus. *Sein teleologisches Prinzip ist nicht Moment der Naturerklärung selbst*, sondern bildet einen abstrakten Hintergrund. Dieser Hintergrund versöhnt und verbindet seine realistische Naturphilosophie nachträglich mit dem Idealismus seiner Vorgänger. Lotzes Naturphilosophie ist so die positive Wendung der Hegelschen absoluten Idee zum sich selbständig real entwickelnden System der Natur, hinter dem nur als abstrakt ideeller Schatten übrigbleibt, was nicht Gegenstand von Naturerkenntnis sein kann.[44]

Im Vergleich zu den Bemühungen von Friedrich Engels, Hegelsche Naturphilosophie aufzuarbeiten, kann sich Lotze völlig von der Hegelschen Identifizierung der empirischen Naturwissenschaften mit einem platten Empirismus lösen, wenngleich ihm dies auch wiederum nur gelingt durch die Relativierung der Rolle des Widerspruchs.

Widersprüche der Natur – Wechselwirkung des ganzheitlichen Seins

Für Hegel war die Natur der materielle und damit erstarrte unlösbare Widerspruch.[45] Die menschliche Erkenntnis, die sich über eine Stufenfolge von der

---

43   Ebd., S.89-91.
44   Zum Materialismus-Realismus-Problem vgl. Vidoni 1991.
45   „Die Ansicht der Natur bestimmt sich ...so, daß sie nicht bloß aus der Idee des Geistes, sondern als Idee (erscheint), die eine Bestimmtheit und dem absolut realen Geist

sinnlichen Anschauung über das Verstandesdenken zum Begriff durcharbeitet, muß dabei die Widersprüchlichkeit der Natur, die ihr als „Entäußerung" anhaftet, überwinden. Naturerkenntnis war für Hegel daher wesentlich die Überwindung der Widersprüche der materiellen Welt. Auf diese Weise kann der große Dialektiker zwischen Erkenntnisstufen vermitteln und Erkenntnis als Prozeß der Überwindung der realen Widersprüche fassen. Die bei der Entwicklung des Begriffs zu lösenden Widersprüche sollen ihre Ursache nicht im Denken selbst haben, sondern sollen in dem Wesen der materiellen Welt selbst begründet sein. Dies ist der Anknüpfungspunkt in der Hegelschen Dialektik für Marx. Die Relativierung Hegelscher Dialektik (wie bei Lotze) wurde daher von marxistischen Philosophen häufig als Schritt hinter Hegel zurück begriffen. Diese Tendenz findet sich bereits bei Friedrich Engels und läßt sich bis in die Gegenwart verfolgen. Es muß jedoch beachtet werden, daß für Hegel die Existenz materieller Widersprüche gerade die Negativität der Natur selbst ausmacht, die nur im Denken als Selbsterkenntnis der absoluten Idee überwunden werden kann. Die Relativierung ist daher notwendige Voraussetzung, um diese Widersprüche als *flüssige Formen* – entgegen der Hegelschen Intention – *positiv* zu begreifen. Die Bewegung des Begriffs wird im Hegelschen System in hierarchische Stufen geteilt.[46] Aus diesem hierarchischen Aufsteigen des wissenschaftlichen Denkens verlegt Hegel die Kantischen Antinomien, den Widerspruch, hinaus in die Wirklichkeit der materiellen Welt.[47] Mit dieser Stufenfolge des Erkennens gerät auch die praktisch-gegenständliche Seite der Naturaneignung aus dem Blickfeld des großen Philosophen. Naturerkenntnis als (Wieder)Erkennen der Idee ist letztlich nur die Vorstufe der (Selbst)Erkenntnis der Idee. Der Naturwissenschaft kann dann keine eigene Methodologie zukommen und somit ist das Wesen der Natur nur durch die Philosophie erkennbar. Die Gleichsetzung von empirischen Naturwissenschaften mit Empirismus ist bei Hegel der theoretische Ausdruck für die

---

entgegengesetzt ist und an sich selbst den Widerspruch dieses Anders gegen ihr Wesen, absoluter Geist zu sein, hat." (Hegel [1801/07] 1968, S. 187)

46 „Die Unterscheidung der Sphären, in welche eine bestimmte Form des Begriffs gehört, d.h. als Existenz vorhanden ist, ist ein wesentliches Erfordernis zum Philosophieren über reale Gegenstände ...". (Hegel [1812/13]1963, S. 268-269)

47 „Es ist dies eine zu große Zärtlichkeit für die Welt, von ihr den Widerspruch zu entfernen, ihn dagegen in den Geist, in die Vernunft zu verlegen ... Die sogenannte Welt aber (sie heiße objektive, reale Welt; oder nach dem transzendentalen Idealismus subjektives Anschauen und durch Verstandeskategorien bestimmte Sinnlichkeit) entbehrt darum des Widerspruchs nicht und nirgends, vermag ihn aber nicht zu ertragen und ist darum dem Entstehen und Vergehen preisgegeben." (Ebd., S. 305)

Gleichsetzung von Mechanik mit Mechanizismus, wodurch die Überhöhung der Philosophie gegenüber der Naturwissenschaft erst möglich wird.[48]

Lotze will dagegen, ganz im Sinne des vorkritischen Kants wie im Sinne des jungen Schellings und dem Selbstverständnis der Naturforschung seiner Zeit verpflichtet, ein widerspruchsfreies „Reales", das in den Naturwissenschaften als widerspruchsfreie Begrifflichkeit erkannt werden kann. Er bewahrt aber einen Teil Hegelscher Widerspruchsbestimmung in dem Begreifen des „einen realen Seins" als Wechselwirkung der Elemente dieses materiellen Seins, was ein Aufeinanderbeziehen dieser Elemente und damit die Wechselwirkung der Begriffe von diesem Sein im Denken zur Folge haben muß.

Gegen Schelling und Hegel richtet er den Vorwurf, den „Wert des Prinzips der Individualisierung" für die „Entwicklung des Absoluten" nicht beachtet zu haben. Dieses atomistische Prinzip, das in der ganzen Körperwelt als Wechselwirkung „individueller Gestalten" sichtbar wird, ist für ihn mit der Existenz eines universellen Prinzips verträglich.[49]

Das heißt, beide Prinzipien, das Prinzip des Absoluten als Prinzip des inneren Zusammenhangs, das ein alles „durchdringendes" Prinzip darstellt und das Prinzip der „Vielheit" der „individuellen" wechselwirkenden Wesen müssen ihren Gegensätzlichkeit vermittelt über die *universelle* Wechselwirkung aushalten können. Der bei Hegel vereinzelte Widerspruch an den materiellen Dingen selbst erscheint bei Lotze als Widerspruch zwischen Prinzipien. Und aus dem Widerstreit der Prinzipien wird die Entstehung des Raums abgeleitet.

In seiner späten Metaphysik von 1879 hebt Lotze an der Schellingschen Raumvorstellung hervor, daß der leere Raum auch für ihn nur das „subjektive Vorstellungsbild" ist, „das unserer anschauenden Phantasie übrig bleibt, wenn sie von der Bestimmtheit des Realen in ihm, der Materie, absieht". Für Lotze ist wichtig, daß Raum für Schelling kein „erstes Erzeugnis des Absoluten" ist, „sondern die Materie selbst ist dieses erste Erzeugnis und nur an ihr ist die räumliche Ausdeh-

---

[48] „Die Philosophie dagegen betrachtet nicht die unwesentliche Bestimmung, sondern sie, insofern sie wesentliche ist; nicht das Abstrakte oder Unwirkliche ist ihr Element und Inhalt, sondern das Wirkliche, sich selbst Setzende und sich Lebende, das Dasein in seinem Begriffe. Es ist der Prozeß, der sich seine Momente erzeugt und durchläuft, und diese ganze Bewegung macht das Positive und seine Wahrheit aus." (Hegel [1807] 1949, S.39)

[49] Lotze1891, S. 231.

nung wirklich, an ihr aber in der Tat wirklich und nicht bloß eine subjektive Auffassungsweise des Beobachters."[50]

Bei Schelling sei zwar keine eigentliche Deduktion des Raums vorhanden, so argumentiert Lotze weiter, aber die Produktion des Unendlichen ins Endliche mache die „raumerzeugende Tätigkeit des Absoluten unentbehrlich für seinen Begriff".[51] Im Schellingschen „produktiven Faktor" wird das Realität, was in der Hegelschen Entäußerung der absoluten Idee nur im Begriff selbst verbleibt. Hier wird die Kontinuität zwischen Hegel und Schelling betont, indem in der Hegelschen absoluten Idee der entwickelte ideale Faktor Schellings gesehen wird.

Aus dieser Perspektive haben weder Schelling noch Hegel es vermocht, das Absolute als Zweckbestimmtheit genauer zu fassen, weshalb Lotze dieses Prinzip als ideellen Urgrund hinter das „ganzheitliche Sein" verlagert. Das Absolute wird aufgespalten in ein realistisches Moment, das als allgemeines Prinzip Gegenstand von Naturwissenschaft und Naturphilosophie sein soll und einem teleologischen Hintergrund, in dem sich das Hegelsche „Absolute" als ideeller Zweck der Welt erhält.

Diese Sicht macht den Raumbegriff als konstruierten Begriff möglich und zeigt dabei gleich den Widerspruch zwischen Postulat (dem Absoluten) und dem „Wirklichen" auf. Einerseits kann man gewisse abstrakte „Forderungen" aufstellen, die die „Wirklichkeit" befriedigen muß und andererseits weiß man etwas naturwissenschaftlich-empirisch vom Raum. Es ist die Aufgabe der Philosophie, philosophische Konstruktion und empirische Naturwissenschaft in Beziehung zu bringen. Der empirische Raum genügt den philosophischen Anforderungen. Für Lotze ist es aber unmöglich den Beweis zu führen, „daß eben nur er, und nicht irgend eine andere Form, ihnen genugtun könne; es bleibt bei einer spekulativen Interpretation des Raumes und jede Deduktion ist auf diesem Wege unmöglich."[52]

Der Widerspruch zwischen beiden Prinzipien, der philosophischen Einheit und der naturwissenschaftlichen atomistischen Vielheit, macht nach Lotzes Ansicht eine vollkommen eindeutige Deduktion unmöglich. Philosophie kann naturwissenschaftliche Begründungszusammenhänge erklären, aber nicht die Begründung empirischer Naturforschung liefern. Damit ist verbunden, daß das Wissen der empirischen Wissenschaften sich nicht mehr vollständig in Philosophie auflösen läßt.

---

50 Lotze [1879] 1912, S. 227.
51 Ebd., S. 228.
52 Ebd., S. 230.

Die ganzheitliche Realität bestimmt Lotze als ein zum „*Wirken und Leiden*" fähiges Sein. „Es wechselt in der Welt nicht *Wirken* mit *Nichtwirken* ab, sondern innerhalb des *beständigen Wirkens* ändert sich nur die *Form der einzelnen Wirkungen*." „Leiden" ist die von Schelling übernommene „Wechselwirkung". „Wechselwirkung" soll als Veränderung der zusammenwirkenden Dinge („Elemente") und zugleich als Veränderung ihrer Beziehungen verstanden werden.[53]

Somit werden Lotzes „*Elemente*" keine starren Atome, sondern die Elemente erleiden durch die Wechselwirkung eine Änderung ihrer Zustände. Es sind Atome, die ihr Wesen verändern können in der universellen Wechselwirkung des ganzheitlichen Seins. Ein Paradoxon für alle Atomisten, was bereits George Santayana 1895 in seiner Arbeit über Lotzes Philosophie sehr treffend beschrieben hat.[54]

Indem Lotze das Hegelsche Absolute als ganzheitliches Sein begreift, d.h. das spinozistische Moment bei Schelling ins Realistische wendet, kann es auch keinen Anfang haben. Damit gibt es auch keinen absoluten Ausgangspunkt der Begrifflichkeit. Gesetze werden so zu „*gültigen Regeln*", die in Zusammenhängen unserer Vorstellungen oder in Zusammenhängen der Ereignisse herrschen. Die „Dinge" erscheinen nach diesen Gesetzen als ein Subjekt, das in Zustände geraten, leiden und wirken kann. Damit ist die Entwicklung der Logik in Beziehung zum wechselseitigen Wirken der Dinge selbst zu setzen. Die Hegelsche Logik hat in diesem Verständnis ihre Ursache in den aufeinander wirkenden Dingen der Realität. So würde die „*logische* Vergleichsbeziehung des 'Gegensatzes'... zu einer *objektiven* oder *metaphysischen* Beziehung, wenn sie als *Widerstand* gefaßt wird, den die Dinge einander leisten."[55] Die dialektische Logik bringt für Lotze nicht die Ordnung in die reale Welt, sondern wird durch diese Welt bestimmt, ist aber nicht mit dem Wesen der Dinge im Sinne einer einfachen Abbildtheorie identisch.

Mit der Setzung der Wechselwirkung des ganzheitlichen Seins löst Lotze auf diese Weise die starren Widersprüche der Natur Hegels auf. Hegels Kritik am Atomismus wird dabei sehr ernst genommen, wenn Lotze vor allem gegen Herbart feststellt: „Die Annahme nun einer *Vielheit selbständiger Dinge* hat sich am Ende der Ontologie unmöglich gezeigt."[56]

Es ist diese „Vielheit selbständiger Dinge", die zu den erstarrten Widersprüchen führt. Er macht Herbart wie dem allgemeinen Denken der Naturforscher zum

---

[53] Lotze 1883, S. 23-43.
[54] Santayana, [1895] 1971, S. 152.
[55] Lotze 1883, S. 19-22.
[56] Ebd., S. 45.

Vorwurf, daß sie nur den Ausweg wissen, diese Widersprüche zum Schein eines stets unveränderlichen Wesens der Atome zu machen. Lotzes Alternative dazu ist, die materiellen Dinge als „Modifikationen Eines Absoluten", der unmittelbar und ohne einen „Zwischenmechanismus" auf seine Teile wirkt, zu begreifen. Hier ist unverkennbar die absolute Idee Hegels das Vorbild. So wie diese es vermochte, die Widersprüche zu überwinden, so soll dieses „substantiell Eines" es ermöglichen, die Wechselwirkung zwischen den Elementen widerspruchslos zu denken. Die Wechselwirkung, Veränderung findet zwar wirklich statt, aber nur scheinbar zwischen den endlichen Elementen. „*In Wahrheit* wirkt das Absolute auf sich selbst, indem es vermöge der Einheit und Konsequenz seiner eigenen Natur den Zustand, den es als das Wesen *a* erleidet, nicht erleiden kann, ohne zugleich als das Wesen *b* einen Folgezustand zu erleiden, *der nun unserer Beobachtung als eine Wirkung des a auf b erscheint.*"[57] Dies ist der eigentliche Grund für die Doppelung des Absoluten in einen realen und einen teleologischen Teil. Das ganzheitliche Sein als realistisch gewendeter Teil des Hegelschen Absoluten kann auch bei Lotze keine Entwicklung an sich selbst haben und bedarf daher eines ideellen Urgrundes.

Das „Wirken" selbst wird dabei jedoch zu einem unbegreiflichen Akt, weil die „Wechselwirkung" zu einer Voraussetzung Lotzescher Philosophie wird.[58]

Die materiellen Wirkungen werden daher ganz abstrakt gefaßt, eben weil auch die Physik das „Wirken" voraussetzen muß, um es dann konkret fachwissenschaftlich untersetzen zu können. Als Philosoph zeigt Lotze hier völlig zurecht, daß diese Kategorie bezüglich ihres philosophischen Inhalts prinzipiell nicht konkreter bestimmbar sein kann, weil dies nur die Einzelwissenschaften an ihrem ganz konkreten Gegenstand, stets historisch beschränkt in einem unendlichen Prozeß leisten können. Wegen dieser Unendlichkeit der Erkenntnis ist das philosophische Begreifen des Wirkens für sich genommen sinnlos. Wechselwirkung ist nicht, wie Schelling meinte, a priori aufzufinden als die letzte Ursache der natürlichen Erscheinungen, sondern die Naturphilosophie hat ebenso begriffliche Voraussetzungen zu machen wie die Naturwissenschaften selbst. Die Wechselwirkung des ganzheitlichen Seins ist Lotzes Voraussetzung von Naturphilosophie.

---

57 Ebd., S. 44.

58 „Daß die Frage nach dem Zustandekommen des Wirkens notwendig unbeantwortbar und an sich sinnlos ist, beweist der Zirkel, zu dem sie sogleich führt. Denn, wenn wir die *Bewirkung* des 'Wirkens' einsehen wollen, so setzen wir natürlich das Wirken *derjenigen* Ursache, welche dies zu *erklärende* Wirken erzeugen soll, notwendig als bekannt voraus, erklären also das Wirken durch sich selbst." (Lotze 1883, S. 42)

Indem Lotze den „entäußerten Teil" des Hegelschen „Absoluten" in die materielle Einheit der Welt verwandelt, werden für ihn die starren Hegelschen Widersprüche in fließende Gegensätze verwandelt, die ganz in Analogie zu Hegel im Setzen der absoluten Einheit, nun aber der *materiellen* Dinge, der Welt als „Modifikationen" des absolut Einen ausgehalten werden. So wie die Hegelsche Idee sich durch Widersprüche entwickelt, so sieht Lotze die Entwicklung des Realen durch die Wechselwirkung gegensätzlicher Momente der Wirklichkeit.

Entwicklung als wirkliche „Theorie des Werdens"

Die Aufhebung des Hegelschen *starren* Widerspruchs der Natur in einen fließenden Widerspruch wechselwirkender Elemente macht die naturwissenschaftliche Begrifflichkeit für Lotze möglich. Das heißt, Naturwissenschaft beinhaltet mehr als bloße Empirie: „Die Wechselwirkungen, die zwischen einfachen Qualitäten in der Erfahrung stattzufinden scheinen, gehen überall nur *scheinbar* zwischen *ihnen* selbst vor. Nicht die Wärme *an sich* ändert die Kälte *an sich*."[59] Alle Wechselwirkung beruht auf der noch unbekannten Natur des „realen Subjekts". Dies Unbekannte scheint zwischen den einfachen Qualitäten an sich stattzufinden. Die „Erscheinung" wird aber gerade nicht mit den „sinnlichen Eigenschaften" identifiziert, sondern die Erscheinungen drücken „mittelbar" die „Natur dieses Seienden" aus. Das Sinnliche ist für Lotze das, was in der Erkenntnis als „Ereignisse" in unseren Sinnen ist. Damit gibt es keinen Bruch zwischen Wesen und Erscheinung, sondern es ist der Entwicklungsweg des Erkennens. Im Substanzbegriff wird damit nicht das Wesen des Realen selbst gefaßt, sondern nur die Idealisierung des Seins im Begriff. Das „Reale" wird als „idealer Inhalt" verstanden, der fähig ist, „den Schein einer in ihm liegenden *Substanz,* zu welcher er als *Prädikat* gehöre, hervorzubringen."[60] Somit begreift Lotze die „Substanz" als die ideelle Reflexion eines *umfassenderen Realen*. Dieses Reale erschöpft sich nicht in substantiellen „Elementen" und deren Relationen. Lotzes atomistisches Prinzip ist von dem traditionellen Atomismus der Naturwissenschaft seiner Zeit wesentlich verschieden. In späteren Interpretationen tauchte im Bewußtsein dieses Gegensatzes die These auf, daß Lotze von der Existenz „immaterieller Atome" ausgegangen sei.[61] Die Widersprüche, in die das Denken gerät in den Versuchen der Erkenntnis, können sich für Lotze aufheben durch umfassendere Erkenntnis dieses Realen, in dem keine starre, den Begriffen unmittelbar adäquate ontologische Struktur unterstellt wird. Die begriffliche Bestim-

---

59 Ebd., S. 19.
60 Ebd., S. 15- 24.
61 Vgl. z..B. Höffding 1888 u. 1896.

mung von Wesen und Erscheinung hat allein die Fassung des Seins als wirkendes materielles Subjekt zur Voraussetzung. Indem dieses „materielle Subjekt" diese Zustände erleidet, ändert es sich, gelangt in andere Zustände und entwikkelt sich. Die sich ändernden Zustände gehören zum Wesen des Realen, das nur im Denken in Substanz und Wirkung zerlegt werden kann.

Die Entwicklung als Stufenfolge der fertigen Zustände zu begreifen, mag als ein Rückschritt hinter Hegel erscheinen. Lotze sucht jedoch nach einer Vermittlung zwischen den starren Stufen der Natur und den augenscheinlichen Entwicklungsprozessen in den empirischen Naturwissenschaften. Für die Vermittlung *realer* Momente lieferte Hegel nur das ideale Vorbild, nicht aber eine an den Naturwissenschaften orientierte Spekulation im besten Sinne des Wortes. Naturwissenschaft beschränkt hier die philosophische Spekulation. In dieser Beschränkung liegt aber gerade die Chance einer positiven Wirkung auf die Naturwissenschaften selbst. Für Lotze kommt es darauf an, das „*Werden*" mit allen „Beziehungspunkten" so vollständig wie möglich zu denken, so „daß die Totalvorstellung desselben *widerspruchslos* und den Tatsachen der Erfahrung *adäquat* ist".[62] Seine Fassung des Werdens als Wechsel des Wesens will über die Ansicht Herbarts hinausgehen, die Lotze als die gewöhnliche Ansicht der Physik versteht, daß alle Wesen unverändert bleiben und nur durch den Wechsel ihrer äußerlichen Beziehungen die Mannigfaltigkeit der Dinge entstehe, also nur als Veränderung des Wesens *erscheine*. Für ihn ist dies die Reduzierung der Veränderung des Realen allein auf Wechsel der äußerlichen Beziehungen.

Das aber wäre ein starres Begreifen, wo Hegel doch gerade deswegen die Atome abgelehnt hatte, weil ihnen die Elastizität fehle, Kontinuität und Diskontinuität in sich aufnehmen zu können. In der wirklichen Erfassung der Totalität sieht Lotze die Chance, den Wechsel des Werdens der Natur, im Gegensatz zu Hegel, widerspruchslos zu denken. Der Hegelsche materielle Widerspruch ist, wie Lotze treffend bemerkt, nur Schein als Erscheinung der entäußerten Idee und nicht wirklich d.h. reale Entwicklung. Die Hegelsche Theorie versteht er daher als eine Theorie des „absoluten Werdens", die das „reale Subjekt" (d.i. das materielle Subjekt) der Veränderung ganz aufhebt und letztlich nur ein Wechsel der Erscheinungen statuiert, hinter denen sich ein einziges unendliches Reales, das Ideelle, verbirgt.

„Ein wirkliches 'absolutes Werden' würde nur diejenige Theorie lehren, welche behaupte, die *Wirklichkeit selbst* (nicht bloß die *Erscheinung* eines Wirklichen)

---

62 Lotze 1883, S. 28.

wechsle, so daß an die Stelle des einen Wirklichen, welches vergeht, ein anderes entstehendes trete ...".[63]

Für Hegel war, sich auf die Tatsache stützend, daß die Naturwissenschaften keinen Begriff von Entwicklung haben, die Entwicklung der Natur selbst undenkbar. Lotze will dagegen das Werden der Natur begreifen, indem er wie Schelling davon ausgeht, daß ein Wesen sich nicht „prinzipienlos" in verschiedene Zustände ändern könne. Der Spielraum der realen Dinge der Welt sei so eingeschränkt, daß nur eine geringe Veränderung des Wesens möglich wäre. Er will damit die völlige Diskontinuität vermeiden, die den Zusammenhang auflösen würde.

Es ist hier die Fortsetzung der Kritik der Hegelschen Begriffe, die wegen der abstrakten Logik die wirklichen, realen Zusammenhänge zu abstrakten macht. Die Philosophie muß, so Lotzes Forderung, den praktisch wirklich angewandten (naturwissenschaftlichen) Begriff von der „Veränderung" zur Voraussetzung haben. Jedes Wesen kann sich nur in den Formen entwickeln, die seiner Natur entsprechen. Somit betrachten wir alle denkbaren Prädikate, die sich als Formen von Wesen vorstellen lassen, als *„zusammenhörige Glieder eines einzigen Systems alles Denkbaren"*. Nur so wird für Lotze die reale Entwicklung der Dinge im Denken begreifbar, weil beide Prozesse in ihrer Ganzheitlichkeit widerspruchsfrei ablaufen müssen.[64]

In diesem Verständnis von Entwicklung ist der Widerspruch nicht beseitigt, sondern er ist ein fließender geworden, der in das dazwischen Liegende, in die Wechselwirkung verlagert wird und erst in der Unendlichkeit des Wirkens verschwinden kann. Zur Illustration zieht Lotze einen Vergleich mit einer mathematischen Zahlenreihe heran, die für ihn das genaue Gegenteil *realer* Prozesse verkörpert. Die einzelnen Glieder einer Zahlenreihe hängen zwar voneinander ab, aber keins der Glieder entsteht wirklich aus den anderen. Die Reihe ist im Wesen ein sich erhaltendes Subjekt und nicht eine Folge „zwar vergleichbarer, aber selbständiger, nicht auseinander *werdender* Formen".[65] Lotze muß zugeben, daß durch den Begriff „Veränderung" der Widerspruch hineinkommen würde, den die Mathematik hier gerade vermeidet.

Dieser Widerspruch sei aber überwindbar dadurch, daß man die abstrakte Identität, daß a stets gleich a bleibe, überwindet und a als ständig sich verändernd in einer „geschlossenen Reihe von Formen" begreift. Lotze polemisiert hier nicht gegen die Mathematik, sondern dagegen, daß man bei den mathematischen Be-

---

63   Ebd., S. 29-30.
64   Ebd., S. 32.
65   Ebd., S. 32.

stimmungen, die auch für ihn ein wesentliches Moment aller naturwissenschaftlichen Betrachtungen ausmachen, stehen bleibt. Ein Vorwurf, der sich indirekt
wieder gegen Hegel richtet, der sich ganz entscheidend auf mathematische Ar-
gumentationsweisen insbesondere gegen Newton berief.

Für die Naturerkenntnis bleibt für Lotze stets die Frage erhalten, in welchen Relationen dieses starre mathematische a zu denken sei zu wenigstens einer Bedingung X, durch die es in ein b übergehe. In der Wirklichkeit der Naturforschung
existiert aber die unendliche Vielfalt der Beziehungen, d.h. materielle Wechselwirkung. Das Begreifen dieser Wechselwirkungen in einfachen Ursachen-Wir-
kungs-Relationen, kritisiert Lotze, gibt den Schein, als reiche „*ein* Wesen hin,
um durch sich selbst die Wirkung fertig zu machen". Kausalität ist jedoch kom-
plexer und dies in quantitativer wie qualitativer Hinsicht.

Man kann die „notwendigen vorbereitenden Bedingungen", ohne die keine Wirkung entsteht, erkennen, „aber den *Prozeß des Wirkens* erklärt dieser Übergang
nicht, sondern das '*Wirken*' beginnt erst, nachdem derselbe geschehen ist."[66]
Lotze reflektiert hier philosophisch das Problem des Übergangs von einer statischen zu einer dynamischen Naturerkenntnis. Im Selbstverständnis der Naturwissenschaftler jener Zeit findet man bei den führenden Köpfen ähnliche Überlegungen.[67]

Der Hegelsche Widerspruch der Natur wird bei Lotze zu einem realen Faktum in
materiellen Prozessen, ohne den Entwicklung unmöglich ist und weil es die wesentliche Hegelsche Bestimmung behält, Widerspruch zu sein, ist es etwas, was
die Relativität der naturwissenschaftlichen Erkenntnis bestimmt. Damit muß
nach Lotze in einer naturwissenschaftlichen Theorie der Widerspruch außerhalb
dieser Theorie bleiben. Zugleich muß im Bewußtsein die Beschränktheit dieser
Theorie bleiben, weil sie sich im Objektbereich äußerlich selbst beschränkt und
nicht Erklärbares in ihren Theorien selbst setzen muß, um anderes, Zugängliches
begreifbar zu machen. So ist aber nur der Widerspruch in der Wechselwirkung
zwischen den Elementen unsichtbar gemacht worden. Lotze hebt den Widerspruch dadurch auf, indem er die Resultate der Wirkung aus der Perspektive der
ganzheitlichen unendlich wechselwirkenden Welt alle Wirkungen vermittelt: „In
Wahrheit wirkt das Absolute auf sich selbst"![68] Damit hat die Natur bei Lotze
insgesamt gesehen auch keine Entwicklung, sie gibt es aber wirklich und real in
allen Teilen der Natur und damit kann dialektische Weltbetrachtung fruchtbar
gemacht werden für die Naturwissenschaften. Ein Stück Geisteshaltung Hegel-

---

66 Ebd., S. 35-39.
67 Vgl. Du Bois-Reymond 1912.
68 Lotze 1883, S. 44.

scher Philosophie wird so transformiert in eine dialektische Naturbctrachtung, die sich stark an der erfolgreichen Naturforschung orientiert. Hierin liegt, wie bereits erwähnt, aber auch ein Motiv für Lotzes teleologisches Konzept, hinter dieser unendlichen Vielfalt von Wechselwirkungen in der Natur einen Grund/ Zweck zu suchen.

Raum und Zeit als Aufhebung Hegelscher und Schellingscher Bestimmungen

Bereits in seinem ersten umfangreicheren Werk, der *Metaphysik* von 1841, geht Lotze in der Frage nach Raum und Zeit davon aus, daß die Bewegung als „allerwichtigste" und die „einfachste kosmologische Form" gefaßt werden muß. Es ist die Bewegung, die den „Begriffen der Richtung" „als Mittel der Bestimmung zu Grunde" liegt.[69] Damit kann der Raum nicht das Apriorische der Naturerkenntnis sein, sondern die Raumvorstellung entsteht erst durch die Analyse der realen Bewegung. Lotze empfindet es als einen Widerspruch, wenn für das Begreifen von Bewegung ein absoluter Raum vorausgesetzt werden muß, dieser aber zugleich erst durch die Extrapolation der Ausdehnung des Seienden entsteht.[70] Die Lösung dieses Widerspruch sieht Lotze im Übergang vom absoluten Raum zum „absoluten Ort", worunter er eine „Kombination" des Seienden und den zugehörigen „inneren räumlichen Verhältnissen" versteht, „die nicht mehr durch räumliche Verhältnisse, sondern durch qualitative Bestimmungen gegeben sind". Aus diesen örtlichen punktuellen qualitativen Momenten des Seins sollen sich die räumlichen Verhältnisse aufbauen. Für Lotze wird die Bewegung/ Wechselwirkung der Elemente des Seienden gegeneinander zum Ausgangspunkt der Entwicklung des Raumbegriffs.

Im erst noch zu konstruierenden Raum kann es keine absoluten Orte geben. Damit ist es unmöglich, von vornherein zwischen Ruhe und Bewegung zu unterscheiden. Diese „Freiheit der Wahl des Raumes" verschwindet erst für die Auffassung der Bewegung durch Begriffe und ist für Lotze daher keine Sache mathematischer Bequemlichkeit. Die Vorgehensweise der Physik, Bewegungen zu unterscheiden, ist völlig legitim, steht jedoch nicht am Anfang der philosophischen Konstruktion. Bereits hier erfolgt die klare Abgrenzung von der Hegelschen Kritik der physikalischen Bewegung, wenn festgestellt wird: „Die Mechanik konstruiert das ruhende Gleichgewicht des Punktes durch Aufhebung der Bewegung nach allen Richtungen."[71] Die Physik nimmt, so Lotze weiter, den

---

69 Lotze 1841b, S. 206.
70 Ebd., S. 207-208.
71 Ebd., S. 210.

Körper als „Substrat der Bewegung", d.h., sie läßt ihm keine andere Bestimmung als die, Bewegtes zu sein. Sie abstrahiert von seinem qualitativen Ort im System der Körper und so wie die Physik im Trägheitsprinzip die unendlich fortlaufende Bewegung konstruiert, so konstruiert sie auch die Beziehungen von Raum, Zeit und Geschwindigkeit. Raum und Zeit sind demnach Begriffe der Physik, die sie nach ihren Bedürfnissen geschaffen hat. Es gibt daher auch keine absolute Zeit, sondern „alles Maß" wird in die Zeit „durch die Masse des Geschehens" hineingebracht. Da Lotze von der Priorität der Wechselwirkung ausgeht, hängt für ihn die Geschwindigkeit nicht von der Zeit ab, sondern umgekehrt entsteht erst die Zeit durch die Messung von Bewegungsabläufen in definierten räumlichen Abschnitten. Es ist ein Irrtum, „die Zeit als irgend einen Fluß anzusehen, dessen gleichförmig ablaufende Wellen das ursprüngliche Maß einer Bewegung im Raume abgeben könnten."

Dies hat für Lotze zur Folge, daß jede Bewegung eigentlich in ihrer „eigenen Zeit" verläuft. Hier ist man wieder geneigt, eine Urform relativistischer Zeitbetrachtung zu entdecken. Soweit kann Lotze jedoch nicht gehen und eine wirkliche Eigenzeit von bewegten Systemen im Sinne relativistischer Physik ableiten.

Die universelle Zeit und deren berechtigte Anwendung ergibt sich für den Philosophen jedoch erst aus der Vermittlung *zwischen* den verschiedenen Bewegungssystemen: „Jede Bewegung verlaufe in ihrer Zeit, deren Momente die an einander gereihten qualitativen Einheiten wären, und nur die Vergleichung verschiedener Bewegungen führe, da sie das, was verschiedene qualitative Einheiten hat, nach einer und derselben messen wolle, auf die unendliche Teilbarkeit einer stetig ablaufenden Zeit."[72]

Damit ergibt sich die absolute Zeit Newtons aus dem messenden Vergleich relativer Zeiten einzelner Bewegungen. Von hieraus kann man problemlos zum Einsteinschen Standpunkt einer relativistischen Zeit gelangen. Lotze fehlt jedoch noch das empirische Argument einer Messung, die zu einer Änderung unserer Resultate Anlaß geben würde. Wichtig ist hier festzuhalten, daß bereits für Lotze das eigentliche Fundament von Raum und Zeit in der Messung *lokaler* Ereignisse liegt. Damit wird die Zeit als „Reihe der gleichförmig aufeinander folgenden Momente" zu einer von der Physik geschaffenen Meßgröße: Sie ist die „Wiederholungszahl dieser qualitativen Einheit der Geschwindigkeit". Aus der Analyse der physikalischen Begriffe ergibt sich der Schluß: Die Philosophie vermag durch kritische Analyse das wahre Wesen der Begriffe herauszuarbeiten, konstruiert aber hat sie die Naturwissenschaft zu ihrem eigenen Zweck selbst. Nicht

---

[72] Ebd., S. 213.

Raum und Zeit, sondern die Geschwindigkeit ist das „qualitative Maß der Beziehungen zwischen dem Seienden, und in ihr drückt sich auf dem Boden der Bewegung die Qualität der konkurrierenden Ursachen aus."

Der physikalische Raum und die physikalische Zeit können nach diesem Verständnis nicht die Entwicklung, d.h. den „Zweck", der sich „in der Bewegung eine Form seiner Erscheinung schafft", begründen. In der Physik ist Anfang und Endpunkt der Bewegung vertauschbar. Das eigentliche Geschehen aber hat ein Resultat, „ist selbst das Ergebnis von dem Zusammengehen der Bewegungen" und setzt daher nicht bloß Raum und Zeit voraus. [73] Die Methode der Naturwissenschaft kann daher nicht die Methode der Philosophie ersetzen. Sie ist aber die völlig legitime Vorgehensweise der Physik, die sich der Philosoph mittels eigener Begrifflichkeit zu erschließen vermag.

Der integrale absolute Raum soll gewissermaßen aus differentiellen Wechselwirkungen realer Elemente entstehen.

Mit diesem Raum-Zeit-Bewegungs-Verständnis eilte Lotze seiner Zeit weit voraus. Raum als Extrapolation der Wechselwirkung von Örtern, die ihrerseits nicht rein geometrisch, sondern durch qualitative Beziehungen des Seins bestimmt sind, zu fassen, ist eine Leistung, die man versucht ist, als „geistige Vorwegnahme" späterer Ansätze der modernen Physik zu sehen. Lotze löst hier aber kein physikalisches Problem, sondern ein naturphilosophisches, das aus den Problemlagen der dialektisch-idealistischen und der mechanistisch-realistischen Naturphilosophie entsprungen war.

Der Philosoph kommt mit seinem Ansatz der späteren Problemstellung der Allgemeinen Relativitätstheorie sehr nahe. Aus der Sicht der allgemeinrelativistischen Physik wäre Lotzes Ansatz als Wechselwirkung lokaler Felder interpretierbar, durch die der physikalische Raum entsteht. Man muß jedoch diese Interpretation sehr klar einschränken, weil dem Philosophen der neue physikalische Stoff dazu noch völlig fehlte. Seine Begriffe sind abstrakt philosophisch, sie erhalten aber ihre inhaltlichen Bestimmungen aus den Problemlagen einer Naturphilosophie, die sich der modernen Naturforschung wieder zugewandt hatte. Es ist daher nicht geniale Vorwegnahme Einsteinscher Ideen, wenn sich bei Lotze die unendlichen räumlichen Verhältnisse als äußerliche Extrapolationen *innerer qualitativer* Verhältnisse erweisen sollen. Dafür fehlt hier eine konkrete physikalische Idee wie die Einsteinsche These von der Identität von Trägheit und Schwere. Man kann aber durch eine abstrakte Fassung der Einsteinschen Ideen in die Nähe Lotzescher Spekulation gelangen. Dann *erscheint* Lotzes These von

---

[73] Ebd., S. 213-215.

der Konstituierung des Raums durch lokale Wechselwirkung als „geniale Vorwegnahme" von Momenten der Einsteinschen Theorie.

Raum und Zeit beim späten Lotze

Lotze hat seinen ersten philosophischen Entwurf von 1841 immer wieder umgearbeitet. 1879 erschien endlich seine späte Metaphysik.[74] Diese wie die Vorlesungsmitschriften, die Lotzes Schüler nach seinem Tode veröffentlichten, sollen hier dazu dienen, das Raum-Zeit-Verständnis des späten Lotzes zu analysieren.[75] Auch für den weit über die Grenzen Deutschlands hinaus bekannten Philosophen ist „Raum" ein konstruierter Begriff. Lotze meint aber Schelling folgend, daß das Kantsche Wort „Anschauung" dem Wort „Begriff" vorzuziehen sei, weil der Begriffsbestimmung „Raum" wesentliche Momente eines Begriffs (im Hegelschen Sinne) *zunächst* fehlen.

In der Kritik an Leibniz, Kant, Schelling und Hegel entwickelt Lotze seinen eigenen Raumbegriff. Da „Raum" nicht ein Allgemeines von einzelnen Dingen sei, sondern stets ein Ganzes, gebe es nur einen Raum und „alle einzelnen Räume sind nur Teile dieses Ganzen und sind gleichfalls präsent."[76] Das heißt, der Raumbegriff steht noch auf einem niedrigen begrifflichen Niveau, was aber keineswegs die Meinung rechtfertige, daß der „Raum" nur eine leere Form sei. Raum als leere Form, die durch kein Reales gebildet wird, ist für Lotze ganz unmöglich. Er polemisiert daher gegen die Leibnizsche Auffassung, daß Raum und Zeit nur Ordnungsrelationen zwischen den materiellen Dingen seien.[77] Hier folgt die Argumentation ganz der Hegelschen Kritik an Leibniz.[78] Das Leibnizsche Raum- und Zeitverständnis wird als eine Betrachtungsweise gesehen, die nur eine Folge der bereits vorausgesetzten Raumvorstellung sein kann. Diese Raumvorstellung kann aber auch nicht eine Form an sich sein, weil das, „was in

---

74 Vgl. Lotze [1879] 1912.
75 Eduard von Hartmann hat in seiner Arbeit über Lotze diese Diktathefte als bloßes „Gerippe" Lotzescher Philosophie bezeichnet. (Hartmann 1888, S. 13) Lotzes Biographen verweisen indessen darauf, daß Lotze gerade als Lehrer seine Philosophie sehr klar und zum Teil regelrecht diktierend mitgeteilt habe. (vgl. Pester o.J.)
76 Lotze 1883, S. 47.
77 In der Literatur nimmt der Bezug auf Leibniz in dieser Zeit zu. Damit wirkt der Ruf: „Zurück zu Kant", schon sehr bald über Kant hinaus. (vgl. z.B. Siegl 1913)
78 „Die Körper als Körper sind Aggregate von Monaden; sie sind Haufen, welche nicht Substanz heißen können ...Die Kontinuität derselben ist eine Ordnung oder Ausdehnung, der Raum aber nichts an sich; er ist nur in einem anderen oder eine Einheit, die unser Verstand jenem Aggregate gibt." (Hegel [1833/36] 1982, Bd. 3, S. 288)

irgend eine Form auch nur fallen können soll, notwendig irgend wie für diese Form passen muß, also ihr nicht absolut unvergleichbar sein darf." Die Form der Anschauung muß daher mit der räumlichen Form des Seienden korrespondieren.[79] „Raum" ist daher wesentlich Begriff und nicht nur bloße, inhaltslose Form.

Wenn man die *räumlichen Beziehungen* nicht als die „*inneren Zustände*" des Seins auffassen will, sondern nur als äußere Verhältnisse, wie Leibniz, so erscheinen diese Verhältnisse im Denken konsequenterweise als Formen der Anschauung und können dann auch kein Dasein für sich beanspruchen.[80] So gelangt man von Leibniz zu Kant. Die Kantischen apriorischen Denkformen sind daher Resultat der rein äußerlichen Bestimmungen beider Begriffe. Da die Begriffe der Naturwissenschaft als Vorstellungen des objektiv Realen gedacht werden, wird von Lotze ein realistischer Raumbegriff entwickelt. In den Dingen muß ein Grund sein, der ihnen bestimmte räumliche Plätze zuweist. Dies bedeutet, wir haben nicht nur die leere Anschauung des leeren Raums, sondern nehmen in ihm „Erscheinungen an Plätzen wahr". Der Grund für diese Erscheinungen in unseren räumlichen Vorstellungen liegt auch beim späten Lotze, in der Wechselwirkung der Dinge selbst: „Fragt man, worin die ...'Beziehungen' der Dinge bestehen, so würde es nicht hinreichen, sie bloß in der Gleichheit oder Ähnlichkeit und verschiedenen Graden der Verwandtschaft und des Gegensatzes ihrer Natur zu suchen. Denn dies alles ist für je zwei Dinge *unveränderlich* bestimmt, die räumliche Anordnung der Welt würde daher, wenn sie nur *hiervon* abhinge, immer dieselbe sein. Da die Dinge aber ihren *Ort ändern*, so muß der Grund ihrer Orte in den *Wechselwirkungen* liegen, die sie veränderlich aufeinander ausüben."[81]

Somit bleibt auch in der späten Metaphysik der Jugendansatz, Raum und Zeit über die Wechselwirkung zu bestimmen, erhalten. Lotzes „Wechselwirkung" scheint hier aber weiter an Hegelschem Gehalt zugenommen zu haben. Ebenso

---

[79] Lotze 1883, S. 48-49.

[80] „Aber diese Vorstellungsweise ist ganz offenbar nur eine Folge unserer Anschauung vom Raume, durch die es allein möglich ist, unter jenem 'zwischen' nicht eine bloße Negation des Realen, nicht ein bloßes Nichtsein, sondern eine selbst positiv anschauliche Art dieses Voneinandergeschieden- oder – getrenntseins der realen Elemente vorzustellen. Daher kann der Raum selbst nicht dadurch als selbständig existierend nachgewiesen werden, daß man sich auf Beziehungen beruft, die zwischen dem Realen existieren und doch weder Nichts, noch das Reale selbst wäre." (Lotze 1883, S. 48)

[81] Ebd., S. 50.

ist die Synthese von Hegelschem und Schellingschem weiter fortgeschritten. Die abstrakte und tote Kategorie der „trägen Materie" Hegels wird bei Lotze zum realen wechselwirkenden Sein. Als das Bedeutendste an der Hegelschen Philosophie wird explizit Hegels dialektische Methode genannt. Ganz offen bezeichnet Lotze die Hegelsche Philosophie als den Höhepunkt des deutschen Idealismus. Von seinem naturwissenschaftlichen Standpunkt aus lehnt Lotze aber ganz energisch diesen Schellingschen/Hegelschen Idealismus ab, der die Natur aus einem „höchsten Weltgrund" ableiten will. Für Lotze ist mit der Entwicklung der Naturwissenschaften ganz offensichtlich geworden, daß man „die Einzelheiten der Natur" nicht aus dem *„Absoluten" „deduzieren"* kann. „Wenn man sie aber kennt, so kann man sie auf das *Absolute* reduzieren."[82] Das Philosophieren über die Natur hat so die genaue Kenntnis der Naturwissenschaft zur Voraussetzung. Hegelsche Dialektik kann aus dieser Perspektive nicht mehr sein als ein subjektives Bemühen, unsere Gedanken zu verbessern. Es ist die Hegelsche Begriffskritik, die für den eigenen Entwurf als sehr wichtig empfunden wird. Anders als für Engels bestimmt aber aus Lotzes Sicht die idealistische Perspektive Hegels auch dessen Dialektik. Der Mangel Hegelscher Dialektik wird darin gesehen, daß keine wirkliche Entwicklung vollzogen wird, sondern sie nur „die Anfangsglieder einer zeitlosen und ewigen Systematik der innerlichen Bestimmtheiten" ausdrückt. Es ist daher zweifelhaft, „ob im Einzelnen diese dialektische Methode die Glieder jener Systematik in einer richtigen, und zugleich in einer wichtigen, allein wahren Reihenfolge kennen lehrt." Für Lotze ist daher die Hegelsche Dialektik aufgrund der *idealistischen* Konstruktion der Begriffe nicht unmittelbar nutzbar. Sie ist jedoch ein wichtiger Ansatz für ein komplexeres Erfassen der Naturgegenstände in Begriffen. Das wichtigste an der Hegelschen Logik findet Lotze in der Kritik der Verstandesbegriffe, das Aufzeigen der Zusammenhänge zwischen Begriffspaaren.[83]

Der Hegelschen Konsequenz daraus, daß die Widersprüche in der Natur als starre materialisierte auftreten, weswegen die Natur nach Hegel keine Entwicklung in der Zeit haben kann, kritisiert Lotze als ein Mißverständnis, weil die logischen Formen nur die Mittel zur Erfassung der „sachlichen Wahrheit" sein können, mit dieser Wahrheit aber nicht identisch sein. Es gibt für Lotze Gegensätzlichkeiten

---

[82] Lotze 1894, S. 55.

[83] „Überall sucht Hegel zu zeigen, daß diese Spaltungen nutzlos sind, 'Grund' und 'Folge' Eines sind, ebenso 'Wesen'und 'Erscheinung', 'Ursache'und 'Wirkung'; daß das Ding nicht Eigenschaften 'hat', oder Zustände 'erfährt', sondern selbst in jedem Augenblick ganz und gar das ist, was wir seine Eigenschaft und seinen Zustand nennen." (Ebd., S. 67-69)

in den Naturdingen, die das verstandesmäßige Denken nicht bewältigen kann, „weil diese verstandesmäßige Reflexion" die „verschiedenen Momente ihres Wesens in solche Gegensätze spaltet, jedes Glied derselben als eine Wirklichkeit-für-sich ansieht."[84] Die Naturwirklichkeit und die Welt der Begriffe fallen weder zusammen noch sind die „logischen Formen" einfache Abbilder der Wirklichkeit. Der Denkwiderspruch beruht so für den Hegelkritiker zwar auf den realen Gegensätzlichkeiten der Momente der realen Dinge, bilden diesen aber nicht gleichsam ab. Wie sich die realen Gegensätzlichkeiten der Elemente der Welt auflösen im unendlichen, universellen materiellen Zusammenhang, so vermag eine komplexe Betrachtung der Zusammenhänge logische Konsistenz zu erreichen. Hieraus ergibt sich die Notwendigkeit der Überwindung des Hegelschen und Schellingschen Idealismus wie des Realismus eines Herbarts.

Aus Lotzes Sicht wollte Herbart dem Kantschen „Ding an sich" dadurch eine widerspruchsfreie reale Anerkennung seines Daseins verschaffen, indem er dieses zu einer „unbestimmten Vielheit" von Dingen machte. Den Herbartschen Ansatz einer Vielheit von isolierten, wesentlich beziehungslosen Dingen kritisiert Lotze als einen „Pluralismus", der letztlich auch nur auf die gewöhnliche Ansicht der Naturforscher hinauslaufe, „welche ebenfalls ganz unveränderliche Atome annehmen und die verschiedenen Qualitäten bloß von der Gruppierung oder der Bewegung dieser Atome abhängig machen." Die Herbartsche Naturphilosophie ist nach Lotzes Meinung daran gescheitert, daß sie nicht vermochte, die Vielheit der isolierten Wesen gleichzeitig auch als wechselwirkende Einheit zu begreifen. Die Konsequenz daraus ist ein Mechanizismus, der bereits mit der Hegelschen Kritik unhaltbar geworden war.

Für Lotze erwächst aus der Leistungsfähigkeit der Hegelschen Begrifflichkeit die Möglichkeit der Überwindung der bisherigen, wesentlich mechanistischen Naturbetrachtung, um die sich bereits Herbart leider erfolglos bemüht hatte. Herbarts Forderung aber, daß „alle Naturereignisse aus *innern Zuständen* der Wesen und nicht, nach gewöhnlicher mechanistischer Annahme, aus bloßen Änderungen der Relationen zwischen ganz unveränderlichen Atomen entspringen" sollen, ist ihm wichtig.[85]

Mit Hegelscher Dialektik ausgestattet wird für Lotze der Widerspruch zwischen Vielheit und Einheit realer Dinge denkbar. Von Hegel übernimmt er auch die These, daß das wahrhaft Seiende das Qualitative sei, so daß man die Entstehung des Quantitativen, der „Zahlengesetzlichkeit", aus den qualitativen Bestimmungen der Wirklichkeit rekonstruieren könne.

---

84 Ebd., S. 70.
85 Ebd., S. 93-99.

Mit der Übertragung der ganzheitlichen Sicht Hegels auf die Naturwirklichkeit der Naturwissenschaften, und der starken Relativierung Hegelscher Dialektik entsteht für Lotze die Notwendigkeit der historischen Einordnung der verschiedenen Naturauffassungen.

Der Mechanizismus hört so auf, die bloße Vorstufe wirklichen (philosophischen) Nachdenkens über die Natur zu sein. Für eine neue Naturphilosophie, die sich selbst auch als historisches Resultat begreift, ist „die mechanische Auffassung" die erste, von der her Naturprozesse begreifbar werden."[86]

Mit der historischen Einordnung wird der permanenten Überforderung naturwissenschaftlicher Begriffflichkeit, die für Hegel so typisch war, entgangen. Es bleibt aber die Aufgabe von Naturphilosophie, hinter den „empirisch gefundenen Gesetzen" der Physik den „inneren Hergang", durch den „die Natur der Dinge selbst" die erscheinenden Prozesse hervorbringen, zu begreifen. Der Bruch zwischen empirischen Naturwissenschaften und Philosophie wird bei Lotze so wesentlich geschmälert, verschwindet aber nicht ganz, weil Naturphilosophie auch bei ihm hinter den Begriffen der Naturwissenschaft noch nach einer philosophischen Erklärung suchen soll. Mit dem Begreifen der „mechanischen" Naturauffassung als historisch nun überholtes Naturverständnis, verbindet Lotze vor allem die atomistische Auffassung der Naturwissenschaften. Der „Mechanismus" wird so zu einer Art „des Entstehens, Bestehens und Vergehens von Naturvorgängen" dergestalt, „daß alles, was entsteht, das *notwendige* Erzeugnis des Zusammenwirkens von *konstanten Elementen* ist, die aufeinander immer nach *demselben allgemeinen Gesetz* wirken und verschiedene Erzeugnisse nur durch die Verschiedenheit ihrer Kombinationen hervorbringen, unter denen sie zur Wechselwirkung gelangen." Das heißt, es muß, wie in der Physik üblich, zunächst die Richtigkeit der „gemeinen Meinung" vorausgesetzt werden, nach der es einen „unendlich ausgedehnten 'Raum' wirklich gibt und die Dinge in demselben veränderliche Orte einnehmen."[87]

Diese Auffassung der empirischen Naturforschung wird von Lotze den bisherigen philosophischen Vorstellungen von Raum und Zeit ganz bewußt gegenübergestellt. Hatte Kant die Idealität des Raums so verstanden, daß der Raum nur „*menschliche* Anschauungsform" ist, so hatten die späteren Systeme die Absicht, diese „anthropologische Beschränkung" wieder aufzuheben: „Sie suchten *entweder*, wie die idealistischen Systeme (Schelling, Hegel), den Nachweis, Raum sei eine notwendige, konsequente Folge der Entwicklung der Totalidee ... *oder* sie meinten, wie die realistischen (Herbart), zu zeigen, wie räumliche Auf-

86 Lotze 1889, S. 8.
87 Ebd., S. 8-9.

fassung in jedem Wesen unvermeidlich entstehen müsse, welches überhaupt *Vorstellungen* bildet." Für Lotze haben es weder die idealistischen Systeme noch die realistischen vermocht, „das spezifisch Räumliche des Raumes" aus anderen Begriffen herzuleiten.[88] Auch die Philosophie kann nicht voraussetzungslos an die Begriffe von Raum und Zeit herangehen, sondern sie muß von dem gewöhnlichen Verstandesbegriff der Naturforschung zu einem philosophischen Raumbegriff gelangen. Der empirische Begriff muß in der Naturphilosophie *re*konstruiert werden. Mit dieser Position, die wesentliche Momente des Atomismus bewahrt, ergibt sich im Gegensatz zu Hegel eine andere, realistische Bestimmung des Wesens von Bewegung und damit von Raum und Zeit. Waren für Hegel Raum und Punkt, gefaßt als Negation der Negation, die abstrakten Begriffe des Realen, durch die Bewegung begreifbar wird, so führt Lotze die reale und damit immer auch gleich physikalische Bewegung in den Naturvorgängen auf die Wechselwirkung von Raum und Massenpunkt zurück. Der Punkt ist eine zu weitgehende Abstraktion, mit der das Physikalische in der Bewegung auf den mathematischen Gehalt reduziert wird. Die Entwicklung der Naturphilosophie Lotzes durch Analyse und Kritik der Hegelschen Philosophie ist ganz unverkennbar, auch wenn fast jeder Hinweis auf eine Auseinandersetzung mit Hegel fehlt. Seine Argumentation zum Verhältnis von Raum und Massenpunkt wird erst verständlich, wenn man Hegels Raum-Punkt-Relation als das zu überwindende Konzept voraussetzt: Man wird, so Lotze, „die Bewegung des ganzen Körpers" nur begreifen, wenn man die Gesetze kennt, nach denen die „Bewegung der einfachsten Teile, d.h. der im Naturlaufe immer verbunden bleibenden Einheiten" kennt. „Dies führt auf die Abstraktion eines 'Massenpunktes'. Von der Bewegung eines *Raum*punktes nämlich kann nicht gesprochen werden. Nur das Reale ist beweglich, das, indem es seinen Ort verläßt, diesen als *leeren* Raumpunkt hinter sich läßt."[89] Die Hegelsche Setzung von Raum und Punkt hatte zur Folge, daß *nur* die „mathematische Betrachtung der Bewegung" möglich waren. Lotze geht es aber darum, zu verstehen, wie in „Wirklichkeit Bewegungen entstehen, dauern, sich ändern und aufgehoben" werden können. Die Betrachtung eines einzigen isolierten Massenpunktes im leeren Raum, so seine Überzeugung, kann dies nicht leisten, weil der leere Raum nicht mit ihm allein in Wechselwirkung zu treten vermag. Mit dem Begriff des Massenpunktes ist notwendig der Begriff der Trägheit als *kollektives* Phänomen verbunden. Weil Raum und isolierter Massenpunkt abstrakte Begriffe sind, ist aus ihnen nicht das Newtonsche Trägheitsaxiom ableitbar, d.h. nicht aus „metaphysischen Gesichts-

---

88 Lotze 1883, S. 51-52, siehe auch Lotze [1864] 1913, S. 47-48.
89 Lotze 1889, S. 9.

punkten zu deduzieren". Die Hegelsche Kritik an dem Newtonschen Kraftbegriff wird so unhaltbar, weil im Verhältnis von Raum und (mathematischem) Punkt prinzipiell nur die kinematische Seite realer Bewegung erfaßbar wird, die Dynamik aber gar nicht erst zum Gegenstand philosophischer Kritik gemacht werden kann.

Das wichtige an Lotzes Standpunkt ist, daß in einer bestimmten Auffassung von Raum als Begriffspaar Raum – Punkt oder Raum – Massenpunkt bereits der Rahmen abgesteckt wird für die naturphilosophische Analyse der mechanischen Bewegung. Diese reale Bewegung ist für Lotze ohne Trägheit („Gesetz der Beharrung") nicht denkbar: „Nicht bloß in ihrem logischen Begriff, sondern auch in ihrer physischen Natur" liegt „das Gesetz der Beharrung ganz notwendig".[90] Daher wird die Bestimmung der Dinge als System von Massenpunkten (als Atome, die den „leeren" Raum konstituieren), als *wesentliches Moment* der Wirklichkeit selbst verstanden: „Sowie die Macht des Geldes und die Wahrheit der mathematischen Gesetze wirklich *gelten*, obgleich jene außer der Schätzung des Menschen, diese außer dem benannten Realen, auf das sie sich beziehen, nirgends sind; ganz ebenso hat der Raum Wirklichkeit, obgleich er nicht ist, sondern stets *erscheint*."[91] Die Wirklichkeit des Raumes ergibt sich aus der Realität der Wechselwirkungen. Raum ist daher nicht *zwischen* den Dingen, sondern *in* ihnen: „Nach gewöhnlicher Ansicht also ist der Raum und die Dinge sind in ihm; nach der unsrigen *sind nur die Dinge und zwischen* ihnen ist nichts, der Raum aber *ist in ihnen...*".[92] Die Kantsche Bestimmung des Raums wird als eine zu einseitige nun historisch überholte Form der Raumbestimmung gedeutet: „Wir haben nicht nur eine Anschauung des leeren Raumes, sondern eine räumliche Anschauung der inhaltsvollen Welt."[93] Dies setzt notwendig „mannigfache Beziehungen" der Dinge selbst voraus. Die vorauszusetzenden Wechselwirkungen, die das Wesen der Dinge selbst ausmachen, dürfen aber nach Lotzes Ansicht nicht auf die mathematisch-naturwissenschaftlichen Bestimmungen reduziert werden. Er faßt diese darüber hinausgehende Vielfalt der Beziehungen der Dinge als *„intellektuelle Beziehungen".*[94]

Der naturphilosophische Begriff darf (wie bei Hegel) nicht beim Begriff der Naturwissenschaft stehenbleiben. Die „intellektuellen" Beziehungen sind die „unräumlichen" Verhältnisse, die durch die Raumverhältnisse abgebildet werden

---

90 Ebd., S. 10-13.
91 Lotze [1864] 1913, S. 46.
92 Lotze 1883, S. 51.
93 Lotze [1864] 1913, S. 49.
94 Ebd., S. 51.

und den Grund angeben, warum die Anschauung diese räumlich auffaßt. Das heißt, diese „intellektuelle Beziehung", die philosophisch gefaßte allgemeine Wechselwirkung, ist die wesentliche Ursache dafür, das jedes Ding an einem *bestimmten* Orte des Raumes erscheint. In den „intellektuellen Beziehungen" bewahrt Lotze zunächst das Wesen des Schelling-Hegelschen Absoluten als Wesen der Dinge, das über die Bestimmungen der Naturwissenschaften hinausgeht: „Erst nachdem die Dinge, weil sie sämtlich nur Modifikationen Eines Absoluten sind, unmittelbar und ohne irgend einen Zwischenmechanismus aufeinander *gewirkt haben*, erscheinen sie *unserem Denken*, wenn es diesen Fall ihres Wirkens mit dem ihres Nichtwirkens vergleicht, in einer *'Beziehung'* zu stehen, welche das Wirken bedingt, während eigentlich ganz umgekehrt ihr Wirken, wenn es *gedacht* werden soll, nur unser Denken nötigt, die Vorstellungen der Dinge in eine andere Beziehung zu setzen, als wenn ihr Nichtwirken gedacht werden soll.[95]

Auch hier ist die Hegelsche Traditionslinie erkennbar. Raum ist die Abstraktion der „realen Bewegung" (bei Hegel die Bewegung der entäußerten Idee), die Lotze nun aber als *träge* Bewegung faßt, während für Hegel die Trägheit nur eine metaphysische Erfindung war.

In seinen frühen Schriften[96] war für Lotze die Bewahrung der absoluten Idee Hegels in seinen „intellektuellen Beziehung" des ganzheitlichen Materiellen, die *Voraussetzung*, um das Reale als mit Gegensätzlichkeiten behaftete Einheit denken zu können. Nur so konnte die Wechselwirkung der Dinge selbst unendlich werden und blieb nicht bloße Erscheinungen der Wirklichkeit. Die Unendlichkeit der wesentlichen Bestimmungen der Elemente sicherte ihre reale Existenz. Diese Unendlichkeit der materiellen intellektuellen Beziehungen kann das Denken nur durch eigene tätige Aneignung der Wirklichkeit erfassen. Denken wird - so verstanden - tätiges Ordnen, Auswählen, Abstrahieren: „Die räumliche Erscheinung der Welt ist nicht schon fertig durch das Bestehen der intellektuellen Ordnung zwischen den Dingen; sie wird erst fertig durch die *Einwirkung* dieser Ordnung auf diejenigen, denen sie erscheinen soll."[97] Hier findet sich beim jungen Lotze ein Rest des Kantschen Apriorismus, der von den Kantianern freudig aufgegriffen wurde.[98] Im System des späten Lotze ist dies aber die Verankerung der tätigen Seite des Denkens im Hegelschen Sinne als Voraussetzung geistiger Naturaneignung, worin das Kantsche a priori aufgehoben wird. In den

---

95   Lotze 1883, S. 51.
96   Lotze [1864] 1913
97   Ebd., S. 52.
98   Vgl. z.B. B. Erdmann 1877.

späten Arbeiten[99] verlieren die „intellektuellen Beziehungen" an Bedeutung und werden durch die universelle Wechselwirkung eliminiert. Somit läßt die systematische Beeinflussung durch Hegel nach, während die kritische Orientierung an der dialektischen Methode erhalten bleibt und noch verstärkt wird. Lotzes „intellektuelle Beziehungen" gaben Anlaß zu zahlreichen Mißverständnissen, weil sie als Identität von Subjekt und Objekt auslegbar waren. Der Philosoph wollte aber in diesem Begriff nur die Wesensgleichheit von objektiver Wechselwirkung in der Natur und der Wechselwirkung der Begriffe in den Konstruktionen des Wissens verdeutlichen. Für ihn ist der Zusammenhang der objektiven (Natur)Wechselwirkung mit den „intellektuellen Beziehungen" gerade die Voraussetzung aller Erkenntnis.[100] Erst die Identität von Wechselwirkung und intellektueller Beziehung erhebt die Natur auf das Niveau des Geistes, der sich die Naturprozesse aneignen will.

Der Hegelsche Idealismus hält die Dinge „ihrer Natur nach nicht für fähig, sich aus dem Unendlichen, an dem sie Zustände sind, zur vollen Selbständigkeit abzulösen." Lotze will dagegen ein „Fürsichsein, welches die entscheidende Eigentümlichkeit ihres Wesens bildet".[101] Die einfachste Lösung dieses Problems wäre die Annahme von der Beseelung aller Dinge, die daher in der menschlichen Geschichte eine große Rolle gespielt hat. Für sich selbst sind die realen Dinge noch nicht, wenn sie als Zustände des Unendlichen gesetzt sind: „Der Realität ... können wir daher verschiedene Abstufungen der Intensität beilegen; nicht alles ist nur überhaupt entweder real oder nicht-real, sondern mit verschiedenem Reichtum und ungleicher Mannigfaltigkeit ihres Fürsichseins von dem Unendlichen sich lösend, sind die Wesen in verschiedenen Graden real, immanent dem Unendlichen bleiben sie alle."

Im Unterschied zum deutschen Idealismus muß man den Dingen ein transzendentes *und* ein reales Dasein zuschreiben. Die reale Welt ist mehr als die Fassung der Dinge „als Zustände des Unendlichen". Die idealistische Deduktion, so

---

99 Lotze 1883, S. 50.

100 „Es verdient jedoch ausdrücklich bemerkt zu werden, daß jede weitere Verwertung dieser Allbeseeltheits-Hypothese, wie z.B. etwa zur Erklärung unseres eigenen Seelenlebens ... von Lotze tatsächlich abgelehnt wird. Ihr Sinn und Wert scheint sich also wesentlich in der Abwehr materialistischer Ansichten zu erschöpfen, während ... ihre Fruchtbarkeit und Leistungsfähigkeit ziemlich zweifelhaft bleibt, so daß sie später von Lotze stillschweigend fallen gelassen werden konnte, ohne daß dadurch eine bemerkbare Lücke in dem System seiner Weltanschauung entstand." (Wentscher 1925, S. 121)

101 Lotze [1864] 1913, S. 87.

lautet daher Lotzes Vorwurf, wird dem empirischen Gehalt des Wissens nicht gerecht. Es ist viel „wahrscheinlicher", „daß alle Dinge wirklich in verschiedenen Abstufungen der Vollkommenheit die Selbstheit besitzen, durch welche eine immanente Produktion des Unendlichen zu dem wird, was wir ein Reales nennen.[102]

Lotze kommt es also nicht einfach darauf an, den Dingen eine wesentliche, reale materielle Existenz zuzuschreiben, sondern, Lotze will hier seinen eigenen früheren Ausgangspunkt, das bloß reale (materielle) Absolute überwinden. Der Realismus allein vermag aus seiner Sicht auch keine Antwort auf das Wesen und den Zusammenhang von begrifflicher und realer Unendlichkeit zu geben. Das Teleologische bei Lotze dient so der Entwicklung des Absoluten, was aber nicht das Problem der Naturwissenschaft, sondern das Problem der Letztbegründung von Philosophie ist. Die Selbstheit der Dinge als „immanente Produktion", die das Wesen der realen Welt ausmacht, überwindet die Abgeschlossenheit der realen Welt in der Kontinuität des Absoluten. Es ist damit die Überwindung des systematischen Erbes Hegels, aber gleichzeitig die positive Setzung des materiellen Widerspruchs in der objektiven Realität. Hatte Lotze zunächst nur den systematischen Ansatz Hegels zugunsten der „Selbständigkeit", des „Fürsichseins" der Dinge *verschoben*, so findet später die *Aufhebung* des Hegelschen Absoluten in der Vermittlung zwischen Realismus und Idealismus statt. Die realistischen Systeme erscheinen aus dieser Perspektive als Versuche der „Konstruktion" der Materie, während im Gegensatz dazu der Idealismus allein die Deduktion aus der Weltidee versucht. Für Lotze entsteht Wissen aber gerade aus beiden gegensätzlichen Bestrebungen. Der Kantsche Konstruktionsversuch durch Kräfte scheiterte daran, daß Kant es nicht vermochte, die „Subjekte" anzugeben, die die Kräfte ausüben. Das heißt, es wurde bereits Materie vorausgesetzt. Herbarts Konstruktion der Welt aus realen ausdehnungslosen Wesen einfacher Qualität, aus beziehungslosen „punktförmigen Orten im Raum", gerät in den Widerspruch, daß die unausgedehnten realen Wesen „teils in, teils außer einander" sein müssen, um Zusammenhalt und Ausdehnung der Materie entstehen zu lassen.

Herbart mußte den Raum bereits als ein „*wirklich vorhandenes*, wenn auch *unreales* Medium" voraussetzen, das „den Wechselwirkungen der Dinge, nämlich der *entfernten*, einen Widerstand leisten könne." Für Lotze ist aber „die *Entfernung* zweier Elemente von einander nur die Form, in welcher wir Größe und Verschiedenheit der bereits *geschehenen* Wechselwirkungen der Dinge mit uns und mit einander *anschauen*". Die Entfernung hängt selbst von der Wechselwirkung ab, sie ist Erscheinung dieser. Damit wird die Raumdistanz eine relative

---

102 Ebd., S. 90-92.

Größe, die nicht apriorisch vorausgesetzt werden kann. Raum ist ohne Wechselwirkung nicht denkbar.

Die Materie besteht aus einer Vielheit „realer Wesen", die durch ihre wechselseitige Wirkung aufeinander die Ausdehnung der sinnlichen Dinge hervorbringen. Die räumlichen Beziehungen sind so Resultate der wechselwirkenden (intellektuellen) Beziehungen: „Die Materie füllt also den Raum nicht *stetig*, sondern besteht aus diskreten Elementen, zwischen denen Entfernungen sind, wo kein Reales sich befindet."[103] Für den an der Hegelschen Dialektik geschulten Philosophen ist die Notwendigkeit, Reales und Nichtreales gleichermaßen zu denken, kein Problem. Das System diskreter Teilchen schafft durch seine Wechselwirkung einen Raum, der die sinnlichen Eigenschaften wie die philosophischen Anforderungen eines stetigen Raums erfüllen kann.

Damit wird auch das Nichtsein benötigt, um Raum als Resultat der materiellen Wechselwirkung zu begreifen, was Lotze hier aber nicht thematisiert. Der Widerspruch existiert für Lotze insofern nicht, weil die Wechselwirkung der leeren Distanz vorausgeht und dieses „Nichts" erst schafft:„...alle realen Elemente können auf jede Entfernung hinaus unmittelbar wirken, und eben *durch* diese Wirkung einander die Plätze im Raum vorschreiben".[104] Es ist daher nicht der Raum vorauszusetzen, sondern umgekehrt die raumerzeugende Wechselwirkung. Dies ist eine sehr moderne Fassung des Raumbegriffs, soweit man sie mit dem Raumbegriff der Allgemeinen Relativitätstheorie vergleichen kann. Wie bereits betont, ist Lotzes Raum-Zeit-Bewegungskonzept das Resultat der Aufarbeitung der Mechanizismus Kritik des deutschen Idealismus verbunden mit dem Stand der Naturwissenschaft der 2. Hälfte des 19. Jahrhunderts. So wie Gauss und Riemann die Frage des Raums von der mathematischen Seite her aufgriffen, so tat dies Lotze seitens der Naturphilosophie. Man war schon weit über die traditionellen Erkenntnisse dieser Zeit hinausgekommen, ohne daß dies schon eine neue systematische Basis werden konnte. Es war ein Problematisieren eines Begriffssystems, das sich nicht als hinreichend erwies und qualitativ erneuert werden mußte. Der neue Entwurf war soweit entwickelt, daß man auf dieser Basis Jahrzehnte später Quanten und vierdimensionale Raum-Zeit problemlos hätte denken können. Nur fehlte eben noch der naturwissenschaftliche Stoff, ohne den Philosophie eben Spekulation bleibt.

---

103 Lotze 1883, S. 61-63.
104 Ebd., S. 63.

Lotzes Sicht Riemannscher Räume

Wie bei der Einordnung der mechanistischen Naturbetrachtung, so argumentiert Lotze auch bei der Analyse der euklidischen Geometrie historisch. Aus seiner Sicht konnte die euklidische Geometrie nur so lange unangefochten bleiben, so lange man an der „naiven Annahme von der objektiven Geltung des Raumes" nicht zweifeln brauchte. Nun aber stehe die Philosophie vor der Frage, ob nicht auch andere Arten der räumlichen Anschauung möglich wären, die über die Dinge aus völlig anderen Perspektiven heraus neues Wissen vermitteln könnten.

Damit verbindet sich die Frage, ob unsere räumlichen Anschauungen nicht unvollständig oder mit inneren Widersprüchen behaftet seien. Für Lotze gibt es aber bisher keine „empirischen Anregungen", denen man nachgehen könnte, um innere Widersprüche aufzuzeigen. Die „räumliche Auffassung" ist daher mehr als nur subjektive Form, weil die Bestimmungen des Raums empirisch überprüfbar sind. Diese Überprüfbarkeit ergibt sich daraus, daß die subjektiven Formen, die Begriffe für die empirischen Dinge der Welt passen müssen: „Wir müssen daher notwendig das Verhältnis mit in Betracht nehmen, in welchem die Formen der Auffassung zu den Objekten stehen sollen".[105] Damit werden für Lotze die objektive Wechselwirkung der Dinge entweder mit anderen Anschauungsformen so abgebildet, die in unserem euklidischen Raum nicht darstellbar sind (worüber man dann nichts Entscheidendes sagen könne) oder aber es gibt eine Relation zwischen diesen „Anschauungsweisen".

Im Raum ordnen sich die Dinge nach dem Austausch der Wechselwirkungen. Wir sind nicht zu der „Annahme eines durchaus gleichartigen Geschehens berechtigt", aber derjenige Teil der Wechselwirkungen, der für die Ortsbestimmung im Raum entscheidend ist, muß als gleichartig betrachtet werden. Diese „*mechanischen* Relationen der Dinge" denkt die Naturwissenschaft durch das wechselseitige Wirken gleichartiger Kräfte und „Bewegungsantriebe" bestimmt. Jede anders geartete subjektive Anschauungsform kann daher nach Lotzes Meinung ebenfalls nur diese mechanischen Relationen abbilden, höchstens in einer anderen Art. Man kann von anderen subjektiven Anschauungsformen nicht verlangen, daß in jeder Wahrnehmung die wahren Verhältnisse wahrgenommen werden, weil dies auch unsere Raumanschauung nicht leisten kann: „Nur ebenso wie uns die Vergleichung vieler Wahrnehmungen befähigt, die wahren Verhältnisse ... aufzufassen", so müßten auch andere Anschaungsformen so geartet sein, „daß die Kombination der Erfahrungen die Widersprüche und Irrtümer der einzelnen zu eliminieren lehrte."[106] Damit muß jegliche Anschauung durch Kon-

---

[105] Lotze [1879] 1912, S. 234.
[106] Ebd., S. 241.

struktion aus Erfahrung auf wahre Erkenntnis führen. Das räumliche Wesen läßt sich durch sinnlichen Anschauung allein gar nicht erschließen. Die denkende Verarbeitung des Empirischen legt den Raumbegriff gemäß der Meßdaten fest. In der zeitgenössischen Diskussion steckt für Lotze noch ein ganz anderes Problem. Aus der Diskussion um die Raumstruktur ergab sich die Frage, ob, nachdem bereits das räumliche Verhältnis im euklidischen Raum angeschaut und damit theoretisch vorausgesetzt wird, noch die Möglichkeit besteht, durch andere Kombinationen der Raumlinien und Winkel andere Räume neben dem euklidischen gleichberechtigt zuzulassen. Der Raum der Physik ist für Lotze empirisch verifizierbar und daher kann nur durch Messung über seine Struktur entschieden werden. Er schließt jedoch nicht die Möglichkeit aus, daß es in den Dingen noch ein anderes „System gleichartiger Ereignisse" gäbe, das uns aufgrund unserer Voraussetzungen (noch) entgeht. Da es aber keine neuen Meßdaten gab, sah Lotze keinen aktuellen Anlaß, diese Richtung zu verfolgen. Der objektive Gehalt des Raumbegriffs, der die realen Verhältnisse bereits abbildet, kann nicht mehr in Frage gestellt werden, ohne daß der objektive Gehalt von Messungen verloren geht. Mit dem Festlegen der Elemente des Raumes ist bereits „über seine Gesamtgestalt und innere Gliederung völlig und eindeutig und zwar ganz in der Weise der bisherigen Geometrie entschieden".[107] Hier irrt Lotze insofern, weil mit der Struktur im Infinitesimalen nicht der Raum *vollständig* bestimmt ist, was Riemann bereits betonte. Nach der Allgemeinen Relativitätstheorie geht der gekrümmte Raum im Unendlichkleinen über in den euklidischen Raum. Lotze geht es hier aber um die Frage, ob es dem euklidischen Raum ähnliche Räume („Raumoide") gibt, die ihn vollständig in der Bestimmung der Relationen ersetzen können, ohne Konsequenzen für die realen Verhältnisse zu haben. Da der Raum für ihn physikalisch bestimmt ist, muß er diese Frage entschieden verneinen. Auch wenn Lotze in der Festlegung des Geltungsbereichs des euklidischen Raums irrt, so gibt ihm auch die Allgemeine Relativitätstheorie in der Auffassung völlig recht, wenn er die Eindeutigkeit räumlicher Strukturen durch „Vergleichung vieler Wahrnehmungen" als festgelegt betrachtet. Damit ist für Lotze die Raumstruktur ganz im Helmholtzschen Sinne Resultat der Erfahrung. In der Physik ist es daher keine Geschmacksfrage, welcher Raum in ihr vorauszusetzen ist.

Im Verhältnis zu der Denkbarkeit gekrümmter Räume macht Lotze darauf aufmerksam, daß es zwar möglich ist, die Gerade als Grenzfall einer Reihe von Kurven aufzufassen, aber zur Bestimmung und Messung dieser Kurven Geraden notwendig vorausgesetzt werden müssen. Dies ist ein sehr wichtiges Argument,

---

[107] Ebd.. 239-241.

weil tatsächlich die meßtheoretischen Voraussetzungen von Physik nicht aufgegeben werden können, ohne Physik selbst unmöglich zu machen. Damit sind aber für Lotze Parallelen, die sich im Unendlichen schneiden, ebenso unhaltbar wie die Bestimmung einer Geraden als Kreis mit unendlichem Durchmesser.[108] Die gerade Linie im Endlichen scheint ihm unvereinbar mit ihrer Krümmung im Unendlichen, obwohl er die Konstruktionsmethode von Kurve und Gerade durcheinander ganz eindeutig richtig verstanden hatte. Dies war jedoch in seiner philosophischen Betrachtung noch allein mathematisches Konstruktionsprinzip und noch kein Problem physikalischer Messung. Die mechanischen Relationen des Raums sichern für Lotze die geraden Linien, ohne die nichts gemessen werden kann. Ein gekrümmter Raum bedeutet für ihn daher die Aufhebung der Möglichkeit der Messung.

Würde man bei astronomischen Messungen auf eine kleinere Winkelsumme eines Dreiecks kommen, so würde man von der Ablenkung der Lichtstrahlen auf ein „besonderes Verhalten des physischen Realen im Raume, aber gewiß nicht auf ein Verhalten des Raumes selbst schließen, das allen unseren Anschauungen widerspräche und durch keine eigene exzeptionelle Anschauung verbürgt würde."[109] Dies ist ein wichtiges Argument, weil allein mit Messung nichts entschieden werden kann solange die „exzeptionelle Anschauung", d.h. die entsprechende Theorie dazu fehlt. Die viel diskutierte Frage einer vierten Dimension macht für Lotze nur dann einen Sinn, wenn wir in einen Widerspruch gelangen würden, „der uns zwänge, unser Raumbild für unvollständig zu halten".

Eine 4. Dimension, die senkrecht auf den anderen realen Dimensionen unseres Raums steht, wäre aber physikalisch nicht möglich.[110] Der reale Raum würde durch die 4. Dimension ein anderer werden. Die Dimensionalität ist so keine Frauge des mathematischen Geschmacks, sondern eine Frage der Realität, in der wir leben.

Lotze sieht auch bei Riemann die Verwechslung „des anschaulich allgemeinen Ortssystemes leerer Plätze" mit „der eignen Struktur und Gliederung dessen, was in diesem Systeme angeordnet werden soll", d.h., auch Riemann macht er diese Verwechslung des Raumes mit Gebilden im Raum zum Vorwurf.[111] Er zitiert aus der Riemannschen Originalabhandlung den Hinweis, daß nur bei einem konstanten Krümmungsmaß den Figuren jede beliebige Lage gegeben werden kann,

---

[108] Ebd., S. 246-247.

[109] Ebd., S. 249.

[110] Ebd., S. 255.

[111] Ebd., S. 265.

ohne daß diese Figuren eine Dehnung oder Stauchung erfahren.[112] Lotze will den Raum, der wesentlich bestimmt ist durch die Wechselwirkung, als „unparteiischen Hintergrund begreifen" und sieht in der Riemannschen Mannigfaltigkeit konstanter Krümmung dies verwirklicht. Seine Argumentation zielt aber auf einen ebenen Raum (Krümmung = 0) ab, da er einen Raum, der nach seiner qualitativ bestimmten Entstehung aus der Wechselwirkung nochmals auf die Körper wirkt, ablehnt. Damit verschenkt Lotze die wesentlichste Konsequenz seines Raumkonzepts. Nachdem der Raum philosophisch aus der Wechselwirkung abgeleitet wurde, kann er das sein, was er in der klassischen Physik ist, „unparteiischer Hintergrund". Hier wird sehr deutlich, daß auch ein Lotze noch weit von der Einsteinschen Auffassung entfernt war. Auch wenn es aus heutiger Sicht nur noch als kleiner Schritt erscheint, war der Weg von der Spekulation zur naturwissenschaftlichen Theorie noch ein sehr weiter.

Für Lotze lassen sich Räume, „die durch ihre eigene Struktur an dem einen Orte eine Figur nicht ohne Dehnung oder Größenänderung aufnehmen könnten, die an einem andern Orte möglich ist", nur als „reale Schalen oder Wände" denken, die durch ihre Kräfte des Widerstandes einer ankommenden realen Gestalt den Eintritt wehren, am Ende aber auch durch den heftigeren Anfall dieser müßten zersprengt werden können." Darüber hinaus kann man Räume mit veränderlichem Krümmungsmaß nicht bilden und definieren, „ohne die Elemente des gleichartigen Raumes, die geraden Tangenten und die Tangentialebenen, ohne überhaupt den ganzen gleichartigen Raum als den einzig verständlichen und unentbehrlichen Maßstab vorauszusetzen".[113] Mit diesem Argument hatte Lotze recht. Die Allgemeine Relativitätstheorie Einsteins löste später dieses Problem durch die Gültigkeit der pseudoeuklidischen Geometrie im Infinitesimalen. Darin bewahrte sie ihre meßtheoretischen Voraussetzungen und zugleich ein Stück des Kantschen Apriorismus. In Lotzes Zeit scheint diese Vereinbarkeit von euklidischen Maßen und gekrümmten Räumen noch undenkbar.

Woher dieser Maßstab zu nehmen sei, konnte auch Riemann noch nicht beantworten. Dieser glaubte, daß das notwendige Maß aus der Mikrophysik kommen müsse, weil es sich um mathematisch differentielle Größen handelte. Lotze hält den Raum, den er aus dem System von wechselwirkenden Örtern konstruierte, als Maßstab der Physik für unverzichtbar. Beide Standpunkte schienen unvereinbar und doch sind in ihnen zusammengehörige Momente. Das, was differentiell als „klein" zu bestimmen ist, kann nur in der physikalischen Messung selbst und nicht bereits in der vorausgesetzten mathematischen Theorie entschieden

---

112 Riemann (o.J.), S.282.
113 Lotze [1879] 1912, S. 266-267.

werden. Nimmt man das Differentielle der Riemannschen Geometrie schon als Hinweis auf die mikrophysikalische Begründung, so kann man das Fundament der Gravitationstheorie nur in der Mikrophysik suchen und nicht wie Einstein in kosmischen Phänomenen. Für das Phänomen Gravitation sind es gerade nicht die mikrophysikalischen Strukturen, wie Riemann meinte, sondern die Dimensionen menschlicher Erfahrungswelt, die differentiell klein sind. Somit fordert Lotze genau die Erhaltung der Größen, die Riemann als Festlegungen durch Messung bestimmt wissen wollte. Ohne eine neue Physik war dieser Widerspruch noch nicht lösbar.

Der Zeitbegriff Lotzes

Lotze beginnt die Entwicklung des Zeitbegriffs mit der von Schelling herrührenden Annahme, daß die Anschauung der Zeit nur über die Raumanschauung möglich wird. Zeit wird als Linie von Punkten gefaßt, „von denen der eine ist, wenn der andere nicht ist". Bereits hier deutet sich der von Hegel übernommene Widerspruch im Begriff an. Auch für Lotze ist das räumliche Begreifen von „Zeit" nur eine bestimmte „Anschauung in dem Vorstellen des Geistes". Diese Vorstellung muß wie bei der Raumvorstellung zu Widersprüchen führen, weil sie noch nicht der Begriff der Zeit ist, sondern hin zur abstrakten Anschauung der leeren Zeit an sich führt. „Die *verlaufende* leere Zeit, welche die Ereignisse mit sich nimmt, kann in der Tat weder *verlaufen,* da in ihr kein Moment von dem andern verschieden ist, noch die Ereignisse *mitnehmen,* da keiner ihrer Momente mehr Beziehung zu einem bestimmten Ereignis hat, als ein anderer."[114]

Das „lebendige Aufeinanderwirken der Dinge", das Gegenstand unserer Wahrnehmung ist, erscheint unserem Denken und nicht allein der Sinnlichkeit als Zeit. Zeit ist nicht Moment der Wirklichkeit selbst, sondern ein Stück begriffene, in Begriffen rekonstruierte Wirklichkeit. Die objektive Realität selbst ist eine „unzeitliche Wirklichkeit", d.h. die „unzeitlichen Verhältnisse eines Mannigfachen erscheinen zeitlich, wenn sie auf ein Wahrnehmendes wirken", damit ist aber die objektive Zeit nicht einfach zur Erscheinung herabgesunken, sondern an der Wechselwirkung selbst ist ein „zeitlicher Verlauf" vorauszusetzen, die Wechselwirkung ist selbst wesentlich „zeitliche Sukzession".[115] Diese ist aber gerade nicht identisch zu setzen mit dem Zeitbegriff.

Wir sind an die „Form" der Zeitanschauung gebunden, argumentiert Lotze weiter, und fassen daher Geschehen und Wirken immer zeitlich in Begriffen auf.

---

114 Lotze 1883, S. 53
115 Ebd., S. 52-54.

Das „*unzeitliche* Geschehen" ist einerseits ein Widerspruch gegen den „*Sprach-gebrauch*", andererseits ergibt die Analyse, „daß der *wesentliche Gedanke*, der den Begriff des Wirkens ausmacht, nämlich der der *'tatkräftigen Bedingung'* des einen *durch* das andere, zu seiner Geltung der *'Zeit'* nicht bedarf."[116]
Der abstrakte Begriff einer „leeren Zeit" vermag die Prozesse in der Welt selbst gar nicht abzubilden. In der Erfahrung kommt es darauf an, die vermittelnden „Zwischenzustände" zwischen Ursachen und Wirkungen zu finden. Die Zeit selbst wirkt nicht durch ihre „*leere Ausdehnung*". Wirkungen können nur durch eine „Reihe von *Zwischenzuständen* übergehen, welche sich unserer Anschau-ung als Anfüllung einer bestimmten Zeitdauer darstellt".[117] Im Unterschied zu Hegel bestimmt Lotze hier auch die Realität der Zeit aus der Folge von Zustän-den, die die reale materielle Wirkung transportieren und dessen Anfangspunkt als Ursache gesetzt wird. Zeit ist damit nicht das Hegelsche „paralysierte Wer-den", sondern das auf den Begriff gebrachte Nacheinander an den Zuständen in der materiellen Wechselwirkung. Damit wird an dem Aufsteigen der Zustände das „Werden" gefaßt, woran Zeit das starre Maß dieses Werdens ist und nicht wie bei Schelling schon dieses Werden selbst. Bei Hegel war die „Abhängigkeit der Bestandteile" in der Kausalität, die für Lotze erst „Zeit" denkbar macht, zur mathematischen Punktfolge abstrahiert worden. Indem Hegel die Folge realer Zustände zur Punktfolge macht, entsteht erst die Zeit als „paralysiertes" Werden, die er als negative Bestimmung der Natur verstand, als Ausdruck für die ewige Identität der Natur in ihren Kreisläufen. Lotze bringt den Schellingschen Ansatz wieder zur Geltung, ohne mit Schelling Zeit und Werden wieder gleichzusetzen. Er rechtfertigt so den Zeitbegriff der Naturwissenschaften, ohne ihn ontologisch oder apriorisch zu bestimmen.

Physikalische Bewegung in Raum und Zeit

Die wirkliche Bewegung als physikalische Bewegung begriffen war bei Hegel nur die Erscheinung des am mathematischen Raumbegriff orientierten Bewe-gungsbegriffs. Daher findet sich bei ihm auch das Argument gegen Newton, daß das Fallgesetz nicht aus dem „absoluten Verhältnisse der Zeit und des Raumes" erkannt worden sei. Da sich Raum und Zeit bei Newton nicht wirklich aufeinan-der beziehen, nicht ein Verhältnis der „reellen Zeit" mit dem „reellen Raum" vorkommt, so handelt die klassische Mechanik für Hegel nur von einem äußerli-chen Beziehen. Wie bereits dargestellt, verbindet sich für den großen Dialektiker

---

116 Ebd., S. 55
117 Ebd., S. 55.

in der Physik Newtons die „reelle" Zeit nur vermittelt über den Punkt mit dem „reellen" Raum. Es gibt kein unmittelbares Verhältnis von Raum und Zeit in der klassischen Physik, womit Hegel recht hat. Für ihn war nicht zu akzeptieren, daß eine physikalische Theorie nicht ihre Voraussetzungen gleich mit erklärt, was eine klare Überforderung aller naturwissenschaftlichen Theorien darstellt. Indem Hegel in der physikalischen Bewegung die Unmittelbarkeit des Verhältnisses von Raum und Zeit fordert, will er Raum und Zeit *nicht* als Grundbegriffe von Physik fassen, sondern stellt er den wissenschaftlichen Anspruch der klassischen Physik in Frage. Er erblickt in der mathematischen Form das Wesen von Physik. Hieraus leitet sich dann auch der Versuch ab, die physikalischen Größen Schwere usw. aus diesem Verständnis von Bewegung, Raum und Zeit zu bestimmen.

Lotze bewahrt in seinem Raum- und Zeitverständnis die Hegelsche Erkenntnis, daß die gewöhnlichen Anschauungen von Raum und Zeit nicht identisch sind mit deren Begriffen und diese nur faßbar werden aus einem philosophischen Bewegungsbegriff (Wechselwirkung). Die Konsequenz dieser Auffassung ist, daß die „absolute Materie" „Ruhe und Bewegung nicht ungetrennt in sich" haben kann.[118] Im Gegensatz zu Hegel ist aber dieser Begriff der (entäußerten) Bewegung nicht identisch gesetzt mit der realen materiellen Bewegung. Diese Hegelsche Identität führte dazu, daß die träge Materie nicht die „Materie an sich" sein konnte, sondern etwas Fremdes, Äußerliches. Für den Dialektiker war die mechanizistische Interpretation der Trägheit als inhärente Eigenschaft der Dinge das äußere Motiv für die negative Bestimmung der Trägheit. Für Lotze ist hingegen die Trägheit ein wesentliches Moment der Wechselwirkung selbst und damit die reale Materie wesentlich auch träge Materie, d. h.durch Trägheit bestimmt.

Bezüglich des wechselwirkenden ganzheitlichen Seins der Dinge sind für Lotze Raum und Zeit die objektiven wesentlichen Momente der materiellen Wechselwirkung, die in den Begriffen „Raum" und „Zeit" vom Denken reflektiert werden. Sein großes Interesse an der Psychologie bringt ihn zu einem Verständnis der denkenden Produktion der Raum- und Zeitanschauung in uns, die erst das Denken auf den Begriff bringt. Damit treibt die Naturphilosophie durch ihre eigene Entwicklung, in die die Entwicklung der Naturwissenschaften unmittelbar hineinwirkte, zu einer neuen, höheren begrifflichen Erkenntnis des objektiven Zusammenhangs von Raum, Zeit und materieller universeller Bewegung/ Wechselwirkung.

---

118 Ebd., S. 214.

Da der Raum für Lotze nur als Moment der Wechselwirkung der Elemente existiert, ist der Raum selbst nicht als ein objektiv Reales ontologisch vorauszusetzen. Ganz Hegelscher Methodik folgend wird die Bewegung zunächst als Ortsveränderung gefaßt. Damit konstituiert sich Raum als *„zusammengehöriges System von Örtern"*.[119] Das, was „Raum" in der physikalischen Bewegung ist, ergibt sich also aus der Entwicklung des Systems von physikalisch realen, das heißt wechselwirkenden Punkten. Die „Orte" sind die Punkte, in denen die realen Elemente in ihrer Wechselwirkung erscheinen können. Sie sind damit ein System von Punkten des Zusammenhangs von Raum und Zeit in der Wechselwirkung der realen Elemente. Bei Hegel war diese Verbindung von Raum und Zeit nur im abstrakten Raum-Punkt als Zeit-Punkt möglich. Lotzes Auffassung steht der modernen Physik entschieden näher als die Hegel. Genauer, erst Lotze erhebt diese philosophische Begrifflichkeit auf das Niveau, auf dem sich auch später die moderne Physik (Allgemeine Relativitätstheorie und auch die Quantentheorie) bewegten. Was nicht heißen soll, daß Lotze das Fundament für die moderne Physik legte, sondern daß mit Lotze die naturphilosophische Betrachtung über Raum und Zeit sich in etwa parallel zur mathematischen und physikalischen Problematisierung auf gleichem Niveau und in dieselbe Richtung bewegte. Damit konnte das viel beklagte Verhältnis von Naturwissenschaft und Naturphilosophie wieder konstruktiv werden. Lotzes Begriffe gehen aber, was nicht vergessen werden darf, wesentlich aus der Kritik Hegels hervor.

Entscheidend ist, daß Lotze den Raum aus der Umgebung der zu betrachtenden Wechselwirkungen entwickelt. Die Allgemeine Relativitätstheorie bestimmt ihren Raumbegriff in analoger Weise aus der differentiellen Umgebung, weil erst die Gravitationswechselwirkung den Raum schafft!

Lotze kommt auf sein „zusammengehöriges System von Örtern" durch die Setzung der Priorität der materiellen Wechselwirkung.

Das empirische Material hierfür dürfte die Elektrodynamik mit ihrem Feldbegriff geliefert haben. Ortsveränderung zu sein, ist nicht das, worauf Lotze Bewegung beschränken will, sondern nur der Ausgangspunkt. Die Hegelsche These, daß die Bewegung der „daseiende Widerspruch" ist, muß er für die positive begriffliche Fassung der (Natur)Bewegung unbedingt entkräften, weil der „daseiende" Widerspruch der starre unlösliche ist, der Entwicklung unmöglich macht. Lotze sieht in dem Hegelschen Widerspruch die *„Unvollständigkeit* unseres metaphysischen Begriffs von der Bewegung" und will ihn daher ergänzen. Die mathematische Argumentation mit der Stetigkeit kann nach seiner Meinung nicht das Pro-

---

[119] Lotze 1883, S. 56.

blem lösen, weil damit nicht die Frage beantwortet werden kann, „ob die Dinge an dasselbe Gesetz gebunden sind, dem unser Vorstellen folgt."[120] Hier findet sich die Fortsetzung der Argumentationslinie gegen Hegel, weil dieser in der Sache mathematisch und nicht physikalisch argumentierte. Hegel deduziert nicht, wie es seine Absicht war, aus dem Begriff, sondern legt in ihn nur das bereits erkannte Mathematische (als nicht mit Empirischem behaftete Erkenntnis) hinein. In der Analyse der physikalischen Phänomene führt ihn aber gerade der Versuch der Eliminierung des Kraftbegriffs zur reinen mathematischen Beschreibung der physikalischen Bewegung, was nicht seine Absicht war.[121]

Lotze geht im Gegensatz dazu von „Orten", „Wesen" und den wirkenden „Relationen" zwischen ihnen aus, um das Hegelsche Argument der starren Widersprüchlichkeit der realen Bewegung zu entkräften. Die „Orte" sind stets durch Relationen bestimmt, wodurch der „Grund" für eine Ortsveränderung stets in der Veränderung wirkender „Relationen" zu suchen sei. Örtliche Relationen sind daher ohne Relationen von Kräften nicht denkbar: „Wir müssen also jede Beziehung, welche einen *Ort* bestimmt, nicht bloß als Bestimmung *dieses Ortes,* im Gegensatz zu einem anderen, sondern zugleich als eine Größe der Kraft auffassen, mit welcher sie ihre Forderung zu erfüllen strebt."[122] Wenn also die Gesamtheit der Verhältnisse eines Dinges sich ändert, so ist die Folge die stetige Abänderung des Ortes dieses bewegten Elements. Lotze argumentiert hier mit der Stetigkeit der physikalischen Größen, die den mathematischen Widerspruch seiner Meinung nach aufzuheben vermag. Darin drückt sich für ihn aus, daß Bewegung nicht einfach „Ortsveränderung" sei, sondern stets träge Bewegung und die Trägheit den Gegensatz in der realen Bewegung vermittelt.[123] Da die Wechselwirkung das Primäre darstellen soll, sind „Orte" außerhalb von Wirkung und Gegenwirkung sinnlose Größen. In der kräftefreien Bewegung ist nicht die Kraft gleich Null, sondern *heben sich* die angreifenden Kräfte nur gegenseitig *auf.* Die alleinigen Bestimmungen der gegenseitigen Lagen machen noch nicht das Wesen des Raumes aus. Man wird hier unwillkürlich an Mach erinnert, der die Trägheitsursache in der Wechselwirkung der Fixsterne im Unendlichen suchte. Hier ist aber der Lotzesche Ansatz von Raum als System wechselwirkender

---

120 Ebd., S. 56-57.
121 „Das Wirkliche ist nicht ein Räumliches, wie es in der Mathematik betrachtet wird; mit solcher Unwirklichkeit, als die Dinge der Mathematik sind, gibt sich weder das konkrete sinnliche Anschauen, noch die Philosophie ab." (Ebd., S.37)
122 Lotze 1883, S. 57.
123 Siehe auch Lotze [1864] 1913, S. 12-13.

Örter zu beachten, der über die Machsche Sicht entschieden hinausreicht. Mach verschiebt die Wechselwirkung ins Unendliche, bei Lotze bleibt sie nicht nur im Endlichen, sondern ist das *Erzeugende* dieses Endlichen.

Aus dieser Perspektive sieht Lotze im Trägheitsgesetz eine „gewisse Paradoxie", weil die Ursache jeder Bewegung in der Wechselwirkung von zwei realen Elementen liegt, damit eine neue „räumliche Stellung" zueinander verlangen, aber die dadurch erzeugende Kraft ist keine „ortsbestimmende", sondern eine geschwindigkeitserzeugende Kraft.[124] Der Mangel der Newtonschen Theorie ist also, daß sie keinerlei Angaben zur Konstituierung der örtlichen Relationen machen kann, aus denen sich der Raum aufbaut.

Der Naturwirklichkeit gesteht er Gegensätze zu, die im Denken überwindbar sind. Somit wird in der „Paradoxie" die Entwicklungsfähigkeit der Widersprüche verstanden. Sie ist der reale flüssige Widerspruch. Die Physik wird der Wechselwirkung dadurch gerecht, „daß man eigentlich niemals von der Kraft *eines* Elementes, sondern immer nur von der Kraft spricht, welche *zwei* Elemente *aufeinander* ausüben, wodurch erkannt ist, daß sie eigentlich nicht beständige Eigenschaften der Elemente, sondern eine unter Bedingungen entstehende Leistungsfähigkeit derselben ist."[125] Damit ist für Lotze ganz im Gegensatz zu Hegel die „Kraft" ein physikalischer Begriff der universellen Wechselwirkung. Lotzes Begriff der Wechselwirkung soll aber als widerspruchslos gelten: „Ein *Widerspruch* läge darin bloß, wenn man diese Kräfte als wirklich beständig vorhandene Eigenschaften von *a* ansähe; der Widerspruch verschwindet, weil jeder dieser Kräfte dem *a* erst *unter Bedingungen* zukommt, und zwar jede unter anderen, als die anderen."[126] Lotze will so die Veränderung und Bewegung im Gegensatz zu Hegel als widerspruchsfrei auffassen. Er verwandelt daher die erstarrten Hegelschen Widersprüche wieder in eine flüssige Form.

Den Hegelsche Widerspruch, dem sich die Natur als Entäußerung der absoluten Idee nicht entledigen konnte, verlegt Lotze wieder zurück ins Denken. Er bewahrt jedoch Momente dieser Widersprüchlichkeit der Natur in der Fortsetzung Hegelscher Begrifflichkeit, in der Auflösung des materiellen Absoluten als „Selbstheit" der Dinge in der „unendlichen Produktion" des Realen. Der Rückgriff auf Schelling ist hier unverkennbar.

---

124 Lotze 1889, S. 14.
125 Lotze 1883, S. 64.
126 Ebd., S. 65.

Die Relativität der Zeit

Die kräftefreie, träge Bewegung der realen Elemente mit einer konstanten Geschwindigkeit ist aus der obigen Argumentation heraus für Lotze keine Bewegung, in der ein konstantes Verhältnis zwischen der „leeren" Zeit und der „Raumstrecke" stattfindet. Die Gleichheit durchlaufener Raumelemente kann man einfach nachmessen, doch zur Messung der „Zeitelemente" haben wir kein „unabhängiges" Maß. Hier ist Lotzes unmittelbarer Anknüpfungspunkt der junge Schelling, der Raum als das „ursprünglichste Maß" der Zeit und umgekehrt Zeit als das „ursprünglichste Maß" des Raums bestimmt hatte. Geht man wie Lotze davon aus, daß man Strecken im Raum einfach messen kann, so folgt die Abhängigkeit der Zeitmessung von Raum und Bewegung: „Der Gedanke also von diesen *'gleichförmigen'* Bewegungen wird von uns nur als durch seine Denkeinfachheit empfohlen festgehalten. Innerhalb dieser Gleichförmigkeit *unterscheiden* sich die Bewegungen durch ihre *Geschwindigkeit* ... gemessen aber nur durch den Erfolg ... den sie in bestimmter Zeit gehabt hat oder haben wird, d.h. durch den Raum s= ct".[127] Die Zeit wird für sich erst meßbar durch die begriffliche Konstruktion einer gleichförmigen Bewegung. Dies ist ein beeindruckendes Resultat der Analyse physikalischer Bewegung, deren Bedeutung aber erst aus der historischen Perspektive wirklich klar wird. Diese Überlegung ist die Fortsetzung Schellingscher und Hegelscher Analyse der räumlichen Bestimmung der Zeit. Es ist hier wichtig festzuhalten, daß sich aus der philosophischen Entwicklung selbst eine Neubestimmung des Zeitbegriffs als relative Größe ergab. Lotzes Verdienst ist es, mit seinem Begriff der Wechselwirkung einen unmittelbaren Zugang der Philosophie zum naturwissenschaftlichen Denken geschaffen zu haben, ohne daß sich „Wechselwirkung" auf das naturwissenschaftlich bereits Denkbare reduzieren ließ. Das unterscheidet ihn auch wesentlich von Engels, der den Hegelschen Begriff „Bewegung" materialistisch uminterpretierte, um die philosophische Breite dieses Begriffs zu bewahren, womit aber dann der *unmittelbare* naturwissenschaftliche Zugang verschlossen blieb.

Die unmittelbare Beziehung zum naturwissenschaftlichen (insbesondere physikalischen) Denken wie sein ausgeprägter Sinn für die historische Betrachtung der Entwicklung der Philosophie führen Lotze dazu, die Hegelsche Naturphilosophie, die in der Negativität der Betrachtung der Begriffe der Naturwissenschaft steckenbleibt, aufzuheben. Es ist die Negation der negativen Begriffskritik, die Negation der Negation des Hegelschen naturphilosophischen Standpunktes, wenngleich Lotze meint, gerade dieser Teil des Hegelschen Werkes sei ein völlig mißratener und daher wirkungslos gebliebenes Glied des Hegelschen Sy-

---

[127] Lotze 1889, S. 13.

stems.[128] Der an Hegel gerichtete Vorwurf der „Sachunkenntnis" ist ein sehr ungerechter, der immer wiederholt wurde. Von Lotzes Standpunkt aus gesehen, liegt darin nur der berechtigte Vorwurf, daß Hegel die Begriffe im Interesse seines Systems verbog. Auch dessen Wirkungslosigkeit behauptete Lotze ganz zu unrecht, war doch die Wirkung auf ihn selbst unverkennbar. Berechtigt war diese Feststellung nur soweit, wie es keine *kontinuierliche* Fortsetzung Hegelscher Naturphilosophie gab und wohl auch nicht geben konnte. Sein vernichtendes Urteil über die Hegelsche Naturphilosophie war aber auch der anderen Einordnung der Begriffe Bewegung, Raum und Zeit geschuldet.

Bei Lotze sind diese zunächst Gegenstände der „Metaphysik", weil Raum und Zeit als wesentliche Momente der Wechselwirkung der materiellen Dinge, d.h. der Wirklichkeit selbst gefaßt werden.[129] Der realistische Ansatz verschiebt bei Lotze die Abgrenzung zwischen Metaphysik und Naturphilosophie.

Somit trifft die harte Kritik an der Hegelschen Naturphilosophie nur auf den Bereich zu, den Lotze selbst als den naturphilosophischen Teil *seiner* eigenen Philosophie entwickelte. Die Aufgabe der Naturphilosophie sollte es danach allein sein, die „ inneren Zustände, die man den realen Elementen zutrauen könnte" und sich unserer Beobachtung entziehen, zu begreifen. Die Physik kann nur die „Bewegungswirkungen" verfolgen, die Naturphilosophie muß den „inneren Hergang" der Naturprozesse erforschen. Mißt man Hegels Naturphilosophie mit diesem Maßstab und klammert dabei den für Lotze sehr wichtigen Ansatz des Bewegungsbegriffs aus, weil dieser zur „Metaphysik gehörend betrachtet wurde, so fordert Lotze etwas von Hegel, was dieser wegen der Negativität seiner Begriffskritik nicht leisten konnte und auch gar nicht wollte. Es muß hier nicht extra betont werden, daß für die allgemeine oberflächliche Ablehnung Hegelscher Naturphilosophie Lotzes Urteil sehr willkommen war. Nicht unerwähnt bleiben darf die anti-hegelsche Stimmung in jener Zeit, die Lotze dazu veranlaßte, die unbestreitbare prinzipielle Distanz zu Hegel noch zu überhöhen. Dies scheint rückwirkend das von Hegel Übernommene in der eigenen Perspektive stark verringert zu haben.

Eduard v. Hartmann, der Lotze nicht sonderlich wohlgesonnen war, hob in seiner Kritik hervor, daß Lotze die Aufgabe der Philosophie darin sah, „zwischen der Thesis des Hegelschen Idealismus und der Antithese des Herbartschen Realismus die Synthesis zu finden."[130] Ersetzt man den „Herbartschen Realismus" durch den Standpunkt der klassischen Physik, so ist auch aus heutiger Sicht

---

[128] Lotze1894, S. 73.
[129] Lotze 1889, S. 50.
[130] Hartmann 1909, S. 34-35.

Hartmanns Einschätzung durchaus zutreffend, wenn man beachtet, daß Lotze nicht einfach von Hegel, sondern vor allem von der Hegel-*Kritik* aus den Reihen der Hegelianer selbst (Weiße) ausging. Mit Lotze wird die Distanz einer Traditionslinie der Naturphilosophie zur Physik seiner Zeit überwunden, die sich auf Schelling und Hegel gründet. Mit ihm wird ein neues konstruktives Verhältnis zwischen naturphilosophischer Spekulation und Naturwissenschaft möglich. Insofern besteht natürlich Hartmanns Hinweis auf Hegel völlig zurecht. In einer Zeit, in der dieser Hinweis denunziatorisch wirkte, wäre es angebracht gewesen, dies näher zu erklären.

War zwar mit Lotzes Naturphilosophie die Hegelsche Negativität der Naturwissenschaft ausgeräumt, so wirkte jedoch zunächst die Tradition der gegenseitigen Ablehnung und Ignoranz als Trägheitseffekt weiter. Das Ende der Ablehnung aller Philosophie durch die Naturwissenschaft konnte sich dann aber in historisch kürzester Zeit vollziehen.

Ein vergessener Philosoph

Lotze war nicht der Mann zur Begründung einer eigenen philosophischen Schule, weil er es nicht vermochte, sein System zum Abschluß zu bringen. Aus der Kritik der Systeme seiner Vorgänger wird ihm der eigene Abschluß unmöglich. Lotzes *naturphilosophische* Leistungen sind nur wirklich begreifbar aus seiner *Kritik* an Schelling und Hegel. Da beide Namen aus dem Bewußtsein der Naturphilosophen weitgehend verdrängt wurden, erschien Lotze der nachfolgenden Generation vor allem reduzierbar auf Kant oder Leibniz, auch wenn man Schellingsche und Hegelsche Einflüsse verbal konstatierte.

Lotzes Kritik an den Hegelschen und Schellingschen Begriffen von Raum und Zeit ging von der Kritik der Systeme aus. Er verband damit zugleich die Einordnung beider in die Geschichte der Naturphilosophie. Er war mehr als „nur" der Vermittler, Übersetzer des positiven Gehalts Schellingscher/Hegelscher Naturphilosophie, was allein schon eine große Leistung gewesen wäre. Da sein systematischer Ansatz ein anderer war, hat er sich selbst nie in die Traditionslinie Schellings und Hegels stellen können und alle Versuche, ihn selbst in die Nähe beider zu rücken stets zurecht dementiert. Damit leistete Lotze selbst der allgemeinen Ablehnung der Hegelschen und Schellingschen Naturphilosophie Vorschub. Gerade bezüglich der Entwicklung der Begriffe von Raum, Zeit und Bewegung ist es Lotzes Verdienst, Gedanken Schellings und Hegels transformiert (aufgehoben) zu haben in eine Naturphilosophie, die sich unmittelbar verbunden wußte mit den Naturwissenschaften.

Die Vereinnahmungsversuche Lotzeschen Philosophierens durch die verschiedensten philosophischen Strömungen führten stets dazu, nur das Ausgangsmaterial aus dem Lotzeschen Werk herauszufiltern. Man machte ihn zum Kantianer wie Hegelianer, zum Idealisten und Realisten und als Summe zum Eklektiker. Max Wenscher beschrieb bereits 1913 diese Situation, in der sich Lotze schon zu Lebzeiten befand, sehr treffend: "Erscheint somit Lotze dem *Hegelschen* Panlogismus gegenüber als *Realist*, indem er auf die Bedeutsamkeit des aktuellen Kausalzusammenhanges zwischen den Dingen hinweist, so wird er *Herbart* gegenüber zum *Idealisten*, indem er ein schlechthin Seiendes als letzten Wirklichkeitsbestand nicht anerkennen will, sondern zu einer teleologischen Begründung des Gegebenen aufzusteigen unternimmt. Der *„Naturphilosophie"* gegenüber aber erscheint er als Vertreter der modernen exakten Naturwissenschaft, als *Anhänger* der mechanischen Weltauffassung, die er mit seinem teleologischen Idealismus durchaus vereinbar findet."[131]

---

[131] Wentscher 1913, S. 61-62

VIII. Wirkungen und Interpretationen des Lotzeschen Raum-Zeit-Konzepts

J. E. Erdmann, Pfleiderer und Liebmann

Lotzes Vorstellungen über Raum und Zeit wurden sehr vielfältig interpretiert und z.T. mißverstanden. Die Vielfalt der Meinungen ist Ausdruck der Vielfalt der Standpunkte, von denen aus man sich der Naturphilosophie Lotzes näherte. So sah Johann Eduard Erdmann in Lotze bereits zu dessen Lebzeiten den Vertreter der Auffassung, daß Zeitlichkeit, Räumlichkeit und Bewegung „reine Formen der Anschaulichkeit" seien.[1] Erdmann schätzte Lotze sehr und betonte die Rolle der Hegelschen Dialektik für dessen System. Jedoch übersah bereits er die Bedeutung der Kritik an Hegels Naturphilosophie für die Entwicklung des Lotzeschen Begriffssystems von Raum, Zeit und Wechselwirkung. Daher erscheint aus seiner Sicht die Wechselwirkung nur als sehr allgemein gefaßter, den Chemismus miteinschließender „Mechanismus". „Mechanismus" interpretiert er als die alle anderen Formen der Anschaulichkeit umschließende „transzendentale" Form, die die letztliche Ursache aller gesetzmäßigen Zusammenhänge darstellt.[2]

In ganz ähnlicher Weise schrieb Edmund Pfleiderer (1882) über Lotzes Raumkonzept, daß in ihm der Kantsche Apriorismus enthalten sei und Raum bei Lotze gar keine „seiende Realität" habe. Für Pfleiderer bleibt von der Lotzeschen Rekonstruktion der Natur in Begriffen nur die „beständige Anschauungsproduktion beziehender, ergo seelischer Wesen, womit der Raum „zu etwas völlig Idealem" wird.[3] Der Kantsche Bruch zwischen Wesen und Erscheinung läßt hier den Raum zum bloßen „sinnlichen Schein" eines ganz anderen Wesens werden. Bei Lotze war dagegen Raum „*Wesensmoment*" an der universellen Wechselwirkung des ganzheitlichen Seins.

In ganz ähnlicher Weise wie Lotze – angeregt von der Diskussion um die mögliche Existenz von Atomen – warf Friedrich Albert Lange 1875 die Frage auf, „ob sich nicht die Notwendigkeit einer atomistischen Vorstellungsweise aus den Prinzipien der Kantschen Erkenntnistheorie deduzieren ließe".[4] Dieser umgekehrte Weg schien Lange möglich, obwohl er Kant als „Vater des Dynamismus" versteht. Aus dieser Perspektive wird das Atom als reines theoretisches Kon-

---

1 Erdmann 1878, S. 842.
2 Ebd., S. 842-858.
3 Pfleiderer 1882, S. 34.
4 Lange o.J., S. 270-271.

strukt möglich, aber auch bei Lange soll die „mathematische Physik" „Erfahrungswissenschaft" sein. Theorie und Erfahrung stehen unvermittelt nebeneinander. Der konstruierte Begriff wird nicht an der Erfahrung gemessen. Lotzes Kritik an Riemann hält Lange von dieser Position aus für überzogen; da die Vorgehensweise der Mathematiker bezüglich der Raumdimensionen ebenso legitim sei wie bei den imaginären oder komplexen Zahlen. Mathematik muß sich nicht an die Wirklichkeit halten. Lotze ging es aber wie Riemann *auch* um die Frage nach der Beschaffenheit des physikalischen Raums und um die Frage, wodurch in der Wirklichkeit dieser Raum bestimmt wird. Das Raumproblem wird von Lange allein als ein rein mathematisches und nicht als ein physikalisches Problem gesehen. Es sind für ihn nur „mathematische Spekulationen", die nicht als „positive Argumente für die Phänomenalität des Raumes" verwertet werden dürften, da sie bisher nichts weiter seien als „mathematische Ausführungen der bloßen *Denkbarkeit eines generellen Raumbegriffes*, der unsern euklidischen Raum als Spezialität in sich begreift."[5] Wenn er auch nicht Lotzes entschiedene Ablehnung des „Mißbrauchs" des Raumbegriffs für „logische Spielereien" teilte, so lehnte auch Lange Liebmanns Spekulationen über die Phänomenalität des Raumes entschieden ab.[6] Liebmann wollte unter „Phänomenalität" des Raumes nur „eine solche Existenz" verstanden wissen, „der keine absolute oder transzendente, sondern nur eine relative und bedingte Realität zukommt", die nur für „unsre Sinnlichkeit da ist".[7]

Liebmann stellte sich die Frage, „ob und inwiefern von Seiten der exakten Wissenschaften die philosophische Lehre von der Phänomenalität des Raumes verifiziert wird". Er konnte den Konflikt mit den Kantianischen Positionen nur vermeiden, indem er scharf zwischen empirischem Raum und dem „reinen" Raum, der nach Abzug „alles empirisch Sinnlichen" übrig bleibt, trennte.[8] Dann ist die Frage nach dem Verhältnis der Newtonschen Gravitation zum reinen Raum ebenso erlaubt, wie die Frage nach der Dimensionalität. Liebmann berief sich auf traditionelle Argumente, machte aber zugleich auf ein wachsendes Problembewußtsein der Philosophen in der Raumfrage aufmerksam. Für Lotze war diese Aufspaltung nicht akzeptabel.

---

5   Ebd., S. 560-561.
6   Lotze 1874, S. 217.
7   Liebmann 1871/72, S. 337 ff.
8   Ebd., S. 348 ff.

Harald Höffding

Bereits 1888 verweist der dänische Philosophiehistoriker Harald Höffding auf die Wirkungen Lotzes auf die skandinavische Philosophie.[9] Höffding nahm die Arbeiten von R. Geijers[10] zum Anlaß einer kritischen Besprechung Lotzescher Zeit- und Raumauffassung.

Allerdings verkannte Höffding den Relationsbegriff Lotzes, wenn er behauptete, daß Beziehungen und Relationen bei Lotze kein „Bestehen an und für sich" haben, sondern man stets ein Bewußtsein „hinzudenken" müsse, das die Teile der Relationen zusammenfaßt und vergleicht.[11] Es erscheint hier wieder die Schwierigkeit der Philosophen jener Zeit, die Wechselwirkungen in den Relationen als etwas naturwissenschaftlich Reales zu begreifen, das im Erkennen (re)konstruiert wird. Höffding unterstellt Lotze den herkömmlichen Begriff einer Substanz, zu der dann die Wirkung hinzukommend gedacht wird, die also erst durch ein In-Gang-Setzen von Dingen zur Realität wird. Ausgangspunkt für Höffdings Mißverständnis ist die Lotzesche Unterscheidung von Sinnlichem (Anschauen)und Übersinnlichem (Theoretischem) im Bewußtsein. Für Lotze gibt es keinen „anschaulichen Begriff" der Dinge, weil im Erkennen „zu dem Bestande der Anschauung etwas Übersinnliches" als Begriff hinzugefügt wird. Das „Wirken" selbst, als begriffener Teil der Sinnlichkeit, ist nie ein Gegenstand der Anschauung, sondern ein „völlig Übersinnliches, das unser Denken erklärend hinzufügt". Für Lotze schafft das Denken in den Begriffen einen inneren unanschaulichen Gedanken, der aus zusammengehörenden Momenten besteht."[12] Diese Argumentation braucht er zum Beweis, daß alle wissenschaftlichen Theorien „das Übersinnliche aller Orten voraussetzen, als das einzige Mittel, das Mannigfache der Anschauung überhaupt in theoretischen Zusammenhang zu bringen."[13] Für ihn war dabei völlig klar, daß dieses theoretische Denken Aneignung einer *entsprechenden*, über Experimente zugänglichen Naturwirklichkeit darstellt, weil Wechselwirkung in ihrer qualitativen Vielschichtigkeit genau die Brücke darstellt zwischen den Dingen und dem Denken.

Die dahinterliegende „Wesenseinheit von Natur und Geist", worin alles das von Lotze hineinverlegt wird, was als teleologischer Urgrund nicht Gegenstand naturwissenschaftlicher *und* naturphilosophischer Erkenntnis sein kann, wird von Höffding in den konkreten Begriffen auf das Denken reduziert, was im Wider-

---

9 Höffding 1888, S. 423.
10 Geijer 1885.
11 Höffding 1888, S. 425.
12 Lotze 1891, S. 241.
13 Ebd., S. 241.

spruch steht zu der von Höffding selbst festgestellten „starken pantheistischen Richtung" Lotzes.[14] Diese Lotzesche Konstruktion des dahinterliegenden ideellen Urgrundes der realen Welt ist nicht nur von Höffding mißverstanden worden, weil die Nähe der ideellen „Wesensgleichheit" Lotzes zur Hegelschen absoluten Idee nicht gesehen wurde.

In der Auseinandersetzung mit Lotze gelangte Höffding zu der beachtenswerten Einsicht, daß Kant in der Entwicklung seiner subjektiven Anschauungsformen, Raum und Zeit, von Newton ausgeht und die Newtonschen Bestimmungen „nur aus der Welt der Objektivität in die der Subjektivität verlegt" habe.[15] Damit unterscheiden sich Newtons Begriffs*inhalte* von den Kantschen gerade nicht. In der Zeit des allgemeinen üblichen Rückgriffs auf Kant, ohne weiter zu hinterfragen, ein beachtenswerter Standpunkt. Aus dieser Sicht wird der Zusammenhang zwischen Lotzes „konstruiertem Begriff" der „reinen Zeitform" und den frühen Kantschen Überlegungen in seiner Dissertation von 1770 sichtbar. Für Höffding hat der frühe Kant lediglich behauptet, „daß nur die *Grundlage* der Zeit- und Raumvorstellungen angeboren" seien.[16] Damit verteidigt er Lotzes Wechselwirkung gefaßt als Grundlage der Begriffe von Raum und Zeit gegen kantianische Angriffe.

Bezüglich des Zeitbegriffs kritisiert Höffding, daß Lotze die Zeit als Produkt „psychologischer Verschmelzung" von „Raumvorstellung" und „Sukzessionsauffassung" gefaßt habe, aber im allgemeinen „die Annahme solcher psychologischer Verschmelzungen als unberechtigte Übertragung materieller Verhältnisse auf das Gebiet des Geistes" eigentlich ablehnte. Lotzes Argumentationen richteten sich jedoch allein gegen eine Unmittelbarkeit von Sein und Begriff. Dazwischen liegen Stufen der Vermittlung, die in den Naturwissenschaften über empirische Daten abgesichert werden. Die Synthese zwischen naturwissenschaftlichem Wissen und Naturphilosophie ist besonders in der Lotzeschen Analyse der Zeit ausgeprägt.

Als eine sehr wichtige Leistung Lotzes hebt Höffding die Beseitigung des alten „Parallelismus" von Raum und Zeit hervor: „Wenn man unter 'Zeit' Sukzession versteht, dann ist sie mehr primitiv als der Raum". *Als „entwickelte Vorstellung" ist Zeit nach Lotze nur noch als „dem Raum gegenüber sekundär" begreifbar.*[17] Die von Hermann Minkowski 1908 vollzogene Einbettung der Zeit als 4. imaginäre Dimension in den Raum gab dieser spekulativen Sicht recht.

---

14 Höffding 1888, S. 433.
15 Höffding 1888, S. 430.
16 Ebd., S. 431-432.
17 Ebd., S. 432.

Fast 10 Jahre später (1896) schätzte Höffding als Philosophichistoriker Lotze vor allem als einen Philosophen, der die Konsequenzen einer „mechanischen Naturauffassung" aufgezeigt habe. Er versteht Lotzes Philosophie im wesentlichen als „eine Analyse eben des Begriffes des Naturmechanismus" und merkt kritisch an, daß dies „gewöhnlich nicht hervorgehoben wird, wenn man Lotze lobpreist."[18] Allerdings vermag Höffding die „unbeschränkte Gültigkeit des Mechanismus" als eine „untergeordnete Bedeutung" aus der Sicht des Weltganzen nicht so recht zusammenzubringen mit der Lotzeschen These, daß „Wechselwirkung und Zusammenhang" nicht frei über oder zwischen den Dingen „schweben", sondern deren „innere Einheit" voraussetzen. Die Nachwirkungen Hegelscher Dialektik, bei Lotze noch ganz deutlich nachweisbar, sind um die Jahrhundertwende weiter verblaßt. „Eine Vielfalt unabhängiger Wesen", so meint Höffding im Lotzeschen Sinne zu argumentieren, „würde die *mechanische* Wechselwirkung unverständlich machen".[19]

Bei Lotze war aber die mechanische Bestimmung der Wechselwirkung nur die historisch erste Form, die man mittels neuer Naturerkenntnis überwinden kann und muß. Höffding dagegen sieht immer mehr Lotze als Verteidiger einer mechanischen Naturauffassung. So werden „Kausalverhältnisse" und „Wechselwirkung" als Grundbegriffe dieser Vorstellungen von der Natur genommen. Das heißt, „Wechselwirkung" erscheint hier ganz im Widerspruch zur Lotzeschen Auffassung des wechselwirkenden ganzheitlichen Seins als ein auf *Mechanik* reduziertes Prinzip. Aus dieser Sicht führt dann die Analyse der Grundbegriffe der mechanischen Naturauffassung zur „Idee einer Ursubstanz, eines umfassenden Prinzipes", die einen mechanistisch geprägten Substanzbegriff unterstellt.[20]

Höffding weiß zwar, daß sich Lotze selbst von Leibniz und Herbart klar abgrenzte, findet die Differenz zu diesen jedoch nur in einem „Monismus" Lotzes im Gegensatz zu einem Pluralismus, den er beim Materialismus in den „absoluten Atomen", bei Leibniz in dessen Monaden und in den Herbartschen „Realen" gefunden habe. Lotzes Monismus wird in einem „Zusammenwirken von Kraftpunkten" verstanden, die bei Höffding ganz im Sinne Schellings sich als „Anfangspunkte des innern Wirkens des unendlichen Urwesens", kaum über die Schellingsche Sichtweise hinaus reichen.[21]

Die Schwierigkeit, Lotzes Ansatz unter Ausschluß einer *ernsthaften* Auseinandersetzung mit Schelling *und* Hegel zu begreifen, macht Höffding überdeutlich

---

18 Höffding 1896, S. 577.
19 Ebd., S. 574.
20 Ebd., S. 575.
21 Ebd., S. 575-577.

in seiner These, daß Lotze „Atomist" sei, er aber die Atome nicht als „materiell" auffasse, weil „die Ausdehnung ebensowohl als alle andern sinnlichen Qualitäten durch Wechselwirkung der Atome zu erklären sei, welche diese Eigenschaft also nicht selbst besitzen könnten."[22] Die von Lotze als objektiv gedachte Wechselwirkung zerfällt im Schema vorheriger Denker in ein immateriell wirkendes Prinzip und der toten Substanz der Realität. Höffding reduziert hier auf die „geistigen Kräfte", die er für das Grundprinzip Schellings hält. Er macht Schelling den Vorwurf, nicht wie Leibniz und Spinoza den „realen Zusammenhang" zugrunde gelegt zu haben. Schellings „dynamische Atomistik" läuft aus dieser Sichtweise dann darauf hinaus, alles „durch ein Verhältnis unter Kräften" zu erklären, was ganz im Gegensatz dazu die „mechanische Atomistik" „durch ein Verhältnis materieller Teile" erklärt habe. Schellings romantische Spekulation, der es an Klarheit und Strenge fehle, könne daher kaum als Naturphilosophie bezeichnet werden.[23] Noch schärfer als Schelling attackiert Höffding Hegel.[24] Die Hegelsche Dialektik verdiene keinerlei Beachtung. Für Höffding ist allein wichtig, daß Hegel mit noch größerer Willkür operiert habe als Schelling. Indem Lotzes Naturphilosophie nicht als Reaktion auf Schelling und Hegel begriffen wird, zerfällt das philosophisch Neue bei ihm in die positiven Momente der philosophischen Vorgänger, die man noch kennt. Hierin wird der eigentliche *innerphilosophische* Grund zu suchen sein, warum Lotze in Vergessenheit geriet.

George Santayana

Der Gedanke, daß Lotze sehr viel in der Auseinandersetzung mit der Hegelschen Dialektik gelernt habe, findet sich bei dem amerikanischen Philosophen Georg Santayana, der einige Zeit bei Lotze studiert hatte. Die Hegelschen Momente in Lotzes Philosophie erscheinen bei Santayana als methodologische Impulse: „Lotze preffers to borrow his problems from Leibniz, or Herbart, or Hegel; he does not always agree with their conclusions, but he is more in sympathy with their procedure."[25] Die Schellingschen Impulse werden nicht gesehen. Im Vergleich zu Höffding begreift Santayana aber genauer den Unterschied in Lotzes System gegenüber den herkömmlichen atomistischen Auffassungen: „Lotze everywhere seeks to reduce relations between things to affections of the things

---

22 Ebd., S. 577.
23 Ebd., S. 178-180.
24 „Die Naturphilosophie ist mit recht die partie honteuse des Hegelschen Systems genannt worden." (Ebd., S. 199)
25 Santayana [1895] 1971, S.131.

themselves. Hence his aversion to a system that tends to reduce things to relations between them."[26]

Lotze will allerdings nicht reduzieren, wie Santayana meint, sondern sieht das Problem in der früheren begrifflichen Trennung *in* Substanz *und* Bewegung, die dann zu einem starren Begriffsgefüge führt. Lotzes Problem des „ganzheitlichen Seins" wird als Reaktion auf Leibniz und Herbart verstanden, nicht aber *auch* als eine Auseinandersetzung mit Hegel, weil Santayana nichts von der Auseinandersetzung Lotzes mit der Hegelschen Naturphilosophie wußte.[27] Er konnte daher auch die Nachwirkungen Hegelscher Dialektik bei Lotze nicht so recht verstehen. Das von Fichte abstammende Lotze'sche „Gute" wird als ein wenig materialisierter Ausdruck des Hegelschen Absoluten gesehen.[28] Das heißt, Lotzes Zugang zu Hegel erschloß sich auch für Santayana nicht in seiner *Natur*philosophie. Der Lotzesche Substanzbegriff erscheint daher als „paradoxical doctrine", daß die Substanz sich im Prozeß verändere. Diese für Santayana „illogical definition" wird aus dieser Sicht nur möglich durch die These, daß die Substanz nicht existiert, nicht wesentliche Existenz ist: „That what produces the idea of substance is a series of unsubstantial states; only as there is no deeper and firmer reality than this succession of phases, we may call this series itself a substance."[29]

Santayana begreift Raum und Stoff bei Lotze so als ewige und unveränderbare Ideen ganz im Gegensatz zu den Herbartschen Atomen: „They are ideas, they are not a part of the content of reality".[30] Begründet wird dies mit der „idealization of this reality" bei Lotze, was eine unzulässige Verkürzung ist und den Lotzeschen Realismus ähnlich wie bei Höffding auflöst.

---

[26] Ebd., S. 138.

[27] „The units of substance are to be changeable, so that relations between them many be reduced to modifications of them. This denial of external relations between things is a prominent characteristic of Lotze's system. Relations are to be regarded as projected from real things; a change of relations means a change in the internal condition of the related objects. Lotze thus takes the position of Leibniz as against Herbart..." (Ebd., S. 152)

[28] Ebd., S. 140.

[29] Ebd., S. 153.

[30] Ebd., S. 155.

Lotze in der deutschen Philosophie der Jahrhundertwende

Anders als Höffding und Santayana war man sich im Kreise der deutschen Philosophiehistoriker um die Jahrhundertwende der wesentlichen Beeinflussung Lotzes durch Hegel *und* Schelling bewußt.[31] Es wird aber auch von ihnen nicht genauer dargestellt, worin diese Beeinflussung bezüglich der Naturphilosophie bestand.

Johann Wolff stellt 1891 das Lotzesche System und insbesondere seine Raum- und Zeit-Auffassung noch sehr umfangreich und präzise dar.[32] Er hob hervor, daß Lotze von den („intellektuellen") Beziehungen des realen Seins ausgehend die Dinge nicht von den Beziehungen zwischen ihnen trennt. Für ihn ergibt sich aus diesem Ansatz die Lotzesche „Raumkonstruktion" aus dem Begreifen der „Beziehungen" (Wechselwirkungen) zwischen den Dingen als „Qualitäten, innere Zustände der Dinge." Die „Raumpunkte sind also nicht quantitativ sondern qualitativ unterschieden: folglich ist der Raum in den Dingen, nicht die Dinge im Raum; folglich ist der Raum nicht trennbar, nicht prä- und postexistierend, sondern erst mit den Dingen gegeben; also keine leere Form mit ununterschiedenen Punkten, wodurch demnach die in sie tretenden Dinge unterschieden würden." Wolff sieht den Widerspruch, in den dieses Konzept mit der „Realität" eines „absoluten (nichtrelativen)" Raums gelangen muß und meint, daß Lotze sich daher für die „Idealität des Raumes" wie auch für die Leugnung der „Realität der Zeit" entschlossen habe.[33]

Die Rolle des „Absoluten", des Schellingschen und Hegelschen Erbes bei Lotze, macht für Wolff keinen rechten Sinn, weil die Vereinigung von „Sein" und „Wirken" und damit die Widersprüche des mechanischen Atomismus nicht gesehen werden. Die Lotzesche Argumentation wird so vereinseitigt als Behauptung genommen, daß „das Sein nur im Wirken" bestünde.[34] Aus der Verkennung des Neuen im Lotzeschen Lösungsansatz Schellingscher und Hegelscher Probleme meint leider auch Wolff, daß Lotzes System „so etwas von Allem" habe.[35] Wolff kennt aber die Raum-Zeit-Konzeption Lotzes in den Details noch recht genau. Später werden die von Lotze aufgeworfenen Probleme weitestgehend übergangen.

---

[31] Vgl. Wentscher 1913, S. 25
[32] Wolff 1892.
[33] Ebd., S. 30-31.
[34] Ebd., S. 144.
[35] Ebd., S. 290.

Lotzes eigene Zielsetzung war es, schrieb Max Frischeisen-Köhler 1913,"eine Verbindung und eine Versöhnung der mechanischen Naturbetrachtung ... mit der Fülle der Gedanken und Ideen, welche durch die Auflösung der konstruktiven Systeme freigeworden" waren, herzustellen.[36] Lotze wollte aber gerade die Verbindung von moderner Natur*wissenschaft und* Natur*philosophie* durch die Überwindung des Mechanizismus wie des Hegelschen und Schellingschen Idealismus herstellen. Nicht der alte Mechanizismus stellte ein Ausgangspunkt Lotzes dar, sondern die Naturwissenschaft selbst. Für Frischeisen-Köhler bildeten Lotzes Arbeiten zwar „einen Mittelpunkt der neueren philosophischen Bewegung" mit zahlreichen Impulsen, die bis in die Gegenwart hinein wirkten. Diese Impulse werden aber nicht konkreter benannt. Lotzes Problembewußtsein geht hier völlig unter.[37]

Eine ähnlich gelagerte verbale Einschätzung findet sich in der Einleitung von Georg Misch zu *Lotzes System der Philosophie.*[38] Der Mangel an Kritik der Lotzeschen Philosophie läßt hier schon das mangelnde Verständnis seiner Probleme erahnen.

Raum und Zeit in der neueren Lotze-Literatur

Das neuere Interesse an Lotzes Raum-Zeit-Konzept beginnt mit Max Jammer (1953).[39] Leider geht bei ihm das Neue am Lotzeschen Raum-Zeit-Verständnis unter in der Diskussion um die wahre Geometrie des Raums. Lotze findet nur Beachtung als Anhänger der These, daß allein der euklidische Raum homogen sei, und nicht als kritischer Verwerter Hegelscher und Schellingscher Ideen. Verkannt wird dabei von Jammer, daß in Lotzes Raumbegriff der ausmeßbare Raum der Physik philosophisch reflektiert wird und daher die Raumstruktur empirisch bestimmbar sein soll. Damit stand Lotze Clifford sehr nahe, der bereits 1870 eine gekrümmte Raumstruktur des physikalischen Raumes für möglich hielt.[40]

P.G. Kuntze, der der Philosophie Lotzes über die Spuren George Santayanas verfolgt, schränkt seine Lotzeinterpretation bereits einleitend auf einige wenige

---

36   Frischeisen-Köhler 1913, S. V.
37   Ebd., S. VIII.
38   Misch 1912.
39   Jammer [1953] 1980,S. 180-181.
40   Clifford 1913, S. 23-234.

Probleme Lotzescher Philosophie ein und tangiert erst gar nicht das Raum-Zeit-Problem. [41]

Ernst Wolfgang Orth konstatierte völlig zu recht, daß mit Lotze eine bedeutende Gestalt des Übergangs in Vergessenheit geriet und sah einen Zusammenhang zwischen der „Vernachlässigung" seines Werkes mit dem Vergessen des Übergangs von Philosophie und Wissenschaftskultur vom 19. zum 20. Jahrhundert.[42] Der allgemeinen Einschätzung Lotzes als paradigmatisch für nachfolgende Entwicklungen kann man nur zustimmen.[43]

Dieser wichtige Ausgangspunkt kommt jedoch bezüglich des Lotzeschen Raum-Zeit-Konzepts auch bei Orth nicht zum Tragen. Er sieht in Lotze die Kantsche Anschauung der „Idealität des anschaulichen Raumes" und übersieht hier die Vorgehensweise Lotzes, seinen Standpunkt an der Abfolge der Standpunkte seiner Vorgänger abzuarbeiten und darzustellen.[44] Bereits Falkenberg hatte 1913 ganz klar hervorgehoben, daß Lotze Kant aus der Perspektive Hegels begriff.[45] Das heißt aus der Sicht seiner Hegel-Kritik. Das Verhältnis Riemann – Lotze erscheint auch für Orth völlig unvermittelt und die Kontroverse um die Dimensionalität des Raums wird so schwer nachvollziehbar.[46]

Fazit

Bezüglich der hier betrachteten Entwicklung des Nachdenkens der deutschen Naturpholosophie über Raum und Zeit nach Hegel war der Ruf: „Zurück zu Kant!", nur der Anfangspunkt einer Entwicklungslinie, die dann über Kant, Hegel und Schelling weit hinaus ging.

---

[41] Kuntz 1971.

[42] Orth 1986, S. 10.

[43] „Wenn es aber zutrifft, daß sein Werk eine einflußreiche und paradigmatische Übergangserscheinung vom 19. zum 20. Jahrhundert darstellt ... dann bedeutet die Vernachlässigung seines Werkes, daß die Philosophie und Wissenschaftskultur des 20. Jhdts. eben ihren eigenen Übergang vom 19. ins 20 Jhdt. vergessen hat. Das Verhältnis zu Lotze hat etwas zu tun mit unserem Verhältnis zum 19. Jhdt. im Ganzen, das uns in seiner Bedeutung für unser eigenes Selbstverständnis merkwürdig verstellt erscheint, verstellt auch durch suggestive Namen – wie Hegel einerseits und Kierkegaard, Marx, Nietzsche andererseits; dazwischen liegt irgendwo – und scheinbar unmotoviert - der Aufstieg der positiven Wissenschaften, der Wissenschaften vom Menschen, von der Natur und der Geschichte." (Ebd., S. 10)

[44] Ebd., S. 46.

[45] Falckenberg 1913.

[46] Orth 1986, S. 46.

Für die Vorgeschichte der Allgemeinen Relativitätstheorie bedeutet das, daß neben der Problematisierung des mathematischen Raumbegriffs durch Gauss, Lobachevski und Riemann von der philosophischen Seite her das Raum-Zeit-Problem ebenfalls vorangebracht wurde. Der Rückgriff auf Kant in den kontroversen Diskussionen um die Relativitätstheorie hat den Anschein erweckt, als wenn der Kantsche Standpunkt *die* Basis dieses Streits gewesen wäre, von der sich dann die moderne Linie der Physik befreite. Die Wurzeln dieser modernen Physik reichen jedoch viel weiter.

Wie die fundamentale Entdeckung des Energieerhaltungssatzes ihre Anfänge außerhalb der Physik hatte, so finden sich die Anfänge einer modernen, der Allgemeinen Relativitätstheorie adäquaten philosophischen Auffassung von Raum und Zeit, in Entwicklungslinien der Naturphilosophie, wenngleich deren unmittelbare Wirkungen, ganz im Gegensatz zur Entwicklung des Energieerhaltungssatzes, noch nicht nachgewiesen sind. Es ist denkbar, daß es direkte naturphilosophische Wirkungen auf die Naturwissenschaftler und insbesondere der Physiker kurz vor der Jahrhundertwende nicht gegeben hat. Trotzdem bleibt dann aber die Tatsache, daß naturphilosophisches Denken dieser Periode sich an das Niveau dieser Zeit herangearbeitet hatte und Anregungen für die Physiker möglich wurden. Dies hat natürlich niemals physikalische Forschung ersetzen, sondern vor allem die Diskussionen um Raum und Zeit qualifizieren können, die mit der Realtivitätstheorie heftig entbrannten. Das heißt, eine Beschleunigung der Befreiung von traditionellen Vorstellungen wäre denkbar gewesen, nicht mehr aber auch nicht weniger.

IX. Raum und Zeit und die allgemeinrelativistische Lösung des Gravitationsproblems

> *„Die Suche nach den Begriffen Raum und Zeit hat mit dem Entstehen der Relativitäts-theorie nicht nur nicht aufgehört, sie hat damit eigentlich erst begonnen, weil jede Formulierung dieser Begriffe neue Fragen aufwarf."*[1]

Wenngleich die Geschichte der physikalischen Raumzeit bereits mit dem pseudoeuklidischen vierdimensionalen Minkowski-Raum der Speziellen Relativitäts-theorie begann, so trat doch das eigentliche Raumproblem erst mit der Allgemeinen Relativitätstheorie in das Bewußtsein der meisten Physiker wie der Philosophen.

Die Geschichte der Allgemeinen Relativitätstheorie ist entschieden schwieriger zu rekonstruieren als die Geschichte der Speziellen Relativitästheorie. Der bekannte Physikhistoriker Abraham Pais spricht daher von der Möglichkeit, eine „Mini-Geschichte" der Speziellen Theorie schreiben zu können, während die Geschichte der Allgemeinen Relativitätstheorie keine Vereinfachung zulasse.[2]

Sicher ist diese Gegenüberstellung von Spezieller und Allgemeiner Relativitäts-theorie etwas übertrieben, wenn man sich aber auf die Einsteinsche Leistung beschränkt, so war die bereits erledigte Vorarbeit zur Speziellen Relativitätstheorie (Lorentz/Poincaré) ungleich größer. Im Vergleich mit den enormen begrifflichen Schwierigkeiten bei der Schaffung der Allgemeinen Theorie war die Einsteinsche Lösung, die er 1905 mit seiner ersten Theorie gab, das Zerhauen des gordischen Knotens, die Lösung geliefert mit einem Schlag.

Die Neufassung der Begriffe von Raum und Zeit, die sich mit der Minkowskischen Fassung der ersten Relativitätstheorie als eine Notwendigkeit nur *andeutete*, wurde zur *unbedingten* Voraussetzung eines neuen Physikverständnisses, wie es in der Allgemeinen Relativitätstheorie dann zum Ausdruck kam.

Raum und Zeit mußten dabei selbst zu unmittelbaren Begriffen der Physik werden und konnten nicht mehr, wie in der Physik Newtons möglich, als philosophische Voraussetzungen von Physik gesetzt werden. Das heißt, „Raum" und

---

1   Schröter 1988, S. 121-122.
2   Pais 1986, S. 20.

„Zeit" wurden abhängig von den Inhalten physikalischer Theorien und verloren ihre starre (apriorische) Form, die man vor aller Physik setzen konnte.

Einstein brachte dies fast 40 Jahre später in seinem Vorwort zu Max Jammers Buch *Das Problem des Raumes* sehr treffend zum Ausdruck: „Die Überwindung des absoluten Raumes bzw. des Inertialsystems wurde erst dadurch möglich, daß der Begriff des körperlichen Objektes als Fundamentalbegriff der Physik allmählich durch den des Feldes ersetzt wurde. Unter dem Einfluß der Ideen von Faraday und Maxwell entwickelte sich die Idee, daß die gesamte physikalische Realität sich vielleicht als Feld darstellen lasse, dessen Komponenten von vier raumzeitlichen Parametern abhängen. Sind die Gesetze dieses Feldes allgemein kovariant, d.h. an keine besondere Wahl des Koordinatensystems gebunden, so hat man die Einführung eines selbständigen Raumes nicht mehr nötig. Das, was den räumlichen Charakter des Realen ausmacht, ist dann einfach die Vierdimensionalität des Feldes. Es gibt dann keinen leeren Raum, d.h. keinen Raum ohne Feld."[3]

Diese Position Einsteins dokumentiert das Ende einer Entwicklung der physikalischen Neubestimmung von Raum und Zeit. Der eigentliche Anfang dieses Entwicklungsweges lag hiervon sehr weit entfernt. Es war die Problematisierung dessen, was in der Physik vorausgesetzt werden mußte und doch schon selbst Physik war.

Die physikalische Vorgeschichte der Raumzeit

Nach der naturphilosophischen Seite soll nun die physikalische Vorgeschichte der Raumzeit näher untersucht werden.

Philosophen und Naturwissenschaftler hatten bis zum Ende des 19. Jahrhunderts das Raumproblem auf einem beachtlichen Niveau diskutiert. In der nachfolgenden Generation der Physiker wurde diese Debatte jedoch nur noch mit geringem Interesse zur Kenntnis genommen. Nach der Vollendung der Allgemeinen Relativitätstheorie war es insbesondere Helmholtz, auf den man im deutschsprachigen Raum zurückgriff. Die von Helmholtz und Riemann ausgehenden aber dann über sie hinausgehenden Überlegungen blieben -wie bereits dargestellt – weitgehend unbeachtet.[4] Folgt man Moritz Schlick, so war es für *Helmholtz* (1821 – 1894) offensichtlich, daß die geometrischen Axiome nicht allein etwas aussagen

---

3 Einstein [1953] 1980, Einstein schrieb dieses Vorwort in Deutsch.

4 Moritz Schlick wertet 1920 Paul Mongre's *Chaos in kosmischer Auslese* von 1898 als ein Beispiel dafür, daß bereits vorhandene erkenntnistheoretische Versuche in Vergessenheit geraten waren. (Schlick 1920, S. 24)

über Raumverhältnisse, „sondern gleichzeitig auch über das mechanische Verhalten unserer festesten Körper bei Bewegungen."[5] 1872 hatte Du Bois-Reymond ebenfalls Helmholtzschen Gedanken folgend die Frage aufgeworfen, ob nicht die Energie das Apriorische in der Natur sei und an die Stelle des Kantischen Apriori von Raum und Zeit gesetzt werden müßte.

Riemanns Frage nach dem raumbestimmenden „Wirklichen" wollte Du Bois-Reymond mit dem Energieerhaltungssatz, gefaßt als philosophisches Prinzip, beantworten: „Wenn es eine Einsicht gibt, die beim Philosophieren über die Körperwelt *a priori* gefunden werden konnte, so ist es die an der Grenze von Physik und Metaphysik stehende Lehre von der Erhaltung der Kraft."[6] Der Raum als „erworbene Vorstellung" konnte für ihn nicht mehr das Apriorische sein. Er meinte, daß der Energieerhaltungssatz gefaßt als philosophisches Prinzip die „Weltanschauung" seiner Zeit durchdringe. Die Vorstellung, mit der Energie den Begriff gefunden zu haben, der ein sicheres Fundament der Physik liefern könne, beherrschte auch das innerphysikalische Denken jener Zeit. Friedrich Albert Lange kritisierte aus der Sicht des Philosophen, daß es für Du Bois-Reymond im Grunde weder Kräfte noch Materie gäbe, „daß vielmehr beides nur von verschiedenen Standpunkten aus aufgenommene Abstraktionen der Dinge" seien.[7]

Und Lange hält dagegen, daß Kräfte immer mehr an die Stelle von Stoffen gesetzt werden. „Stoff" müßte allein als *„unbegreiflicher Rest unserer Analyse"* verstanden werden. Nur das Begriffene kann danach als Eigenschaften des Stoffes auf Kräfte reduziert werden. Lange sah sehr klar das theoretische Konstrukt „Kraft" und vertrat daher die Ansicht, daß man das Begriffene, das wir mit „Kraft" ausdrücken, nicht als *Ursache* der Bewegung setzen könne.

Aus dieser Sicht war die Annahme, daß die Gravitation ein „streng an die Formel gebundenes, momentan in alle Ferne wirkendes Naturgesetz" sei, eine nicht sehr wahrscheinliche Hypothese.[8] Diese Überlegungen Langes von 1875 machen ebenso wie Lotzes Vorstellung deutlich, wie eng sich naturphilosophisches Denken bereits wieder an naturwissenschaftliche Problemlagen angeschlossen hatte.

Diese neu entstandene Nähe brachte Jahre später auch Eduard von Hartmann, wenngleich völlig überzogen, zum Ausdruck, wenn er in seiner *Weltanschauung*

---

5   Ebd., S. 34.
6   Du Bois-Reymond 1912l, Bd. 1, S. 438
7   Lange, o.J., Bd.2, S. 262.
8   Ebd., S. 263-268.

der modernen Physik (1909) zu dem Schluß gelangte: „Die theoretische Physik ähnelt sowohl in ihren Zielen wie in ihrer Methode der älteren spekulativen Naturphilosophie; denn sie will gleich dieser die Natur auf *deduktivem* Wege *konstruieren.*"[9] Aus der Sicht eines stark empristischen Selbstverständnisses der Physik jener Zeit sprach Hartmann damit viel Wahres aus.

Bernhard Riemann hatte in Anlehnung an Gauß die Frage nach „dem innern Grunde der Massverhältnisse des Raumes" aufgeworfen. Dies ließ sich nach seiner Überzeugung nur aus der Frage nach der Diskretheit oder Stetigkeit dessen, was dem Raum zugrunde liege, d.h. aus der Struktur des Wirklichen selbst, entscheiden.[10] Somit zielte bei Riemann die Frage nach der Struktur/Metrik gleichzeitig auf die Frage ab, was als Wirklichkeit dem Raum seine Bestimmungen gibt. Diese Riemannsche Frage blieb aber weitgehend außerhalb des Blickfeldes all jener, die sich nach dessen frühem Tod mit seinem Erbe befaßten. Das räumliche Wirkliche wurde entweder mit Newton als ontologische Gegebenheit oder als Kantsche Anschauungsform a priori und damit als nicht weiter hinterfragbarer Fakt genommen. Die Erkenntnis, daß der bestimmte geometrische Charakter der Raumstruktur eine Erfahrungstatsache sei, hebt aber nicht den Gegensatz von Newtonscher und Kantscher Raumbestimmung auf. Maxwell konnte in ganz traditioneller Newtonscher Denkweise den Raum als an sich gleichbleibend und unbeweglich ontologisch fassen, ohne daß dies zu einer innerphysikalischen Kontroverse mit all jenen führte, die im Kantschen Sinne Raum als Anschauungsform a priori verstanden wissen wollten.[11] Mit der Diskussion um die Geometrie wurde die Frage nach dem Wesen des physikalischen Raums zwangsläufig *mit*problematisiert. Für Riemann war aber die Entscheidung über die Raumstruktur bereits ein physikalisches Problem.

Paul Mongré (Felix Hausdorff)

Unter dem Pseudonym Paul Mongré erschien 1898 Hausdorffs einzige Arbeit *Das Chaos in kosmischer Auslese.*[12] Er blieb den Physikern wie Philosophen weitgehend unbekannt und erst Moritz Schlick entdeckte ihn 1920 wieder und bewertete Mongrés Arbeit als einen „scharfsinnigen" „erkenntniskritischen Versuch".[13]

---

9 Hartmann 1909, S. 207.
10 Riemann o.J., S. 285-286.
11 Maxwell (o.J.), S. 12.
12 Mongré 1898.
13 Vgl. Schlick 1920, S. 24.

Orientiert an Helmholtz und in kritischer Distanz zum Philosophen Lotze, den er verehrte, fragte Mongré alle Metaphysik ablehnend nach den Beziehungen zwischen empirischen und absoluten Begriffen von Raum und Zeit. Er konstatiert die Abhängigkeit des Zeitbegriffs von der „stofflichen Aneinanderlagerung der Weltzustände".[14] Damit wird die absolute Zeit als Ableitung aus der „empirischen Zeit" denkbar.[15] Die absoluten Begriffe erweisen sich für ihn als Konstruktionen aus den empirischen Erfahrungsbegriffen. Mit der Ablehnung aller Metaphysik sinken der absolute Raum und die absolute Zeit ebenso zu „Hilfsvorstellungen" der Physik hinab wie „Kraft" und „Atom". Indem sie nicht als „wirklich Seiendes" gefaßt werden, aber auch nichts Metaphysisches mehr darstellen sollen, werden Raum und Zeit zu Begriffen von Physik und Mathematik. Raum und Zeit werden als „partielle Realisationen" vorgestellt. Für Mongré ist die Denkbarkeit endlicher Räume und Zeiten notwendig, um die „unräumliche Natur der transcendenten Welt" begreifen zu können, womit auch er eine metaphysische Begründung braucht, auf die er meinte, verzichten zu können.[16] Durch die scharfe Trennung von Raum und physikalischem Inhalt werden seiner Ansicht nach Transformationen möglich, die z.B. die Erde ruhen lassen und den Himmel in Bewegung setzen. Diese rein mathematischen Transformationen bleiben ohne physikalische Folgen. Mit Helmholtz ist für Mongré die „Relativität der Bewegung" wie die „Relativität der Messung" im Kosmos nur insofern möglich, als von den physikalischen Folgen abstrahiert wird. Die „Vorstellungen räumlicher Anordnung" gestatten keine Anwendung auf die „Welt der Dinge an sich". Dieser Einwand gegen die von Laplace vertretene These von der Unabhängigkeit der kosmischen Bewegungen von der Größe des absoluten Raumes soll bedeuten, „daß es eben in der Wirklichkeit überhaupt nicht räumlich zugehe". Raum ist gerade nicht der Behälter alles Seienden, sondern Teil der begrifflichen Rekonstruktion („partielle Realisationen") der Wirklichkeit.

Helmholtz hatte wie Laplace (1749-1824) die Frage nach den physikalischen Veränderungen bei der gleichzeitigen Veränderung aller Maßstäbe aufgeworfen. Laplace faßte jedoch anders als Helmholtz nicht allein die rein mathematische Seite der Maßstäbe, sondern mit der Konstanz der Gravitationskonstante bei Veränderungen der Maßstäbe auch schon physikalische Wirkungen ins Auge.

---

14 „Die stoffliche Aneinanderlagerung der Weltzustände allein darf als Deckung dafür genommen werden, dass jeder zeitliche Vorgang nur als Endglied einer bestimmten Vergangenheit, als Anfangsglied einer bestimmten Zukunft in das Bewußtsein tritt." (Mongré 1898, S. 17)
15 Ebd., S. 58.
16 Ebd., S.62-79.

Der tiefere Sinn des Laplaceschen Ansatzes liegt für Hausdorff in einer generellen „*Relativität aller Messungen*". „Wir würden eine physikalische Formel für offenbaren Unsinn halten, in der die physikalischen Größen selbst, nicht ihre Verhältnisse zu gleichartigen Größen, aufträten." Aus der Helmholtzschen Relativität der geometrischen Messung und der Relativität, die Lotze der empirisch-physikalischen Zeit zu schreibt, wird bei Hausdorff eine allgemeine Relativität physikalischer Messungen und physikalischer Größen. Diese Relativität ist jedoch nicht aus der Geometrie ableitbar. Geometrische Messungen führen bei jeglicher Art von „Raumtransformationen" zu den selben Resultaten, weil Maßstäbe und Meßobjekte sich rein geometrisch betrachtet analog transformieren. Die Relativität der physikalischen Messungen und Größen verschwindet, so Mongré, erst durch die Festsetzung der Naturkonstanten in einem empirischen Meßprozeß. Die Transformation physikalischer Prozesse ziehe die Veränderung von Naturkonstanten nach sich. Diese Veränderungen lassen sich aber durch eine „passende Änderung der Schreibweise beseitigen". Dieses Argument Mongrés klingt schon sehr relativitätstheoretisch, ist hier jedoch noch eine rein spekulative Idee und ist damit mehr Metaphysik als Mongré selbst zulassen wollte.

Zwar ist das Laplacesche Verfahren der Vergrößerung der Welt insofern nicht haltbar, als daß er die selbe Gravitationskonstante für verschieden große empirische Räume unterstellt, so bleibt mit der Änderung der Naturkonstanten doch sein Prinzip ganz allgemein bestehen, „daß die Unabhängigkeit der Erscheinungen von den absoluten Raumabmessungen allgemein besteht".[17] Hatte Laplace allein die Unabhängigkeit des Gravitationsgesetzes von den Raumdimensionen beweisen wollen, so erkennt Hausdorff in dieser Argumentation den allgemeinen Charakter. Solange Gravitation den Raum selbst nicht verändern soll, spielt sie, wie alle anderen physikalischen Wechselwirkungen, bei den Veränderungen der Größenverhältnisse bis auf die Veränderung der Gravitationskonstante keine Rolle. Die von Laplace angenommene Eigentümlichkeit der Gravitation erweist sich so als allgemeines Phänomen physikalischer Wirklichkeit. Da Raum und Gravitation der klassischen Physik nur mittels der Konstante aufeinander wirken, ist Mongrés Argumentation nur die konsequente Fortsetzung Laplacscher und Helmholtzscher Überlegungen. Mit der postulierten Relativität physikalischer Messungen kehrt sich dann aber auch noch das Verhältnis von Raum, Zeit und physikalischen Bestimmungen um: „Die *Starrheit* gewisser Naturkörper ist nicht eine aus räumlichen Messungen abgeleitete Tatsache, sondern eine den räumlichen Messungen zu Grunde liegende Voraussetzung." Analog ist die physikali-

---

[17] Ebd., S.83- 88.

sche Voraussetzung der Zeit die Trägheit.[18] Mongré verweist wie Lotze, auf die Zeitbestimmung durch mechanische Bewegungen. Raum und Zeit werden so zu Ableitungen aus physikalischen Konzepten. „Die empirische, gleichmäßig verlaufende Zeit t ist diejenige Variable, durch deren Einführung die Gleichungen der Mechanik die bekannte Form" annehmen und der Raum ist demnach „diejenige Zahlenmannigfaltigkeit von drei Variablen x y z, in der unsere Voraussetzungen über die Starrheit räumlicher Gebilde den bekannten, einfachen analytischen Ausdruck finden".

Die Art und Weise, wie die klassische Physik konstruiert ist, bestimmt den Inhalt von Raum und Zeit. Es gibt keinen „absolut realen Raum von tatsächlich bestimmter Konstitution". Durch diese Bestimmung wird der physikalische Raum als Raum mit (geringer) konstanter Krümmung für Mongré denkbar.[19] Gegen Lotze verteidigt er den Riemannschen Standpunkt, daß allein aus den inneren Maßverhältnissen, der „rein inneren Charakteristik der Mannigfaltigkeit" heraus der Raum vollständig bestimmbar wird und man nicht noch zusätzlich einen unendlich ausgedehnten euklidischen Raum gleicher Dimension bräuchte.

Mongrés Begriff „empirischer Raum" verwirrt etwas seine Argumentation, wenn er ihn als dreidimensionale Schicht in einem leeren euklidischen Raum beliebiger Dimension auffaßt, der beliebig transformierbar sei. Es ist ein Ausweg aus der Situation seiner Zeit, wenn er über die Reduktion auf rein mathematische Bestimmungen den Widerspruch zwischen euklidischem und Riemannschem Raum wegtransformieren will: „Es bleiben also die Messungen euklidisch, während der Raum 'tatsächlich' zum Riemann'schen oder Lobatschewsky'schen Typus oder überhaupt nicht zu den Räumen konstanten Krümmungsmaßes (mit freier Beweglichkeit der Raumgebilde gehören kann." Der Widerspruch zwischen Krümmung und notwendigen starren Maßstäben physikalischer Messung will Mongré dadurch lösen, daß der physikalisch gekrümmte Raum in einen euklidischen mathematischen Raum höherer Dimension eingebettet werden kann. Damit besitzt der Maßstab physikalischer Messung noch eine unendliche Ausdehnung. Der Widerspruch zur Krümmung des physikalischen Raums wird durch die Reduktion des Maßstabs auf ein rein mathematisches Problem gelöst. Mongré war mit dieser Argumentation sichtlich selbst nicht zufrieden, da mittels unendlicher gerader Maßstäbe auch die Krümmung verschwindet.

Der physikalische Raum bleibt zwar durch die Starrheit der Körper bestimmt, Mongré warnt jedoch ausdrücklich vor dem Mißverständnis, daß „der Raum an sich ein bestimmtes, durch unsere Messung zu ermittelndes Krümmungsmaß"

---

[18] Ebd., S. 101.
[19] Ebd., S.104-111.

habe. Da der Raum nicht ontologisch existieren soll, das Seiende an sich unräumlich sei, erscheint dies undenkbar. Es muß aber in der Theorie etwas geben, was dies bestimmt, und so hilft sich Mongré mit der These, „daß in den Voraussetzungen unseres Messens die eine unter den unendlich vielen Hypothesen consequent durchgeführt ist."[20] Da ihn diese Antwort selbst nicht befriedigt, fügt er hinzu: „Hierin muß allerdings wohl ein empiristisches Element unserer Raumanschauung gefunden werden". Für Lotze war genau dieses Problem der Anlaß dafür, den physikalischen Raum selbst als euklidischen zu bestimmen.[21]

Auch Mongré erkennt wie Lotze die Notwendigkeit, daß empirisch physikalisch das Verhältnis von Maßstäben und Krümmung bestimmt werden muß. Er fragt nach dem, was in der physikalischen Theorie Raum und Zeit zu dem macht, was sie sind. Hierin liegt der eigentliche Wert seiner Überlegungen, auf die jedoch auch seine Spekulation keine Antwort zu geben vermag.

Raum und Äther

Innerphysikalisch war es zunächst die Frage des Äthers, die das Raumproblem in den Gesichtskreis der Physiker rückte.

Man glaubte, die anstehenden Probleme mit dem Äther lösen zu können, wenn man an Stelle der Mechanik nun die Elektrodynamik zur Grundlage der Physik machen würde. In den elektrodynamistischen Forschungskonzepten kam die Überbewertung der Elektrodynamik in der Denktradition mechanistischer Konzepte zum Vorschein. Reduktion von Physik auf *eine einheitliche Grundlage,* wenn auch einer völlig andersgearteten, blieb eine wichtige Zielrichtung im allgemeinen Physikverständnis. Die Fehlinterpretation der Mechanik als Basis aller Physik wurde auf die Elektrodynamik übertragen. Nun sollte die Elektrodynamik die Grundbegriffe der Physik „erklären". Kraft, Masse wie Schwere und Trägheit sollten aus der Elektrodynamik heraus begriffen, d.h. tiefer erkannt, werden.[22] Die Feststellung Poincarés, „es gibt keine andere Masse als die elektrody-

---

20 Ebd., S.118-121.
21 Mongré berührt leider nur am Rande das Problem „der Voraussetzung der Stetigkeit von Raum und Zeit", weiß jedoch, daß diese Frage untersucht werden muß. (Ebd., S. 122)
22 Die von J.J Thomson 1881 durchgeführten Versuche mit einer elektrisch geladenen Kugel in einem elektrostatischen Feld (durchgeführt in Analogie zu den Stokschen Versuchen) hatte in Analogie zu Stokes den Begriff einer elektromagnetischen (Zusatz)Masse entstehen lassen: „Nicht kinematische, sondern dynamische Argumente hatten auf den Begriff der elektromagnetischen Masse geführt." (Pais 1986, S. 158)

namische Trägheit", war symptomatisch für die ersten 10 Jahre physikalischer Forschung im 20. Jahrhundert.[23]

Die Vorstellung vom hierarchischen Aufbau einer Wissenschaft war gerade in der Physik fest verwurzelt. Die Mechanik hatte über Jahrhunderte hinweg dem reduktionistischen Wissenschaftsverständnis in den Naturwissenschaften ihren Namen leihen müssen. Die Hoffnungen, die in die Elektrodynamik gesetzt wurden, rührten daher, daß es in ihr gelungen war, die Fernkräfte durch eine Nahwirkungstheorie zu ersetzen. Diese für die Physik insgesamt wegweisende Orientierung erschien aber im Zeitgeist vor allem als *Eliminierung der Kräfte* und nicht als *Ersetzung* der *Fern*wirkung durch *Nah*wirkung. Die Mechanizismuskritik hatte in ihren Mittelpunkt die Kritik am Newtonschen Kraftbegriff gesetzt. Die Kontinuität in der Gleichsetzung von Mechanik mit Mechanizismus (siehe Hegel) war bezüglich der Kritik am Kraftbegriff noch ungebrochen, trotz anderer Ansätze wie z.B. bei Lotze. Die Zielsetzung der Eliminierung der Fernkräfte aus der Physik schien durch die Erfolge der Elektrodynamik zur Tagesaufgabe physikalischer Forschung geworden zu sein. Das einzig sichere Fundament der neuen Physik sollte die Maxwellsche Elektrodynamik darstellen. Von dieser sicheren Grundlage aus wollte man Mechanik und Gravitation neu bestimmen. Daß dies die Elektrodynamik kaum zu leisten vermochte, hatte bereits ihr Begründer J.C. Maxwell selbst aufgezeigt. Wie so oft in der Geschichte der Wissenschaften war sich der Schöpfer einer neuen Theorie viel stärker ihrer Grenzen bewußt, als die nachfolgenden enthusiastischen Schüler. Maxwell schrieb 1864 in seiner *Dynamischen Theorie des elektromagnetischen Feldes* zur notwendigen Änderung des Vorzeichens für die Kraft bei der Behandlung der Gravitation mittels seiner Theorie: „Die Gegenwart dichter Körper beeinflußt das Medium derart, daß seine Energie absinkt, wo immer eine Anziehung auftritt. Da ich nicht verstehe, wie ein Medium derartige Eigenschaften besitzen kann, kann ich bei der Suche nach Gründen für die Gravitation nicht in dieser Richtung weiterschreiten."[24] Die Theorie Maxwells ist eine Vektortheorie. Die Änderung des Vorzeichens der Kraft ist daher mit der Änderung des Vorzeichens der Energie verbunden, so daß schon vom mathematischen Kalkül her die Gravitation durch die Maxwellsche Theorie nicht adäquat beschrieben werden konnte.

Innerhalb des breit diskutierten elektrodynamistischen Forschungskonzepts gingen die Kritiken an physikalischen Begriffsbestimmungen ein, ohne daß damit die Ideen Machs, Ostwalds oder Poincarés als ganze aufgenommen wurden. Ganz in diesem Sinne artikulierte Wilhelm Ostwald zu Beginn unseres Jahrhun-

---

[23] Poincaré 1906, S. 148.
[24] Hier zitiert nach Pais 1986, S. 230, vgl. Maxwell (o.J.), S. 570.

derts explizit ein neues Bedürfnis der Naturforschung nach philosophischer Durchdringung. 1902 erschien der erste Band von Ostwalds Annalen der Naturphilosophie. In seinen einleitenden Bemerkungen beruft Ostwald sich ausdrücklich auf das neu entstandene „Bedürfnis nach philosophischer Vertiefung der Forschung". Dies mag 1902 noch als voreilig angesehen worden sein. Die nachfolgende Entwicklung gab jedoch Ostwald recht, der die *neue Rolle* der Philosophie mit einer „geistigen Verkehrs- und Austauschzentrale" verglich.[25]

Mit der Verbreitung der Speziellen Relativitätstheorie kam das Ende des Elektrodynamismus. Kein geringerer als Max Planck gelangte in seinem Leidener Vortrag (1908) zu dem Schluß, daß Elektrodynamik und Mechanik sich gar nicht so ausschließlich gegenüber standen, wie allgemein angenommen: „Die Mechanik bedarf zu ihrer Begründung prinzipiell nur der Begriffe des Raums, der Zeit und dessen, was sich bewegt, mag man es nun als Substanz oder als Zustand bezeichnen. Die nämlichen Begriffe kann aber auch die Elektrodynamik nicht entbehren. Eine passend verallgemeinerte Auffassung der Mechanik könnte daher sehr wohl auch die Elektrodynamik mit einschließen."[26] Für Planck, der sich sehr bewußt auf den Boden der Speziellen Relativitätstheorie gestellt hatte, war die Gleichsetzung von Mechanik mit Mechanizismus völlig haltlos. Er sah jedoch die Mechanik noch als allgemeine Basis aller Physik an, wenn er zur Suche nach einer verallgemeinerten *Mechanik* auffordert und nicht zur Suche nach einer verallgemeinerten *Grundlage der Physik* überhaupt. Mit Verallgemeinerung der Mechanik meinte Planck aber schon die Verallgemeinerung der Begriffe von Raum und Zeit und den Objekten von Bewegung, die Physik abzubilden hat. Insofern war Plancks Argumentation auf die Verallgemeinerung nicht der Mechanik allein, sondern auf die Verallgemeinerung des Bewegungsbegriffs der Physik gerichtet.

Der Widerspruch zwischen Denkbestimmung „Raum" und „Zeit" und realer Wirklichkeit von Raum und Zeit trat mit der Diskussion um die Spezielle Relativitätstheorie stärker in das Bewußtsein der Physiker. Riemanns Frage nach der Beschaffenheit der Wirklichkeit wurde zur Frage nach der Möglichkeit, die Energie als Fundament einer relativistischen Ätherphysik zu nehmen. Spekulationen über Energieäther und Energieteilchen waren die Folge. Zu dem physikalischen Rüstzeug der Elektrodynamik kam mit der Speziellen Relativitätstheorie die Einsteinsche Formel $E=m*c^2$ hinzu. Sie lenkte den Lösungsversuch des Problems in die mikrophysikalische Richtung, die bereits Riemann als Ausgangspunkt favorisiert hatte. Erst mit der pseudoeuklidischen vierdimensionalen Fas-

---

25 Ostwald 1902, S. 3-4.
26 Planck 1909, S. 64.

sung der Speziellen Relativitätstheorie, die Hermann Minkowski ihr gab, erhielt die Diskussion um Raum und Zeit in der Physik wieder eine Wendung in die makrophysikalische Richtung. Wenn man A. Pais glauben darf, so hielt Einstein anfänglich die Minkowskische Fassung der Speziellen Relativitätstheorie für überflüssig.[27] Seine Suche nach einem Zugang zur Verallgemeinerung seiner Theorie seit 1907 läßt dies kaum wahrscheinlich erscheinen.[28] In den *Grundlagen der allgemeinen Relativitätstheorie*[29] betont Einstein, daß die Verallgemeinerung der Relativitätstheorie sehr erleichtert wurde „durch die Gestalt, welche der speziellen Relativitätstheorie durch Minkowski gegeben wurde, ... welcher zuerst die formale Gleichwertigkeit der räumlichen Koordinaten und der Zeitkoordinate klar erkannte und für den Aufbau der Theorie nutzbar machte." Mit Minkowski wurde die Frage Riemanns nach dem, was den Begriffen „Raum" und „Zeit" zugrunde liegt, eine Frage der Physik, weil nicht mehr nur die Veränderung einer geometrischen Struktur zu denken war, sondern die innere Bestimmung der „Zeit" etwas anderes war, als man bisher angenommen hatte. Die *„formale Gleichwertigkeit"* der räumlichen und zeitlichen Dimensionen mußte einen gemeinsamen und damit *physikalischen Grund* haben.

Das Gravitationsproblem als Phänomen der Elektrodynamik

Von den Anhängern des elektrodynamistischen Forschungskonzepts wurde ganz im Gegensatz zu Einstein, Minkowski und Planck die (Spezielle) Relativitätstheorie von 1905 als Erfolg ihres Programms fehlinterpretiert. Aus Einsteins berühmter Formel $E=m*c^2$ wurde ein weiterer Beweis für die elektrodynamische Natur der Masse herausgelesen. Damit wurde der wesentliche Unterschied zwischen Einstein und Lorentz/Poincaré nicht begriffen: Nämlich die Ersetzung einer Äther*dynamik* durch eine neue relativistische *Kinematik*. An dem elektrodynamistischen Standpunkt der Ätherdynamik orientierten sich dann auch viele Philosophen dieser Zeit, die sich mit physikalischen Grundlagenproblemen befaßten. So schrieb z.B. Erich Becher: „Es scheint uns aus alledem zu folgen, daß die Naturwissenschaft die Kräfte als reale Existenzen entbehren kann und entbehren sollte. Sie kennt nur die letzten bewegten Elemente, die Elektronen etwa, und ihre Bewegung, die aus der Lage der Elemente und ihrem Bewegungszustande folgen."[30] Dem heutigen Leser mag es trotz dieses Zeitgeistes merkwürdig erscheinen, wenn selbst Hermann *Minkowski* in seinem Vortrag vor der 80.

---

27 Vgl. Pais 1986, S. 151.
28 Siehe Einstein 1907/08, 4. Bd., S. 442 ff.
29 Einstein 1916b, S. 769.
30 Becher 1907, S. 226.

Naturforscherversammlung in Köln 1909 erklärte: „Die ausnahmslose Gültigkeit des Relativitätsprinzips ist, so möchte ich glauben, der wahre Kern eines elektrodynamischen Weltbildes, der von Lorentz getroffen, von Einstein weiter herausgeschält, nachgerade vollends am Tage liegt."[31] Das neue Weltbild der Physik war auch für Minkowski vor allem durch die dominierende Rolle der Elektrodynamik bestimmt. Allein über die Elektrodynamik schien sich der Zugang zu einer neuen Physik zu eröffnen, in der Raum und Zeit selbst Gegenstand (Meßobjekt) der Physik wurden. Für Minkowski war aber der Kern *dieses* Weltbildes das Einsteinsche Relativitätsprinzip. Die neue Inhaltsbestimmung von „Raum" und „Zeit" als relativistisches Raum-Zeit-Kontinuum erschien zunächst einzig als logische Konsequenz der Elektrodynamik. Der relative Abschluß der Speziellen Relativitätstheorie durch die Minkowskische Darstellung im vierdimensionalen pseudoeuklidischen Raum (Minkowski-Raum) hatte noch nicht zur endgültigen Aufgabe des elektrodynamistischen Forschungskonzepts geführt. In der weiteren Entwicklung des Relativitätsprinzips mußte sich erst erweisen, daß dieses Prinzip nicht der Kern eines „elektromagnetischen Weltbildes" war, sondern daß der relativistische Ansatz *unabhängig* von der Elektrodynamik die *ganze* Physik auf eine neue Grundlage stellen konnte. Ein Problem, das für Naturwissenschaftler wie Naturphilosophen nicht trivial war. Die enge Kopplung an die Elektrodynamik als Zugang zu einer relativistischen Physik findet man logischerweise auch bei Einstein selbst. Der Titel seiner ersten Arbeit zur Speziellen Relativitätstheorie von 1905 trägt den bezeichnenden Titel: „Zur Elektrodynamik bewegter Körper". Ähnliches findet man bei allen anderen Theoretikern (Gustav *Mie*, Max *Abraham*, Hermann *Minkowski*, Gunnar *Nordström, u.a.)*, die an der Lösung des Gravitationsproblems arbeiteten.[32]

Während aber Einstein und Minkowski durch die Entwicklung der Relativitätstheorie die Physik immer mehr ganzheitlich aus der Sicht des Relativitätsprinzips betrachteten, stehen vor allem Gustav Mie und Max Abraham für die Suche nach einer verallgemeinerten Physik *innerhalb* der Elektrodynamik. Das heißt, das Wesen aller physikalischer Phänomene sollte sich in elektrodynamischen Begriffen aufzeigen lassen. Die Anhänger dieses Konzepts bemühten sich um die widerspruchsfreie *Integration* der Speziellen Relativitätstheorie *in* die Elektrodynamik. Dazu mußten sie die Spezielle Relativitätstheorie als *Endpunkt* der relativistischen Physik nehmen. Verbunden war dieser Ansatz mit der Interpretation des pseudoeuklidischen Raum-Zeit-Kontinuums als nun bezüglich der Zeit relativistischen „Raums" aber trotzdem im Sinne des Kantschen Apriorismus. D.h.

---

31 Minkowski 1909, S.111.
32 Vgl. Abraham, Mie, Nordström

die traditionelle Vorstellung der Physik von Raum und Zeit wurde zunächst nur quantitativ erweitert, indem die Zeit mit dem Raum zu einem einheitlichen geometrischen System verschmolz. Der Bezug aufeinander über den Punkt erweiterte sich zum Bezug über eine Dimension. Die Begriffe selbst aber blieben in ihrer klassischen Ausprägung noch erhalten. Daher auch der häufige Verweis auf den *Modell*charakter des Minkowski-Raums, dem an sich keine Wirklichkeit zukomme. Die Spezielle Relativitätstheorie ist, wenn man sie als abgeschlossen begreift, noch in die klassische Physik integrierbar.[33] Genau diese Abgeschlossenheit war aber für Einstein nie gegeben. Mit der ersten Formulierung seines Äquivalenzprinzips begann er, dieser Beschränktheit (Spezialisierung) des Minkowskischen Raumbegriffs einen konkreten Ansatzpunkt zur Verallgemeinerung zu geben.[34]

Einsteins Konkurrenten

Unbestritten hat Einstein die Allgemeine Relativitätstheorie allein geschaffen. Seine Gedanken, Irrwege haben aus heutiger Sicht viel zu wenig Beachtung bei denjenigen Fachkollegen gefunden, die ebenfalls am Gravitationsproblem arbeiteten. Deren Kritiken kann man heute allein als krampfhaftes Festhalten an traditionellen Konzepten deuten. Die polemische Schärfe, mit der man Einstein attackierte, lassen diese damaligen Größen der Physikerkaste kleinlich erscheinen. Gustav Mie, Max Abraham und Gunnar Nordström sind in der Historiografie der Physik fast völlig in Vergessenheit geraten.[35] In den meisten Darstellungen zur Geschichte der *Allgemeinen* Relativitätstheorie erscheint diese als zwingende klare Notwendigkeit, die sich aus der vorangegangenen *Speziellen* Theorie als logische Konsequenz ergibt. Diese Darstellung setzt immer schon implizit das

---

33 Sehr klar sprach dies Max v. Laue aus: „Bisher standen die Physiker, häufig unbewußt, fast alle auf dem ersteren [Standpunkt], der an das Vorhandensein eines Inertialsystems, unabhängig von allen Massen glaubt. Dies gilt auch noch für die „spezielle" Relativitätstheorie, welche Einstein uns 1905 beschert hat." (Laue 1919, S. 11)

34 John D. Norton: „Einstein's principle of equivalence asserted that the properties of space, which manifest themselves in inertial effects, are really the properties of a field structure *in* space...." (Norton 1985, S. 245) „With respect to classical and special-relativistic space-times it is possible to be a hypersubstantivalist and maintain that there just one space-time an that talkabaut different worlds is to be translatetd as talk about different arrangements of matter and fields in the fixed space-time." (Earman 1989, S. 183-184)

35 Vgl. Kanitscheider 1988, S. 149, etwas mehr Beachtung finden diese Autoren bei Pais 1986, S. 230 ff.

neue Wissen voraus. Die vielen Irrwege bleiben aus dieser Perspektive unverständlich und sind kaum noch nachvollziehbar. Damit wird aber die eigentliche Leistung Einsteins ebenfalls erheblich geschmälert und die Bedeutung der Umwälzung in der Physik verringert. Es war aber umgekehrt der Außenseiter Einstein, der mit merkwürdigen Denkansätzen unbekannte Wege ging, während seine Kontrahenten den normalen Weg physikalischer Forschung fortsetzen wollten. Durch den frühen Tod Minkowskis leistete Einstein den Löwenanteil der Arbeit allein, wenn man von der mathematischen Unterstützung seines Freundes Marcel Großmann bis 1914 einmal absieht. Und doch wurde dieser Weg von Kontroversen durchkreuzt und beeinflußt. Die Kritiken zwangen Einstein zu Präzisierungen und klarerer Ausdrucksweise. Die Kontroversen mit Abraham, Mie und Nordström schärften seine Instrumentarien. Die sich als nicht gangbar erweisenden Ansätze veranlaßten Einstein zu ständig neuen Stellungnahmen und machten die interessierte Fachwelt mit seinem Forschungsstand vertraut.

Aus der Betrachtung dieser Auseinandersetzungen werden Facetten sichtbar, die auch zum Weg der Physik des 20. Jahrhunderts dazugehören. Es geht dabei nicht darum festzustellen, was die Männer der „2. Reihe" für sich genommen gedacht haben, sondern es geht um eine komplexere Betrachtung von Wissenschaftsentwicklung. Die Einsteinsche Leistung kann erst dann wirklich ermessen werden, wenn man das Umfeld kennt, aus dem sie sich heraushob. Der wissenschaftliche Erfolg wird ohne Reflexion der Mißerfolge nicht begreifbar. Gescheiterte Konzepte sind auch ein Stück Geschichte der Wissenschaft. Gerade sie sind es, die die Notwendigkeit des Bruchs mit alten Denktraditionen erhellen, weil sie das Festhalten an Traditionen verkörpern. Die Bestrebungen Abrahams und Mies waren im Zeitverständnis zunächst die vernünftigen Vorgehensweisen, während Einsteins Bemühungen zur Verallgemeinerung der Speziellen Relativitätstheorie als kaum erfolgversprechend erschienen. In einem sehr knappen Zeitraum von weniger als 10 Jahren änderte sich diese Situation völlig.

Nachdem Einstein im Herbst 1915 seine Allgemeine Relativitätstheorie vollendet hatte, war es nur noch schwer möglich, die frühe Theorie von 1905 zu akzeptieren und gleichzeitig die Allgemeine Theorie abzulehnen. Die Einstein- Gegner unter Führung von Phillip Lenard und Johannes Stark machten nun organisiert gegen die Relativitätstheorie Front, weil das alte Weltbild der Physik erst jetzt wirklich ins Wanken geriet. Die Relativitätstheorie ist eine der wenigen physikalischen Theorien, wo der Zusammenhang zur Philosophie sofort offensichtlich wird. Daher liegt die Frage nach den verschiedenen philosophisch geprägten Denkansätzen und ihre Wechselwirkungen auf der Hand. Ohne Beachtung dieses besonderen Verhältnisses von Raumzeit-Physik und der Philosophie von

Raum und Zeit, ist die Entwicklung der Gravitationstheorien hin zur Allgemeinen Relativitätstheorie nicht begreifbar.

In diesen Auseinandersetzungen, der Konkurrenz der verschiedenen Ansätze und Konzepte mußte man unweigerlich nach neuen Anworten auf die alte Frage nach dem Verhältnis von Raum und Zeit in Physik und Philosophie suchen und damit die Frage nach dem Verhältnis von Philosophie und Physik neu aufwerfen.

Gustav Mies Allgemeine Theorie der Materie

Gustav Mie (1868-1957) war einer der ersten Physiker, die sich nach der Entstehung der Relativitätstheorie mit Grundfragen der Physik befaßten. Seine Überlegungen und Ansätze wurden von der schnellen Entwicklung der Physikalischen Theorien überholt. Jedoch sollte sein Beitrag für die innerphysikalische Diskussion einige Beachtung finden, weil Mie nicht nur zu den Wegbereitern des Übergangs von der klassischen zur nichtklassischen Physik gehörte, sondern auch zu den Vordenkern einer einheitlichen Theorie von Teilchen und Feld.[36]

Begonnen hatte Gustav Mie seine wissenschaftliche Laufbahn mit der Suche nach dem neuen Inhalt des Energiebegriffs. 1889 veröffentlichte er eine Arbeit zur Theorie der Energieübertragung.[37] In dieser Arbeit wurde davon ausgegangen, daß mit der Durchsetzung der Nahwirkungstheorie die Energie in „eindeutig bestimmbarer Weise" im Raume verteilt sein muß. Indem Mie versuchte, aus der Elektrodynamik wesentliche Bestimmungen der Energie abzuleiten, griff er die höchst aktuelle Fragestellung auf, ob die Energieströme als notwendige Konsequenz der elektrodynamischen Nahwirkungstheorie angesehen werden können.[38] Mie kam es in dieser frühen Arbeit darauf an, zu beweisen, daß der von

---

[36] „Noch vor der Enstehung der AR und mit der Beschränkung auf die elektromagnetischen Erscheinungen hatte Gustav Mie 1912 das Programm einer reinen Feldtheorie der Materie entworfen. Das Ziel, das ihm vorschwebte, war, die Maxwellschen Gleichungen so zu modifizieren, daß sie eine oder wenige singularitätsfreie statische kugelsymmetrische Lösung besitzen; diese würde dann dem Elektron und den Atomkernen der in der Natur vorkommenden Elemente entsprechen." (H. Weyl 1951, S. 80) „Aber dieses Programm einer reinen Feldtheorie ist noch nicht vollendet. Seine erste folgerichtige Formulierung als Programm erfuhr es wahrscheinlich durch Mie für die Elektrodynamik im ersten Jahrzehnt unseres Jahrhunderts. Einstein übernahm es in seine allgemeine Relativitätstheorie und in seine späteren Versuche, eine einheitliche Feldtheorie zu formulieren." (Weizsäcker 1990, S. 221)

[37] Mie 1898.

[38] Ebd., S. 1113.

Poynting und Heaviside abgeleitete Energiestrom cin realer Energiestrom sei und nicht nur formale Hilfsgröße energetischer Betrachtungen. Er verband die räumliche Energieverteilung mit der Vorstellung eines „immateriellen Fluidums", das den einzelnen Körperteilchen in veränderlicher Dichte anhafte. Es schien ihm daher nur legitim zu sein, auch bei nicht abgeschlossenen Systemen von der Energie eines Körperelements zu sprechen. Mie wußte, daß bereits 1885 Lodge den Energieteilchen eine ähnliche Existenz wie den materiellen Teilchen zugeschrieben hatte. Bei allem Schwanken entschied er sich dann aber doch lieber für die Position von Heaviside, der es für unmöglich hielt, den Energiestrom bestimmt zu definieren. Als Konsequenz daraus wurde dann auf die Nichtexistenz individueller Energieteilchen geschlossen. Der Energiestrom verwandelte sich so wieder vom physikalischen Phänomen zur bloßen mathematischen Hilfsgröße, um die Verteilung der Energie „bequem" verfolgen zu können. Mit der Anlehnung an Heaviside gab Mie leider seinen eigenen Ansatz auf. Ein Argument Mies ist hier jedoch besonders bemerkenswert. Der Energiestrom müsse schon deswegen nur eine Hilfsgröße sein, so Mie, weil sonst die *bewegte Energie eine Trägheit* aufweisen würde. Dies war für ihn ganz im klassischen Sinne noch unvorstellbar. Genau die Umkehrung dieser Argumentation war es, die 1907 für Einstein zum Ausgangspunkt seiner Suche nach der Verallgemeinerung der Relativitätstheorie wurde. Weil die Annahme einer Trägheitswirkung von Energie vor der Jahrhundertwende noch eine absurde Annahme war, machte Mie sich daran, eine Äthertheorie im traditionellen Sinne zu entwickeln. Ganz im Sinne des vorherrschenden Elektrodynamismus setzt er die Elektrodynamik mit der „Physik des Äthers" gleich.[39] Aufgabe der Physik sollte es sein, „die ziemlich greifbare Materie als besondere Modifikationen des Äthers zu erklären."[40] Der Äther wurde so zu einem materiellen Kontinuum aus dem die Entstehung aller Wechselwirkungen und aller Materie verstanden werden sollte. Später faßte Mie diese Idee ausbauend die elektrodynamische wie die Gravitationswechselwirkung als „Kraftäußerungen der nichtgreifbaren Materie, des Äthers" auf.[41] Auf diese Weise wird der Äther selbst zum Teil der Materie, indem das Leere zwischen den Atomen des absoluten Raums wieder materielle Wirkungsfähigkeit erhält. Diese Materialisierung des Äthers war der Anfang zur Neubestimmung des physikalischen Raums als ein materieller Gegenstand, der bei Einstein letztlich zum Feld wurde. Materielle Körper sollen nach Mie verstanden werden

---

[39]   Mie 1906, S. 1.
[40]   Ebd., S. 29. Erich Becher griff 1914 genau diese Formulierung,auf. (Becher, 1914, S. 291)
[41]   Mie 1906, S. 6.

als Summe von Molekülnetzwerk *und* Äther. Der Äther hört auf, nur tote Trägersubstanz elektromagnetischer Wellen zu sein. Gleichzeitig spricht er aber von magnetischen Feldern im Äther, womit sein Ätherbegriff wieder aufgelöst wird in Raum und Feld. Zwischen Teilchen und Ätherkontinuum mußte vermittelt werden. Mie versuchte es mit der Ladung. Die „Atomladungen" sollen die Verbindung herstellen „zwischen Äther und Materie."[42] Indem Mie dem zeitgemäßen Physikverständnis entsprechend davon ausgehen kann, daß die Trägheit des Elektrons ausschließlich elektromagnetischer Natur sei, ist das Elektron für ihn kein materielles Teilchen im üblichen Sinne mehr, sondern nur eine elektrische Ladung, „das Elementarquantum der negativen Elektrizität".[43] Die Einsteinsche Gleichung $E=m*c^2$ wird ganz im Sinne dieses Konzepts als Reduktion von Masse auf Energie verstanden. Aus dem elektrodynamistischen Blickwinkel heraus konnte so die Spezielle Relativitätstheorie zunächst noch die Suche nach einer elektrodynamistischen Äthertheorie verstärken.

Bereits 1906 waren alle wesentlichen Ideen der späteren Mieschen *Theorie der Materie* vorhanden. Diese Theorie, die als erster Versuch einer „reinen" Feldtheorie gilt, erweist sich damit als eine vorrelativistische Theorie, in die dann im Nachhinein versucht wurde, die Spezielle Relativitätstheorie zu integrieren. Mie sah die Notwendigkeit der Entwicklung einer Feldphysik, sein Problem war aber, wie Äther und Elektron in einem Konzept Bestand haben können. Zudem sollte das makrophysikalische Phänomen Gravitation aus einer mikrophysikalischen Problemstellung (Theorie des Elektrons) abgeleitet werden. Aus dieser Sicht des Feldtheoretikers wurde die physikalische Atomlehre dann zur bloßen „Zusammenfassung einer großen Menge sinnlich wahrgenommener Tatsachen unter einem Begriff." Kant folgend ist es unser ordnende Verstand, der Raum und Zeit a priori braucht. Hier korrespondiert die begriffliche Bestimmung des Atoms mit dem Raumbegriff. Die Konstruktion des Atombegriffs im Denken setzt im Kantschen Sinne Raum und Zeit als Denkform voraus. Und so fragt Mie mit *Kant*: „Können wir nun von dem materiellen Körper a priori noch mehr aussagen, als daß er als Verstandesprodukt den Gesetzen des Verstandes unterworfen sein muß?" Und so wie die Frage fällt auch die Antwort kantianisch aus: „nämlich erstens, daß wir die sinnlichen Wahrnehmungen notwendigerweise in eine räumliche Ordnung bringen müssen, daß also der materielle Körper ein dreidimensionales räumliches Gebilde sein muß, und zweitens, daß sich alle Veränderungen in eine zeitliche Reihenfolge einordnen lassen, daß also alles

---

42 Ebd., S. 18.
43 Ebd., S. 35-36.

Geschehen in der Zeit vor sich geht. Damit sind wir dann aber auch fertig."[44]
Die Anleihe bei Kant erwies sich aber sogleich als nicht hinreichend tragfähig.
Auch bei Mie zeigte sich die Notwendigkeit, über Kant hinausgehen zu müssen,
weil der physikalische Raum als *wirkende Substanz* gefaßt werden muß: „Um
auszudrücken, daß man das Vakuum nicht bloß als leeren geometrischen Raum,
sondern vielmehr als eine wirkliche physikalische Substanz, als ein Objekt der
physikalischen Forschung anzusehen habe, hat man ihm einen besonderen Namen, den des Weltäthers, beigelegt."[45] Alles das, was mit dem Kantschen
Raumbegriff nicht abgedeckt werden kann, wird in den Äther verlegt. In Mies
Selbstverständnis entstehen die Schwierigkeiten in der Äthertheorie aus der
Übertragung „mechanistischer Begriffe", mit denen üblicherweise Materie bestimmt wird, auf die Theorie des Äthers. Das Atom wird zu einem Teil, das den
Raum mitkonstituiert, da es *gleichzeitig auch* Äther sein muß. Es wird zu einem
bestimmten begrenzten „Gebiet singulären Verhaltens" im Äther. Aus der formal
logischen Sicht, so erkennt Mie, kann der „reine Äther" keinerlei Eigenschaften
mit der „greifbaren Materie" gemeinsam haben. Wenn die angestrebte neue
(Äther)Physik jedoch funktionieren soll, so muß man sich über die logische
Strene hinwegsetzen. „Streng logisch", so argumentiert Mie weiter, können wir
den „reinen Äther" „überhaupt nicht als eine Materie oder Stoff bezeichnen, weil
er keinerlei Modifikation erleidet und deswegen auch nicht wahrgenommen
werden kann. Allerdings müssen wir die Atome, wie wir oben gesehen haben,
als modifizierten Äther ansehen".[46] Hier wird der Widerspruch ganz deutlich.
Materie ist auch Äther, aber Äther nicht auch Materie. Diese „strenge Logik",
die im Kern die Argumente Kants verwendet, ist in der neuen Ätherphysik nicht
durchhaltbar. Sie braucht den Äther als wechselwirkenden Kitt, durch welchen
die letzten Bausteine der Materie verbunden werden.[47] Als Verbindungsglied
zwischen Äther und Atom soll die elektrische Ladung fungieren. Mit der Elektrodynamik erscheint der Äther als ein elektrodynamisches Phänomen, ohne daß
man mehr über diesen elektrischen Äther weiß. Für Mie ist entscheidend, daß
man das Licht nicht mehr „mechanistisch" als Wellenbewegung im Äther aufzufassen braucht. Physik soll nicht mehr mechanisch sondern elektrodynamisch erklären: Diese „Schwierigkeiten sind nun mit einem Schlage beseitigt, da man
weiß, daß der Zusammenhang zwischen Materie und Äther nicht mechanisch

---

44   Ebd., S. 1-3.
45   Ebd., S. 97
46   Ebd., S. 97- 100.
47   Ebd., S.104.

sondern elektrisch ist."[48] Dies ist die Miesche Lesart der Speziellen Relativitätstheorie. Für ihn ist mit Einsteins Theorie von 1905 das Ätherproblem noch nicht gelöst. Den Äther elektrodynamisch beschreiben zu wollen, ist die logische Konsequenz der Kontinuität vorangegangener Physikentwicklungen. Mie versucht, das Elektron als letzten Baustein der Materie zu setzen. Im Gegensatz zu Einstein will er den physikalischen Raum (Vakuum) nicht als Gravitation, sondern als elektromagnetisches Feld theoretisch erfassen. Dies ist auch der Ansatz seiner späteren Theorie der Materie. Für Einstein war mit der Speziellen Relativitätstheorie diese Möglichkeit nicht mehr gegeben. Er war sich der Konsequenzen seiner Theorie bezüglich des Verhältnisses von Energie und Masse voll bewußt. So schrieb er im Dezember 1907, daß „die träge Masse und die Energie eines physikalischen Systems als gleichartige Dinge auftreten. Eine Masse m ist in bezug auf Trägheit äquivalent mit dem Energieinhalt von der Größe $m*c^2$."[49] Einstein setzte hier seine Überlegungen zum Verhältnis von Trägheit und Energie aus dem Jahre 1905 fort. Aus der „Gleichartigkeit" von Trägheit und Energie schloß er auf die Gleichartigkeit von Energie und Schwere, da die Gleichheit von schwerer und träger Masse als empirischer Fakt mit hinreichender Genauigkeit nachgewiesen war. Die Konsequenz daraus, „die völlige physikalische Gleichwertigkeit von Gravitationsfeld und entsprechender Beschleunigung des Bezugssystems", formulierte er in seinem Äquivalenzprinzip.[50]

Für Einstein lag der heuristische Wert dieser Annahme vor allem darin, daß ein homogenes Gravitationsfeld durch ein gleichförmig beschleunigtes Bezugssystem ersetzt werden könnte. Erst dadurch war ihm die relativistische Behandlung der Gravitation theoretisch möglich. In den folgenden Arbeiten prüfte er die Konsequenzen für eine neue Gravitationstheorie. Aus der Abschätzung der Konsequenzen wurde klar, daß bei einer spürbaren Gravitationswirkung nicht mehr von einer konstanten Lichtgeschwindigkeit ausgegangen werden konnte. Damit

---

[48] Ebd., S. 143.

[49] Einstein 1907/08, Bd. 4, S. 442.

[50] Das Äquivalenzprinzips hatte Einstein während der Arbeit an einem Überblicksartikel für Johannes Starks *Jahrbuch der Radioaktivität und Elektronik* gefunden. Diese erste Formulierung lautete: „Wir haben daher bei dem gegenwärtigen Stande unserer Erfahrungen keinen Anlaß zu der Annahme, daß sich die Systeme S_1 [beschleunigtes Bezugssystem ohne Gravitationswirkung] und S_2 [im homogenen Gravitationsfeld ruhendes Bezugssystem] in irgendeiner Beziehung voneinander unterscheiden, und wollen daher im folgenden die völlige physikalische Gleichwertigkeit von Gravitationsfeld und entsprechender Beschleunigung des Bezugssystem annehmen. Diese Annahme erweitert das Prinzip der Relativität auf den Fall der gleichförmig beschleunigten Translationsbewegung des Bezugssystems." (Ebd., S. 454)

war die Abwandlung der Relativitätstheorie für Einstein unvermeidlich, da ja die Konstanz der Lichtgeschwindigkeit in der Theorie von 1905 eine fundamentale Rolle spielte.

Ganz im Gegensatz zu den Einsteinschen Überlegungen war für Gustav Mie schon der Trägheitsbegriff selbst eine mechanistische Bestimmung, die in eine neue elektrodynamischen Äthertheorie nicht hineingehören sollte. Die Einsteinsche Relativitätstheorie von 1905 wird von ihm, wie von den meisten Vertretern des elektrodynamistischen Konzepts, in konsequenter Fortsetzung einer Denktradition fehlinterpretiert.[51] Aus $E=m^*c^2$ wurde ein weiterer Beweis für die elektrodynamische Natur der Masse herausgelesen. Damit wurde der wesentliche Unterschied zwischen Einstein und Lorentz/Poincaré, die Ersetzung einer Ätherdynamik durch eine neue Kinematik, nicht begriffen. Das neue relativistische Weltbild der Physik erschien als neueste Variante eines elektrodynamistischen Weltbildes. Mie entwarf auf der Basis der Maxwellschen Elektrodynamik eine Feldtheorie, die der Speziellen Relativitätstheorie genügen sollte, deren Basis aber die Maxwellsche Theorie war. Durch die Verbindung von Elektrodynamik und Relativitätstheorie sollte sich das Elektron als *das Atom* der Welt ebenso erklären lassen wie die Gravitation, die als eine elektrodynamische Erscheinung aufgefaßt wurde. Dieser Anspruch, alle physikalischen Phänomene in einer Theorie zu vereinigen, veranlaßte den Autor zu dem Titel *Grundlagen einer Theorie der Materie.*[52] Ganz offen bekennt Mie, daß es mit dem vorhandenen theoretischen Rüstzeug endlich möglich sein müsse, alle Erscheinungen in der materiellen Welt in einer Theorie zu beschreiben. Diese Euphorie mag uns schwer verständlich erscheinen. Für den 1868 geborenen Mie schien die Phase rascher Veränderungen des Theoriengebäudes der Physik als im wesentlichen beendet. Ein Irrtum, der ganz stark von der elektrodynamistischen Sicht der Physik geprägt war.

In der *Theorie der Materie* faßte Mie seine früheren Ansätze und Überlegungen zusammen. Sein sehr unbescheidenes Ziel ist es, „die Existenz des unteilbaren Elektrons zu erklären, und: die Tatsache der Gravitation mit der Existenz der Materie in einem notwendigen Zusammenhang zu sehen." Elektrodynamik und Gravitation werden als „die unmittelbarsten Äußerungen der Kräfte, auf denen die Existenz der Materie überhaupt beruht", aufgefaßt. Die *Theorie der Materie* müßte nach diesem Ausgangspunkt eine Synthese von elektrodynamischer und Gravitationsfeldtheorie sein. Die Überlegung, daß Materie ohne Gravitation

---

51　So war einer der späteren Wortführer der sogenannten „Deutschen Physik", Johannes Stark, zunächst ein Förderer der Einsteinschen Ideen. (vgl. Westphal, 1985)

52　Mie 1912a, S. 511-534.

sinnlos sei, wird von Mie ganz im Sinne Einsteins ausgesprochen. Mie schränkte seinen Ansatz aber selbst wieder ein, wenn er gleichzeitig diese Materie als ein elektrisches Phänomen fassen wollte. Es wurde so kein Zusammenhang zwischen Trägheit und Gravitation vorausgesetzt wie bei Einstein, sondern von Gravitation und Elektrodynamik. Diese Theorie sollte damit im Kern alles das leisten, was Physik bis heute nicht vermochte, gleichzeitig Theorie von Mikro- und Makrokosmos zu sein. Dies mag aus heutiger Sicht als sehr abwegig erscheinen. Mie glaubte jedoch, daß mit einer *einheitlichen* Theorie von Gravitation und Elektrodynamik das Trägheitsproblem sich von selbst erledige. Die Verbindung beider Theorien sollte dafür den Zugang liefern. Unausgesprochen unterstellte Mic, daß mit E=m*c² das Trägheitsproblem auf ein Energieproblem reduzierbar sei. Mit der Fehlinterpretation der Einsteinschen Gleichung als Reduktion von Masse auf Energie liefern für Mie die Maxwellschen Gleichungen in der Form von Minkowski (vierdimensionaler pseudoeuklidischer Raum) alle Voraussetzungen für eine einheitliche Theorie der Materie. Damit wird die Konsequenz, die sich aus der Speziellen Relativitätstheorie für das Verhältnis von Energie, Trägheit und Gravitation ergab, ausgeblendet. Das klassische Setzen von Raum und Zeit als Voraussetzung von Physik bleibt in der Verbindung von Raum und Zeit im pseudoeuklidischen Raum-Zeitkontinuum erhalten. In seiner Vorgehensweise fühlte sich Mie dadurch bestärkt, daß sich die elektrodynamischen Größen im Gegensatz zu den mechanischen Größen problemlos in die Relativitätstheorie einfügen lassen. Die Form, in die Minkowski die Maxwellschen Gleichungen bringen konnte, führte zweifellos zu einem tieferen Verständnis der Maxwellschen Theorie selbst. Mie glaubte jedoch, mit dieser Fassung über die Elektrodynamik hinausgelangt zu sein. Aus einer elektrodynamistischen Sichtweise konnte so die Formulierung der Elektrodynamik im Minkowski-Raum als starkes Indiz für die Fundamentalrolle der Elektrodynamik genommen werden. Für spätere feldtheoretische Ansätze war an dem Mieschen Konzept von Interesse, daß die elektrische Ladung als „besonderer Zustand" im Äther aufgefaßt wurde. Die kleinsten Teilchen sollten keine Fremdkörper mehr im Kontinuum des Weltäthers sein. Leider vermochte die Theorie nicht zu erklären, was das gemeinsame Wesen von Elektron und Äther sein soll. Damit fehlte der Mieschen Feldtheorie die neue Idee, um das Verhältnis von Elektron (als Atom der Welt) und Feld in eine neue Beziehung zu bringen.

Mie stellte sich des weiteren die Frage, ob man im Innern des Elektrons noch mit der herkömmlichen Physik rechnen könne. Diese Frage war für ihn nicht trivial. Er sah aber keine andere Möglichkeit, als bis hin zum „Kern" des Elektrons die herkömmlichen Gesetze der Physik gelten zu lassen, da diese nach den bisherigen Erkenntnissen eben bis zur Oberfläche des Elektrons gelten müßten. Ein

Jahr vor dem Bohrschen Atommodell sicher noch eine allgemein akzeptierte Annahme. Die Theorie entartet jedoch zur völligen Spekulation, da kein experimentelles Material diese Annahme untermauern konnte. Interessant ist, daß in der Mieschen Feldtheorie das atomistische Moment erhalten bleibt, da für das Elektron ein Kern angenommen wird, indem die Maxwellschen Gleichungen wegen der hohen Intensität der Feld- und Ladungszustände nicht mehr gelten sollten. Für Mie war es nun wichtig, einen Übergang vom „reinen" Äther zum Elektron zu schaffen. Seine Argumentation beinhaltet im wesentlichen nur die Postulierung der Kontinuität der Übergänge zwischen Mikro- und Makrophysik. Im Widerspruch zum Kernkonzept steht die andere These, daß die Elektronen als besondere Zustände des Äthers aufzufassen seien.[53]

Kontinuität und Diskontinuität sind für die beginnende moderne Physik nicht mehr im schroffen Gegensatz von kleinsten Teilchen (Atomen) und Raum faßbar. Die zur physikalischen Realität gewordenen Felder zwingen zur mannigfaltigeren Vermittlung zwischen Raum und Atom und damit zur Aufweichung früherer Widersprüche. Für Mie ist diese Vermittlung aber noch Neuland. Typisch daher nicht nur für ihn das Hin und Her zwischen Äther und atomistisch gefaßten Elektronen. Es kam aber gerade auf die Vermittlung dieser beiden Pole durch *Theoriegehalt* an. Der eingangs dargestellte Kantianische Standpunkt mag Mie darin bestärkt haben, in bloß formalen Verbindungen von Theorien nach neuen Erkenntnissen zu suchen. Bei seinen Fachkollegen jener Zeit findet man jedoch ähnliche Vorgehensweisen, ohne daß dies mit Kant philosophisch untermauert wurde. Mie wollte das Wesen des Elektrons mittels der bisher existierenden physikalischen Theorien (einschließlich der Speziellen Relativitätstheorie) erklären. Bei der Ausarbeitung der Theorie war er aber sofort gezwungen, das Verhältnis von Elektron und Äther zu untersuchen. Das heißt, auch Mie kann die Frage nach dem Verhältnis von Raum und Materie nicht umgehen.

Im Bewußtsein, daß seine Annahmen nicht beweisbar und daher sehr spekulativer Natur waren, stellte sich Mie auf den Standpunkt, daß man einfach sehen müsse, wie weit man damit zurecht komme. Dies ist ein Indiz dafür, wie sehr sich das Theoretisieren bereits von der unmittelbaren theoretisch abgesicherten Basis der Physik abgehoben hatte. Es war schon das Gebiet reinster Spekulation erreicht, obwohl gerade mit klassischen Vorstellungen ständig argumentiert wurde. Hier zeigt sich, wie wenig die theoretischen Physiker zu Beginn unseres Jahrhunderts am empirischen Stoff klebten.

---

53 Ebd., S.512- 513.

Aus der Herleitung und Lösung eines abgewandelten System Maxwellscher Gleichungen gelangte Mie für das Elektron zu dem Schluß, daß die „elektrische Feldstärke" die Ladung des Elektrons „nach außen zu ziehen und sie über einen möglichst großen Raum auszubreiten" suche. „Expansionskraft und Kohäsionskraft sind die beiden Wirkungen, auf denen die Existenz der Materie überhaupt beruht, sie müssen also in jeder möglichen Theorie der Materie vorkommen."[54] Hartmanns Feststellung, die theoretische Physik erinnere in ihrer Vorgehensweise an die alte Naturphilosophie, findet hier in der Mieschen Vorgehensweise ihre Bestätigung.

Im weiteren suchte Mie die Invarianz der vierdimensionalen Hamiltonschen Funktion H gegenüber der Lorentz-Transformation zu beweisen, um zu zeigen, daß das Relativitätsprinzip für alle physikalische Prozesse gilt. Dies war für ihn notwendig, weil er glaubte, über die relativistisch formulierte Elektrodynamik hinausgegangen zu sein. Dieser Irrtum beruht wiederum auf der Mieschen Grundannahme, daß man durch die Vereinigung von (Spezieller) Relativitätstheorie und Elektrodynamik zu einer völlig neuen Theorie der Materie gelangen könne, die mehr liefere als die Einsteinsche Theorie. Aus der Sicht der erfolgreichen Allgemeinen Relativitätstheorie erscheint Mies Vorgehen als schwer nachvollziehbar. Aus Äußerungen von Fachkollegen dieser Zeit kann man aber ersehen, daß mehr die Art und Weise wie Einstein an die Lösung des Problems heranging, als absurd gewertet wurde und die Überlegungen Mies und anderer, die sich in traditionellen Bahnen bewegten, der zeitgemäße Weg theoretischer Forschung war.

Die ersten beiden Mitteilungen über *die Grundlagen der Theorie der Materie,* die zusammen 73 Seiten der *Annalen der Physik* füllten, kehrten letztlich zur Ausgangsfrage zurück. Wie ist das Elektron als Atom der materiellen Welt aus einer Feldfunktion heraus begreifbar? Erst in seiner dritten und letzten „Mitteilung" geht Mie in der Hoffnung, eine Lösung des Problems zu finden, auf Trägheit und Gravitation ein. Dies ist dann auch der eigentliche Anlaß für eine Diskussion mit Einstein über seine verallgemeinerte Relativitätstheorie und über Mies Vorarbeit zur Problemstellung.

Bei dem Versuch, seiner Theorie durch die Einbindung der Gravitation einen krönenden Abschluß zu geben, mußte Mie erkennen, daß die „Grundgleichungen der Ätherdynamik" nicht zu einer „Erklärung der Gravitation" ausreichen. Damit hatte Mie eigentlich den Beweis geliefert, daß Gravitation nicht aus der Synthese von Spezieller Relativitätstheorie und Elektrodynamismus erklärt wer-

---

[54] Ebd., S. 518.

den kann. Sein Ausweg war, die Gravitation als eine der „Energie an sich inne-wohnende Kohäsionswirkung" aufzufassen. Dies führte jedoch zur Verletzung des Relativitätsprinzips, „denn die Energiedichte ist in der Relativitätstheorie das letzte Glied der Weltmatrix, es müßte also schon die ganze Matrix als solche in die Gleichung eintreten."[55] Aus diesem Zitat wird deutlich, daß nicht so sehr der Zusammenhang von Trägheit und Energie eine Rolle spielte, sondern mit der *formalen Struktur* der Speziellen Relativitätstheorie argumentiert wurde. Aus diesen formalistischen Gründen wurde dann nicht mehr der Energie, sondern der Hamiltonfunktion das „Kohäsionsbestreben" der Gravitation zugeschrieben. Da die Hamiltonfunktion in relativistischer Schreibweise ein vierdimensionaler Ska-lar ist, muß für den zu findenden Zusammenhang aus formalen Gründen das Gravitationsfeld durch einen Vierervektor dargestellt werden. Im Kern heißt das: Geht man davon aus, daß die Gravitation als ein Phänomen der relativistischen Elektrodynamik behandelbar ist, muß dieses Phänomen sich wie ein elektrody-namischer Sachverhalt mathematisch beschreiben lassen. Auf diese Weise drehte sich Mie im Kreis. Für ihn, wie für viele andere, war die Theorie Einsteins von 1905 schon derartig revolutionierend, daß man an diesem neu erworbenen Rüst-zeug keinen Zweifel zulassen wollte. Die Grenzen der Leistungsfähigkeit der Speziellen Relativitätstheorie schienen noch in sehr weiter Ferne zu liegen. Nur aus dieser Sicht war es möglich, nicht den Anschluß des Gravitationsproblems an das Relativitätsprinzip zu suchen, sondern die Gravitation als Kraftäußerung im Newtonschen Sinne („Kohäsionsstreben") im festgefügten vierdimensionalen Raum-Zeit-Kontinuum erklären zu wollen.

Bevor Mie seine Theorie der Materie veröffentlichte, hatte Einstein in den *Anna-len* seine Gedanken von 1908 wieder aufgegriffen. Er suchte weiter „nach dem Einfluß der Schwere auf das Licht".[56] Es mag zunächst verwundern, daß Mie diese Einsteinschen Bestrebungen nicht aufnahm und für seine Theorie verarbei-tete. Nach seinem Verständnis sollte sich jedoch dieses Phänomen der Gravitati-onswirkung auf das Licht aus der „Theorie der Materie" ausrechnen lassen. Für ihn kam es, wie auch für Max Abraham, darauf an, die *Energie* richtig *in die* Theorie einzubauen. Da die Theorie des Lichts in Form der Maxwellschen Glei-chungen bereits vorhanden war, schien die benötigte theoretische Grundlage, die auch nicht in Widerspruch mit Einsteins erster Theorie stand, als hinreichende Basis gegeben zu sein. Die Relativitätstheorie von 1905 wurde als integraler Be-standteil dieser theoretischen Basis selbst genommen. Die Erweiterung der apriorischen Begriffe, „Raum" und „Zeit", zu *einem* einheitlichen Begriff des

---

[55] Mie 1912c, S.5 ff.
[56] Mie 1911b, S.898

vierdimensionalen Raum-Zeit-Kontinuums war für eine ganze Generation von Physikern zumutbar, weil die Diskussion um Dimensionalität und Form des Raumes vorangegangener Jahrzehnte dafür den Boden bereitet hatte. Die Minkowskische Darstellung der Relativitätstheorie von 1905 war daher auch gar kein Problem. Erst mit der Allgemeinen Relativitätstheorie wurden die eigentlichen Konsequenzen bezüglich des Verständnisses von Raum und Zeit sichtbar, die dann auch rückwirkend zur Ablehnung der Speziellen Relativitätstheorie durch die Einstein-Gegner führte. Einsteins Bemühungen um eine Verallgemeinerung des Relativitätsprinzips wurde nicht als aktuelle Fragestellung der Theorieentwicklung erkannt, weil diese Richtung allen Denktraditionen der Physik widersprach.

1911 hatte Einstein sein Äquivalenzhypothese bereits weiter präzisiert und die fundamentale Rolle dieses Prinzips für eine verallgemeinerte Relativitätstheorie herausgearbeitet.

Der gleichschnelle Fall aller Körper im Gravitationsfeld als eine der allgemeinsten Erfahrungen physikalischer Forschung, so Einsteins Argumentation, hat in den „Fundamenten unseres physikalischen Weltbildes" keinen Platz erhalten. Sein Äquivalenzprinzip verstand er als eine „Interpretation des Erfahrungssatzes" des gleichschnellen Falls.[57] Im selben Beitrag betonte Einstein, daß die Spezielle Relativitätstheorie zwar die Gleichung $E/c^2=m$ geliefert habe, aber die „gewöhnliche" Relativitätstheorie kein Argument hervorbrachte „aus dem wir folgern konnten, daß das Gewicht eines Körpers von dessen Energieinhalt abhängt." Einstein ist daher überzeugt, daß man ausgehend von der Äquivalenz der Systeme K und K' die „Schwere der Energie" als „notwendige Konsequenz" dieses theoretischen Ansatzes erhalten kann.[58] Die empirische Tatsache der Gleichheit von träger und schwerer Masse muß seiner Ansicht nach in der Theorie erst noch eine Entsprechung finden. Das empirische Wissen muß auf der Ebene der Theorie mit einer Aussage korrespondieren, die es möglich macht, den empirischen Fakt tiefer zu begreifen.

Auf der 85. Naturforscherversammlung 1913 in Wien warf Mie Einstein vor, daß er seine Arbeit zur Lösung des Gravitationsproblems nicht zur Kenntnis genommen habe.[59] Der umgekehrte Vorwurf ist noch viel eher angebracht. Mie erwähnte die Einsteinschen Überlegungen nur ganz zum Schluß seiner Arbeit und da auch nur in einem Atemzug mit einer Kritik an Abraham, während er auf Arbeiten von Lorentz, Heaviside, Abraham u.a. mehrfach hinwies und ausführli-

---

[57] Einstein 1911, S. 899
[58] Ebd., S. 901.
[59] Mie 1913.

cher einging. Auf Mie mußte das Einsteinsche Äquivalenzprinzip einerseits antiquiert wirken, weil die Gravitation nicht als Feld im Sinne der Elektrodynamik behandelt wurde, andererseits aber fand er in diesem Prinzip eine Anregung für seine These von der „Relativität des Gravitationspotentials", worunter er folgendes verstand: „Wenn sich zwei leere Räume lediglich dadurch unterscheiden, daß in dem einen das Gravitationspotential einen sehr großen durchschnittlichen Wert ... hat, in dem anderen dagegen den Durchschnittswert Null, so hat das ... überhaupt auf alle physikalischen Verhältnisse und Vorgänge nicht den mindesten Einfluß."[60] So merkwürdig und unhaltbar dieser Satz auch war, so sprach Mie damit doch aus, daß die Spezielle Relativitätstheorie als allgemeingültige Theorie, die Raum und Zeit im Sinne der traditionellen Physik neu begründet, nur funktionieren kann, wenn man das Gravitationsphänomen ganz heraus läßt. Mies „Relativität des Gravitationspotentials" erklärt die Gravitation für vernachlässigbar, und genau allein unter dieser Voraussetzung ist die Spezielle Theorie gültig, wenn man die Gleichheit von Trägheit und Schwere noch hinzunimmt. Aus dieser Sicht konnten die Bestrebungen Einsteins zur Verallgemeinerung der Relativitätstheorie nur zur Folge haben, daß das vermeindliche Fundament der Physik, die pseudoeuklidische Raum-Zeit, zerstört wird. Da Mie seine Theorie nicht aufgeben wollte, mußte er die Gravitation als ein *wegzutransformierendes* Phänomen ansetzen, was sehr relativistisch klang aber nicht relativistisch gedacht war. Beachtenswert an der Mieschen Arbeit war jedoch, daß kein prinzipieller Unterschied mehr zwischen Materie und Äther gemacht wurde. Das Feld sollte die Materie wie den Raum (Äther) erzeugen. Hierin sah insbesondere David Hilbert die eigentliche Leistung Mies.

Bei seinen weiteren Überlegungen zu einer Theorie der Gravitation wurde von Mie besonders die Nähe zu Max Abraham hervorgehoben.[61] Er selbst mußte bekennen, daß seine Theorie „kein Elementarquantum der Ladung" lieferte.[62] Diese Erkenntnis wurde jedoch nicht als prinzipieller Hinweis genommen, um die Theorie einer eingehenden Kritik zu unterwerfen. Für Mie bedeutete dies lediglich, daß Elektronen, die man bei der angenommenen Weltfunktion bekommt, nicht unteilbar seien, sondern sich die atomistischen elektrodynamischen Bausteine der Welt im Feld auflösen. Damit hatte der empirische Teil des Konzepts aber ebenfalls keinen Bestand, was David Hilbert Jahre später zu seinem Versuch veranlaßte, Physik in Mathematik auflösen zu wollen.

---

60   Ebd., S. 63.
61   Ebd., S. 29.
62   Mie 1912b, S. 36-S.37.

Max Abrahams Kontroverse mit Einstein von 1912

Inspiriert von der Lorentzschen Elektronentheorie suchte Abraham (1875-1922) bereits vor 1905 nach Realisierungsmöglichkeiten für das elektrodynamische Konzept zur Erklärung der Gravitation. Seinen Ausgangspunkt meinte er bei Heinrich Hertz gefunden zu haben. Wenngleich die Hertzsche Mechanik eine, nach Abrahams eigener Einschätzung, diametral entgegengesetzte „Tendenz" verfolgte, sollte sie ihm in der „Folgerichtigkeit der Durchführung" Vorbild sein.[63] Abraham ging von elektromagnetischen Kräften aus, die aber in Anlehnung an Hertz nur Hilfsgrößen sein sollten. Diese Hilfsgrößen wurden definiert durch die elektromagnetischen „Grundvektoren" E, H und durch den Geschwindigkeitsvektor V.[64] Mit diesem Ausgangspunkt stand Abraham den Überlegungen Gustav Mies sehr nahe. Ebenso wie dieser glaubte er, daß man die Masse des Elektrons als rein elektromagnetische Größe auffassen müsse, um den Kaufmannschen Messungen über die Abhängigkeit der Elektronenmasse von ihrer Geschwindigkeit gerecht werden zu können.[65] Abraham verband diesen Lösungsansatz mit der Forderung, die Dynamik des Elektrons von vornherein elektromagnetisch zu begründen. Anders jedoch als Mie geriet Abraham in eine sehr heftige Auseinandersetzung mit Einstein um dessen Äquivalenzprinzip. Im Verlaufe dieses Streits kam er zu der Erkenntnis, daß sein Ansatz *nicht* mit dem Einsteinschen Äquivalenzprinzip und letztlich auch *nicht* mit der Relativitätstheorie von 1905 vereinbar war. Wie Gustav Mie glaubte auch Abraham über die vierdimensionale Gestalt der Maxwellschen Elektrodynamik, die sie durch den Minkowski-Raum erhalten hatte, zur Lösung des Gravitationsproblems vorstoßen zu können. Die Auffassung der Masse als rein elektrodynamische Größe verband er mit der Hoffnung, den Atomismus in der Physik überwinden zu können. Das aus der klassischen Physik stammende Verständnis von der Elektronenmasse als bloßer „materieller Masse" schien mit den Kaufmannschen Versuchen unvereinbar zu sein.[66] Gegen Lorentz, der versuchte die Geschwindigkeitsabhängigkeit der Elektronenmasse mit der Fitzgerald-Lorentz-Kontraktion (Längenkontraktion) in Einklang zu bringen, wandte Abraham 1905 ein, daß man durch die Einführung elastischer Kräfte zur Erklärung des Kontraktionsphänomens es unmöglich mache, „die Elastizität der Materie durch Zurückführung auf die Mechanik der Elektronen rein elektromagnetisch zu deuten."[67] Hieraus ist erkennbar, wie

---

63 Abraham 1905, S. 144.

64 Ebd., S. 145.

65 Vgl. Kaufmann 1901, S. 143.

66 Abraham 1905, S. 138.

67 Ebd., S. 208.

wenig Abraham eine Lösung der entstandenen Probleme im Spektrum theoretischer Ansätze von Lorentz bis Einstein suchte, sondern sich in seinen Überlegungen die Hoffnungen auf eine Lösung im elektrodynamistischen Sinne fortsetzten. Das klassisch nur über das Wirken elastischer Kräfte erklärbare Phänomen der Längenkontraktion sollte sich nach Abrahams Vorstellungen mit der weiteren Entwicklung einer Elektronentheorie in nichts auflösen. Diese Linie verfolgte auch sein Versuch einer Ableitung eines „Elementargesetzes der Gravitation". Ausgangspunkt dieser Theorie ist die Annahme, daß der Einfluß des Gravitationspotentials auf die Fortpflanzungsgeschwindigkeit c des Lichtes außer acht gelassen werden kann.[68] Nachdem die verschiedensten theoretischen Versuche gescheitert waren, glaubte Abraham, das Problem der Gravitation durch eine Absage an die Relativitätstheorie in den Griff bekommen zu können. Wie Gustav Mie hatte er die Spezielle Relativitätstheorie als bloße Erweiterung der traditionellen Vorstellungen von Raum und Zeit aufgefaßt. Ein Darüberhinausgehen, wie Einstein es für unumgänglich hielt, war für ihn nicht akzeptabel, weil damit die Fundamente der Physik ins Wanken geraten würden. Viel klarer als andere Kritiker Einsteins sah Abraham frühzeitig den Zündstoff in den Einsteinschen Bestrebungen. Er warf daher Einstein vor, eine Krise der Relativitätstheorie ausgelöst zu haben, indem er zuerst das Postulat der Konstanz der Lichtgeschwindigkeit und dann später auch noch die Invarianz der Bewegungsgleichungen bei Lorentz-Transformationen für beschleunigte Bezugssysteme aufgab. Für Abraham war das keine weitere Entwicklung der Relativitätstheorie, sondern allein ihre Demontage. In Wirklichkeit war es aber die Demontage der traditionellen Vorstellungen über Raum und Zeit und das bewog Abraham zur vollständigen Abkehr von der Relativitätstheorie. Damit war er der erste Einstein-Kritiker, der das herkömmliche Weltbild der Physik als ernsthaft bedroht ansah. Aus der Einsteinschen Sicht, war Abraham der erste unter seinen Fachkollegen, der – wenngleich scharfer Kritiker – die Tragweite seines Forschungskonzepts wirklich begriffen hatte. Die Mehrheit der Physiker äußerte sich gar nicht zu den Einsteinschen Überlegungen. Die heftige Abrahamsche Kritik weckte jedoch ihr Interesse und machte es Einstein möglich, seinen Standpunkt breiter darzulegen.[69] Am Ende der mit Einstein in den „Annalen" 1912 öffent-

---

68   Abraham 1912a, S. 5.

69   Pais gibt folgende Einschätzung der Situation: „Die meisten Physiker waren bereit, die spezielle Relativitätstheorie zu akzeptieren. Einige stimmten der fundamentalen Bedeutung des Äquivalenzprinzips zu, andere hielten das für eine Übertreibung. Es gibt kein Indiz dafür, daß irgendjemand Einsteins Ansichten teilte, daß die Gravitation der Speziellen Relativitätstheorie Schranken setzt, oder daß irgendjemand bereit

lich geführten Diskussion charakterisierte Abraham seinen Standpunkt folgendermaßen: „Ich habe in meinen früheren Arbeiten über die Gravitation versucht, wenigstens im Unendlichkleinen die Invarianz gegenüber der Lorentz-Transformation zu bewahren. Doch habe ich mich davon überzeugt, daß meine Bewegungsgleichungen des materiellen Punktes sich nicht mit den Prinzipien der analytischen Mechanik vereinbaren lassen. Andererseits hat sich die von Einstein zugrunde gelegte 'Äquivalenzhypothese' ebenfalls als unhaltbar erwiesen. Ich möchte es daher vorziehen, die neue Gravitationstheorie zu entwickeln, ohne auf das Raum-Zeit-Problem einzugehen."[70] Max Abraham war der erste aus einer dann langen Reihe von Einstein-Kritikern, die sich aus dem Bewußtwerden der Konsequenzen der relativistischen Theorie für das physikalische Weltbild vollkommen auf den traditionellen Standpunkt der klassischen Physik zurückzogen. In ähnlicher Weise vertrat 2 Jahre nach ihm E. Gehrke, ein späterer Anhänger der „deutschen Physik" von Ph. Lenard und J. Stark, die Meinung, daß den verschiedenen Theorien „im wesentlichen *dieselben* mathematischen Gleichungen eigen sind." Er schloß daraus ebenso wie Max Abraham, daß die Gleichungen *nicht* die „erkenntnistheoretischen Grundlagen" bedingen würden.[71] Beide nahmen im Grunde sehr bewußt den althergebrachten Standpunkt der klassischen Physiker ein, der mit der Entstehung der Allgemeinen Relativitätstheorie, ernsthaft in Gefahr geriet.[72]

Einstein lotete in der Kontroverse mit Abraham die Zusammenhänge seiner Theorie tiefer aus, was eine wichtige Voraussetzung für deren weitere Entwicklung war. Der eigentliche Ausgangspunkt des Streits war, daß Abraham meinte, in seiner Theorie wären die Einsteinschen Ansätze bereits als Spezialfälle enthal-

---

gewesen wäre, seinem Programm einer Tensor-Theorie der Gravitation zu folgen."
(Pais 1986, S. 236-237)

[70] Abraham 1912b, S. 793-794.

[71] Gehrke 1914, S. 482.

[72] Einer der ersten, der dieses Problem im Sinne des Erhalts des erkenntnistheoretischen Standpunkts der klassischen Physik philosophisch reflektierte, war Hugo Dingler. Unter Berufung auf Mach warf Dingler dieses Problem als ein allgemein Methodisches auf: „Wollen wir also eine stabile Erkenntnistheorie, so müssen wir uns vom momentanen, zufälligen Zustande der Wissenschaft freizumachen suchen." Aus der These, daß man zu wissenschaftlichen Begriffen allein durch „logische Kritik" „populärer Begriffe" des „unmittelbar Gegebenen" gelange, kommt er zu dem Schluß, daß aufgrund des hohen Niveaus und der Breite wissenschaftlicher Erkenntnis sich „von selbst exakte Wissenschaften" erzeugen. Damit erscheint die klassische Physik logisch verknüpft mit einer Erkenntnistheorie, die den Bruch mit klassischen Vorstellungen nicht erfassen kann. (Dingler 1913, S. 222-229)

ten. Einstein konnte dagegen zeigen, daß die Abrahamsche Theorie gerade *nicht* mit der Äquivalenzhypothese und damit nicht mit Einsteinschen Intentionen vereinbar war. Was für ihn gleichsam bedeutete, daß Abrahams Auffassungen von Zeit und Raum sich schon vom „rein mathematisch formalen Standpunkt" aus nicht aufrecht erhalten ließ.[73] Für Einstein war zu diesem Zeitpunkt bereits klar, daß man auch für „unendlich kleine Raum-Zeitgebiete" nicht einfach an der Lorentz-Transformation festhalten konnte, wenn man die universelle Konstanz von c bereits aufgegeben hatte. Abrahams Ansatz implizierte die Frage nach dem, was in einer allgemeineren Theorie noch Bestand haben müßte. Dieses Moment gibt es als Identität des infinitesimalen Abstandes in der Speziellen wie in der Allgemeinen Relativitätstheorie ($ds^2 = dx^2 + dy^2 + dz^2 - c^2 dt^2$). Die Konstanz der Lichtgeschwindigkeit war jedoch für Einstein bereits zu einem empirischen Fakt für den theoretischen Ausdruck der Lorentz-Transformation geworden. Konstanz von c und Lorentz-Transformationen wurden als zwei Seiten eines physikalischen Zusammenhangs gesehen. Der empirische Fakt der Konstanz der Lichtgeschwindigkeit hatte für Einstein seine theoretische Entsprechung in der Lorentz-Transformation gefunden.

Gegen Abraham argumentierend erklärte Einstein seinen Erkenntnisstand von 1912 etwas genauer: „Mir scheint das Raum-Zeit-Problem wie folgt zu liegen. Beschränkt man sich auf ein Gebiet von konstantem Gravitationspotential, so werden die Naturgesetze von ausgezeichnet einfacher und invarianter Form, wenn man sie auf ein Raum-Zeitsystem derjenigen Mannigfaltigkeit bezieht, welche durch die Lorentz-Transformationen mit konstantem c miteinander verknüpft sind. Beschränkt man sich nicht auf Gebiete von konstantem c, so wird die Mannigfaltigkeit der äquivalenten Systeme, sowie die Mannigfaltigkeit der die Naturgesetze ungeändert lassenden Transformationen eine größere werden, aber es werden dafür die Gesetze komplizierter werden."[74] Mit dieser Argumentation wollte Einstein deutlich machen, daß es gerade nicht um die Demontage der Speziellen Theorie ging, sondern um eine Erweiterung des Relativitätsprinzips. Diese Erweiterung des Prinzips war für ihn *gleichzeitig* die Erweiterung der Erkenntnis des Raum-Zeit-Problems. Einstein erkannte, daß die Raumzeit durch die jeweiligen Transformationgesetze zwischen Bezugssystemen erst festgelegt wird. Sie ist damit nichts a priori Gegebenes und sie ist auch nicht in der klassischen Theorie schon festgelegt, sondern wird es erst durch die Auszeichnung des Inertialsystems. Darauf erwiderte Abraham: „Unhaltbar wird allerdings jede relativistische Raum-Zeit-Auffassung, die in Beziehungen zwischen den Raum-

---

[73] Einstein 1912a, S. 355.
[74] Ebd., S. 368-369.

Zeit-Parametern von S und S' ihren Ausdruck finden würde. Eine solche relativistische Raum-Zeit-Auffassung liegt mir indessen ganz fern."[75]

Nachdem er die gemeinsame Wurzel der Allgemeinen und der Speziellen Relativitätstheorie Einsteins erkannt hatte, wollte Abraham wieder zurückkehren zu einer „*Absoluttheorie*", in der Raum und Zeit ihren apriorischen Charakter behalten könnten.

Er stellte daher die These auf, daß man ein Bezugssystem im statischen Gravitationsfeld als absolutes auszeichnen könne. Dabei verkannte Abraham den Unterschied zwischen der Einsteinschen und der alten Fernwirkungsmechanik nicht, in der man annehmen durfte, daß ein Neumannscher Körper α oder die weit entfernten kosmischen Massen (Mach) das Bezugssystem festlegen würden.

Auch wenn der neuen Nahwirkungstheorie diese Vorstellung fremd war, hatte es für Abraham „nichts Befremdliches", wenn das allgegenwärtige Schwerefeld selbst das „absolute" Bezugssystem lieferte. Als Konsequenz aus dieser These hielt Abraham die Existenz eines „Gravitations"-Äthers für denkbar.[76] Abraham traf hier den Kern der Einsteinschen Bemühungen. Dessen Verallgemeinerung zielte auf einen wirklichen relativistischen Raum-Zeitbegriff. Mit der Unterscheidung von relativem und absolutem Raum, wie es bereits Newton getan hatte, konnte die relativistische Raumzeit der Speziellen Relativitätstheorie noch als relativer Raum aufgefaßt werden, der etwas anderes war als der absolute (=wirkliche) Raum.[77] Mit der weiteren Verallgemeinerung des Relativitätsprinzips hob Einstein diese Möglichkeit der traditionellen Aufspaltung von relativem und absolutem Raum jedoch völlig auf. Einsteins relativistische Raumzeit wurde selbst ganz Teil der Relationen zwischen Bezugssystemen mit ihren physikalischen Wirkungen. Abraham kehrte sich von der Relativitätstheorie ab, weil er die Tragweite des Einsteinschen Forschungskonzepts begriff. Es war daher nur

---

75 Abraham 1912c, S. 1057.

76 Ebd., S. 1057-1058.

77 „Abraham bemerkte im Prinzip, daß ein Gravitationsfeld grundsätzlich die Homogenität und Isotropie der Raum-Zeit zerstört, so daß Verlagerungen von Körpern und Laboratorien im Gravitationsfeld grundsätzlich die Homogenität und Isotropie der Raum-Zeit zerstört, so daß Verlagerungen von Körpern ... im Gravitationsfeld im allgemeinen einen physikalischen Effekt bewirken ..." (Treder 1974, S. 272) „Hierbei [in der ART] wird im Prinzip die Bewegung eines Himmelskörpers nicht auf seine weitere Umgebung im Kosmos bezogen, sondern vielmehr auf seine infinitesimale Umgebung, nämlich auf das von Einstein mit der Gravitation identifizierte metrische Feld, das die Struktur von Raum und Zeit prägt." (Ebd., S. 222)

konsequent, wenn er aus dieser Erkenntnis heraus gleich *beiden* relativistischen Theorien den Rücken kehrte.

Einstein zeigte sich nach der Auseinandersetzung mit Abraham sehr zufrieden, weil nun der Unterschied zwischen der herkömmlichen Raum-Zeit-Auffassung und der Einsteinschen Raumzeit ganz klar hervorgetreten war. Er schrieb an H. Zangger: „Ich freue mich darüber, daß die Fachgenossen sich überhaupt mit der Theorie beschäftigen, wenn auch vorläufig nur mit der Absicht, dieselbe totzuschlagen."[78] So bedauerlich die vollständige Abkehr von der Relativitätstheorie eines so fähigen Theoretikers wie Abraham auch erscheinen mag, muß man jedoch bedenken, daß die Gravitation auch bei Einstein im Vergleich zu den anderen Wechselwirkungen eine ausgezeichnete Rolle spielt. Es war daher schon naheliegend zu versuchen, ein kosmologisches Gravitationssystem als ruhend auszuzeichnen. Indem aber die wirkliche (empirische) Gravitation bei Abraham den Ausgangspunkt der Theorie bilden sollte, war dies ein kosmologischer Ansatz und kein theoretischer mehr. Physik kann dann aber nicht mehr für alle Welten, für jedes Gravitationsfeld gelten. Das wäre ein Schritt hinter Newton zurück, weil der absolute Raum Newtonscher Physik nicht empirisch bestimmbar, sondern ein abstraktes theoretisches Gebilde ist; eben ein Raum a priori. Abraham sucht mit seiner Argumentation den Weg zum Begreifen des Phänomens Gravitation in der Empirie kosmologischer Forschung.

Den Ansatz zur Verallgemeinerung der Relativitätstheorie über die Äquivalenzhypothese hielt er für nicht durchführbar, weil die Äquivalenz von Trägheit und Schwere ihm als nebensächlich und nicht als Kerngedanke der Äquivalenzhypothese erschien.

Mit der These, daß man in der Physik keinerlei Annahmen über Raum und Zeit zu machen brauche, wird von Abraham letztlich ein unhaltbarer Standpunkt bezogen: „Aus Gründen, die nicht mit Zeit und Raum, sondern mit den Prinzipien der Mechanik zusammenhängen, bin ich geneigt, die Einsteinschen Bewegungsgleichungen anzunehmen, und damit die Invarianz der Bewegungsgleichungen bei Lorentz-Transformationen auch im Infinitesimalen fallen zu lassen."[79] Dies ist der Versuch, *ohne eine Neubestimmung von „Raum" und „Zeit" auszukommen.* Abrahams These, Einsteins Resultate seien ebenso wie diejenigen seiner Theorie von der „benutzten Arbeitshypothese unabhängig", läuft darauf hinaus, die Frage nach den Voraussetzungen von Physik aufzugeben.[80] Der Versuch,

---

[78] Brief an H. Zangger (undatiert 1913/1914) zitiert nach Pais 1986, S. 237.

[79] Abraham 1912c, S. 1058.

[80] Ebd., S. 1058.

auf diese Frage eine Antwort zu geben, ist ein unabdingbarer Bestandteil der Entstehung einer neuen Theorie.

Der Vorwurf Abrahams, daß Einstein die Relativitätstheorie in Frage stelle, veranlaßte diesen zu einer nochmaligen Skizze seines Forschungsprogramms. Aus der empirischen Erfahrung der Gleichheit von träger und schwerer Masse folgt, so führt Einstein aus, daß die „Schwere auf einen bewegten Körper stärker wirkt, als auf den selben Körper, falls dieser ruht."[81] Daher gibt es keine Möglichkeit, den Gravitationsvektor widerspruchsfrei in die Spezielle Relativitätstheorie einzubauen. Einstein leitet daraus die Aufgabe ab, *„ein relativitätstheoretisches Schema zu schaffen, in welchem die Äquivalenz zwischen träger und schwerer Masse ihren Ausdruck findet."*[82] Dies schrieb Einstein im Juli 1912. Weder Abraham noch Mie gingen auf diese Überlegungen ein. Abrahams Argumentation, die bereits früher einen unangenehmen Unterton hatte, wurde nun deutlich aggressiver: „Zu denjenigen Bestandteilen der gestrigen Relativitätstheorie, welche an die strenge und allgemeine Gültigkeit ihres Systems gebunden sind, gehört ...die Einsteinsche Kinematik und die mit ihr verknüpfte Raum-Zeit-Definition. Gerade die relativistische Auffassung von Raum und Zeit hatte der gestrigen Relativitätstheorie einen gewissen philosophischen Glanz verliehen, der nun verblaßt. Allerdings läßt Herr Einstein in seiner Erwiderung am Horizont die Fata morgana einer neuen, die Gravitation umfassenden Raum-Zeit-Definition erscheinen."[83]

Das Verharren auf der traditionellen Vorstellung vom Raum und Zeit mußte letztlich auch zum Verwerfen der Speziellen Relativitätstheorie führen, weil sie nun von Abraham als das begriffen wurde, was sie wirklich war, der Anfang vom Ende der traditionellen Begriffe von Raum und Zeit. Dies erkennend zog sich Abraham auf einen nichtrelativistischen Standpunkt zurück.

Wie schwierig und unübersichtlich trotz der Erfolge der Einsteinsche Erkenntnisstand 1914 noch war, wird unter anderem auch daran ersichtlich, daß selbst Max Planck, Einsteins wichtigster Förderer, noch nicht von der Notwendigkeit einer Verallgemeinerung des Relativitätsprinzips zu überzeugen war.

Planck sah in der Lichtgeschwindigkeit etwas Absolutes, etwas mit dem Wirkungsquantum der Quantentheorie Vergleichbares.[84] Hiermit korrespondierte seine Erwiderung auf Einsteins Antrittsrede vor der Berliner Akademie, wo

---

81 Einstein 1912b, S. 1064.
82 Ebd., S. 1063, hervorgehoben von C.W..
83 Abraham 1912d, S. 446.
84 Planck 1958, Bd. 3, S. 374.

Planck die Auszeichnung der Inertialsysteme als Vorzug der Theorie darstellte. Man könnte ebensogut gerade in der Auszeichnung von Inertialsystemen einen besonderen Fortschritt der Theorie erblicken, wandte Planck gegen Einstein ein: „Denn die Naturgesetze, nach denen wir suchen, stellen doch stets gewisse Beschränkungen dar, nämlich eine gewisse spezielle Auswahl aus dem unendlich mannigfaltigen Bereich der überhaupt denkbaren logisch widerspruchsfreien Beziehungen."[85] Damit entsprach Plancks Meinung in etwa der Abrahamschen Forschungsstrategie. Abrahams Ansatz war damit nicht vor 1915 als überholt anzusehen. Zwischen 1910 bis 1914 gehörte sie, abgesehen von der Heftigkeit der Polemik gegen Einstein, in das Spektrum allgemein ablehnender Stimmen der Fachkollegen. Mit der gelungenen Verallgemeinerung der Relativitätstheorie vom Herbst 1915 gab es dann einen schnelleren Wandel in der Bewertung der Abrahamschen Arbeiten. Die vernichtende Kritik Abrahams durch Max Born vom Februar 1916 macht diesen Wandel überdeutlich: „Wer aber entschlossen war, das Relativitätsprinzip nicht anzuerkennen und der ganzen Forschungsrichtung den Rücken zu kehren, der konnte sich gerade auf diese Schwierigkeiten der Gravitationstheorie berufen. Das tat Abraham; ja, er ging noch weiter und fiel den Verfechtern der Relativität in den Rücken, indem er sich erkühnte, eine Nahwirkungstheorie der Gravitation auf Grund der Anschauung vom absolut ruhenden Äther ohne innere Widersprüche aufzubauen. Dabei benutzte er freilich trotz seiner Feindschaft die durch das Relativitätsprinzip aufgedeckten energetischen Zusammenhänge in reichem Maße, und diese Inkonsequenz beraubt seinem System aller inneren Wahrscheinlichkeit."[86]

Die Einstein-Großmannsche Theorie

Als Einstein sich 1907 veranlaßt sah, zu den Kaufmannschen Versuchen Stellung zu nehmen, zog er nicht die Kaufmannschen Messungen[87] selbst in Zweifel, sondern die theoretischen Erklärungsversuche von Abraham und anderen, weil ihre Grundannahmen bezüglich der Elektronenmasse nicht korrespondierten mit „theoretischen Systemen, welche größere Komplexe von Erscheinungen umfassen."[88] Dies war Einsteins *programmatischer Ansatz*: Grundannahmen müssen in Einklang stehen mit theoretischen Systemen. Die theoretische Vorleistung hatte bei Einstein einen deutlich höheren Stellenwert als bei seinen Konkurren-

---

85 Planck 1914, S. 743.
86 Born 1916, S. 54.
87 Kaufmann 1906.
88 Einstein 1907/08, S. 189.

ten. Diese Aufwertung der Theorie gegenüber der Empirie leitete Einstein durchgängig bei der Entwicklung der Allgemeinen Relativitätstheorie.

Mit der Entwicklung des Äquivalenzprinzips mußte die Konstanz der Lichtgeschwindigkeit aufgegeben werden. Die Auffassung der Lichtgeschwindigkeit c als eine absolute Naturkonstante schien durch die Elektrodynamik Maxwells wie durch Einsteins erste Relativitätstheorie eine endgültige und sichere Begründung erhalten zu haben. Die kleine Schar der Anhänger der Relativitätstheorie war gerade durch die Absolutheit der kinematischen Größe c fasziniert. Ein Irrtum, der für die Entwicklung der Allgemeinen Relativitätstheorie den Alleingang Einsteins zur Folge hatte. Die Konstanz der Lichtgeschwindigkeit war für den Schöpfer der Relativitätstheorie bereits nach Vollendung dieser Theorie schon kein Prinzip mehr, sondern nur noch der *empirische Ausdruck* eines *Prinzips*, das nun eine allgemeinere Fassung bekommen sollte. Einstein sprach dies ganz offen aus, ohne ernsthaft Gehör bei seinen Kollegen zu finden.

1905 hatte Einstein die Formel $E=mc^2$ als Folge des Transformationsverhaltens der Maxwellschen Gleichungen erhalten und somit allein die Proportionalität von Energie und *träger* Masse ($m_{träge}$) bewiesen. Die gewöhnliche Relativitätstheorie lieferte daher noch kein Argument dafür, „daß das Gewicht eines Körpers von dessen Energieinhalt abhängt".[89] 1911 konnte Einstein den Zusammenhang von Energie und schwerer Masse über die Äquivalenz von homogenem Gravitationsfeld und beschleunigtem Bezugsystem im feldfreien Raum nachweisen. Die Ableitung, daß auch für m_{schwer} $E=mc^2$ gilt, war eine wichtige Stütze des Äquivalenzprinzips und gleichzeitig ein wichtiges Argument gegen die Existenz eines absoluten Raums. Allerdings mußte die Konstanz der Lichtgeschwindigkeit aufgegeben werden. Für Einstein war dies eine akzeptable Konsequenz, die sich bereits in früheren Überlegungen abzeichnete. Die Konstanz der Lichtgeschwindigkeit besaß schon in der ersten Theorie von 1905 einen anderen Stellenwert als das Prinzip der Relativität. In seiner ersten Arbeit zur Relativitätstheorie sprach Einstein neben dem „Prinzip der Relativität" einleitend von der „Voraussetzung", „daß sich das Licht im leeren Raume stets mit einer bestimmten, vom Bewegungszustande des emittierenden Körpers unabhängigen Geschwindigkeit V fortpflanze".[90] Erst im § 2 erscheint die Konstanz der Lichtgeschwindigkeit dann als „Prinzip". In der Entwicklung der Theorie wurde dann auf die Notwendigkeit eines Beweises verwiesen, daß das „Relativitätsprinzip" mit dem „Prinzip der Konstanz der Lichtgeschwindigkeit" „vereinbar" sei. Als Beweis wurde das Transformationsverhalten einer Licht-Kugelwelle betrachtet.

[89] Ebd., S. 901.
[90] Einstein [1905a,] 1990, S. 125.

Wegen der Invarianz des vierdimensionalen Abstandes gegenüber Lorentz-Transformationen ist in beiden Systemen dieser Abstand gleich und die Lichtgeschwindigkeit von gleicher Größe. Da die Lichtgeschwindigkeit bei der Transformation unverändert bleibe, so argumentierte Einstein weiter, ist ihre Konstanz mit dem Relativitätsprinzip „vereinbar". Die Notwendigkeit dieses Beweises ist eigentlich nicht so recht einzusehen, weil das Prinzip der Konstanz der Lichtgeschwindigkeit schon in die Definition der „Gleichzeitigkeit" einging und als empirische Erfahrung die Beschaffenheit der Transformationsgleichungen bestimmte. Bei der Definition der Gleichzeitigkeit erklärte Einstein:" Wir haben so unter Zuhilfenahme gewisser (gedachter) physikalischer Erfahrungen festgelegt, was unter synchron laufenden, an verschiedenen Orten befindlichen, ruhenden Uhren zu verstehen ist und damit offenbar eine Definition von 'gleichzeitig' und 'Zeit' gewonnen. ... Wir setzen noch der Erfahrung gemäß fest, daß die Größe

$$\frac{2\,\overline{AB}}{ta' - ta} = V$$

eine universelle Konstante (die Lichtgeschwindigkeit im leeren Raume) sei."[91] Diese Konstanz der Lichtgeschwindigkeit ist damit in der Speziellen Relativitätstheorie kein „Prinzip" wie das der Relativität oder das spätere der Äquivalenz.[92] Es ist mehr ein empirischer Fakt, der in einer Theorie starke Berücksichtigung fand, aber im Grunde nicht zu den theoretischen Voraussetzungen der Theorie gehörte. Ganz in diesem Sinne merkte Einstein bereits in seiner zweiten Abhandlung an, daß das benutzte „Prinzip" der Konstanz der Lichtgeschwindigkeit bereits in den Maxwellschen Gleichungen enthalten sei.[93] Das Verhältnis von Relativitätsprinzip und Lichtgeschwindigkeit war für den Begründer der Relativitätstheorie über Jahre ein Problem geblieben. Während für die kleine Anhängerschar der Relativität beide Prinzipien die Säulen darstellten, auf denen die Theorie ruhte, war für den Schöpfer der Relativitätstheorie diese Gleichrangig-

---

91   Ebd., S. 127-134.

92   Bereits 1911 erkannte Max von Laue, daß die Konstanz der Lichtgeschwindigkeit eine „über den experimentellen Befund hinausgehende, aber vom Relativitätsprinzip notwendig geforderte Annahme" sei. (Laue [1911] 1919, S. 49)

93   Einstein [1905b]1990, S. 156.

keit von Relativitätsprinzip und Konstanz der Lichtgeschwindigkeit nicht wirklich gegeben.[94]

Was kann als Voraussetzung einer neuen Physik genommen werden, war die Frage, um die sich die Diskussionen um eine neue Gravitationstheorie rankten. Gustav Mie hatte versucht, das makrophysikalische Problem durch die Neubestimmung des Verhältnisses von Raum, Zeit und Materie im Mikrokosmos in den Griff zu bekommen. Dagegen sah Nordström (1881-1923) gerade in der versuchten Aufhebung des prinzipiellen Gegensatzes von Äther und Materie die Schwäche der Mieschen Theorie. Er bemängelte an diesem Konzept, daß kein leerer Raum vorausgesetzt wurde.[95] David Hilbert wiederum nahm Mies Ansatz gerade wegen des Versuchs der Überwindung des Gegensatzes von Raum und Materie als Ausgangspunkt eigener Überlegungen. Oberflächlich betrachtet drehte man sich im Kreis.[96]

Hermann Minkowski hatte auf der 80. Naturforscherversammlung 1908 in Köln darauf hingewiesen, daß Einsteins Theorie von 1905 die Lorentzsche Ortszeit zwar zu einer relativistischen Größe mache, aber den Raumbegriff selbst nicht relativiere, „weil bei der genannten speziellen Transformation, wo die x', t'-Ebene sich mit der x, t-Ebene deckt, eine Deutung möglich ist, als sei die x-Achse des Raumes in ihrer Lage erhalten geblieben".[97] Für Minkowski wird

---

[94] Wirklich erklären konnte Einstein das Verhältnis von Lorentz-Transformation und Konstanz von c erst 1914 in der Auseinandersetzung mit Nordströms Theorie. (siehe Einstein/Fokker 1914)

[95] Nordström 1914a, S. 376.

[96] Charakteristisch für die Ablehnung des Einsteinschen Weges soll hier nur der Altmeister der Physik Henry Anton Lorentz zitiert werden, der 1910 schrieb: „Wenn das Relativitätsprinzip in der Natur allgemeine Gültigkeit hätte, so würde man allerdings nicht in der Lage sein, festzustellen, ob das gerade benützte Bezugssystem jenes ausgezeichnete ist. Man kommt also dann zu denselben Resultaten, wie wenn man in Anschluß an Einstein und Minkowski die Existenz des Äthers und der wahren Zeit leugnet und alle Bezugssysteme als gleichwertig ansieht." (Lorentz 1910, S.1236)

[97] „Lorentz nannte die Verbindung t' von x und t Ortszeit des gleichförmig bewegten Elektrons und verwandte eine physikalische Konstruktion dieses Begriffes zum besseren Verständnis der Kontraktionshypothese. Jedoch scharf erkannt zu haben, daß die Zeit des einen Elektrons ebensogut wie die des anderen ist, d.h. daß t und t' gleich zu behandeln sind, ist erst das Verdienst von A. Einstein. Damit war nun zunächst die Zeit als ein durch die Erscheinung eindeutig festgelegter Begriff abgesetzt. An dem Begriffe des Raumes rüttelten weder Einstein noch Lorentz, vielleicht deshalb nicht, weil bei der genannten speziellen Transformation, wo die x', t'-Ebene sich mit der

durch den Übergang zum Minkowski-Raum auch der Raum zu einer relativistischen Größe, weil die räumlichen Koordinaten bei einer Transformation mitgedreht werden. Mit der Speziellen Relativitätstheorie wurde zwar durch die Abschaffung des Äthers der relative Raum Newtons aufgewertet und der hypothetische absolute Raum ganz in Frage gestellt, er blieb aber in sich ein starres Gebilde. Erst Minkowski relativierte seine inneren Maßverhältnisse. Wie das Zeitmaß mußte nun auch das Raummaß als relativ betrachtet werden. Der pseudoeuklidische Raum Minkowskis erschien aber den meisten Physikern nur als Darstellungsraum. Im Gegensatz zu dem realen Raum konnte dieser Raum als eine reine mathematische Konstruktion verstanden werden, die die realen Prozesse nur veranschaulichte, ohne selbst einen Bezug zur physikalischen Wirklichkeit zu besitzen. Eine Denkweise, die man auch heute bei fast jeder Einführung neuer theoretischer Begriffe finden kann.

Als enger Freund von Hermann Minkowski war David Hilbert sehr frühzeitig mit der Relativitätstheorie und der Form, die Minkowski ihr gab, in Berührung gekommen und war mit dessen Überlegungen und Vorstellungen zur Reformierung der Physik vertraut. In seiner Rede zum ehrenden Gedenken an den 1909 sehr plötzlich verstorbenen Minkowski stellte er gerade diese Leistung heraus: „Minkowski legte sofort jener Tatsache der Invarianz der elektrodynamischen Grundgleichungen gegenüber den Lorentz-Transformationen die allgemeinste und weitgehendste Bedeutung bei, indem er diese Invarianz als eine Eigenschaft auffaßte, die überhaupt allen Naturgesetzen zukomme, ja daß sie nichts anderes als eine schon in den Begriffen Raum und Zeit selbst enthaltene und diese Begriffe gegenseitig verkettende und miteinander verschmelzende Eigenschaft sei."[98]

Der Gedanke, daß die Transformationsgesetze mit den Begriffen von Raum und Zeit verkettet seien, und durch sie die Inhalte von Raum und Zeit bestimmt werden, ist 1909 eine sehr weitgehende und bemerkenswerte Auslegung des Minkowskischen Erbes. Und so ist es kaum ein Zufall, wenn neben Einstein David Hilbert der erste war, der einen eigenständigen Beitrag zur Allgemeinen Relativitätstheorie erbrachte.

---

x,t-Ebene deckt, eine Deutung möglich ist, als sei die x-Achse des Raumes in ihrer Lage erhalten geblieben." (Minkowski 1909, S. 107)

[98]   Hilbert [1909] 1935, Bd. 3, S. 356-357.

Für Einstein selbst hat der Zusammenhang mit den Vorstellungen Minkowskis spätestens bei den Vorarbeiten zur Einstein-Grossmannschen Theorie 1912 eine wichtige Rolle gespielt.[99]

1911 griff Einstein seine früheren Überlegungen zur Verallgemeinerung der Relativitätstheorie wieder auf.[100] In der Zwischenzeit hatte ihn vor allem das Quantenproblem beschäftigt. Diese „Denkpause" bezüglich der Relativitätstheorie, zumindest aber die Konzentrierung auf das Quantenproblem, hatte durchaus einen Bezug zum Raumproblem der Relativitätstheorie. Wenn man wie Einstein das Licht als atomistisch konstituiert auffaßte, so mußte sich das Licht im Gravitationsfeld der Sonne wie ein schweres materielles Teilchen verhalten. Einsteins Suche nach einer gangbaren Lösung des Quantenproblems lag daher soweit nicht von der Suche nach einer Verallgemeinerung des Relativitätsprinzips entfernt. Mies Versuch einer *Theorie der Materie* zeigte ebenfalls, daß die Lösung des Gravitationsproblems noch im Mikrokosmos gesucht wurde. War der physikalische Ausgangspunkt der Theoretiker zunächst der Versuch, im Ätherfeld die materiellen Teilchen als „Modifikationen" des wechselwirkenden Äthers zu begreifen (von Riemann bis Mie wollte man die makrophysikalischen Phänomene von Raum und Zeit aus mikrophysikalischen Gegebenheiten bestimmen), so kehrte sich dann in der Allgemeine Relativitätstheorie dieses Verhältnis um. Aus der Konstituierung der Materie durch *Wechselwirkungen im* Äther*raum* wurde bei Einstein die Konstituierung der *Raumzeit* durch die Gravitations*wechselwirkung* der Materie. Aus dieser Perspektive sind die Einsteinschen Erfolge bei der Lösung des allgemeinrelativistischen Problems zumindest vermittelt und zum Teil als Umkehrung von Fragestellungen bei der Suche nach einer Quantentheorie begreifbar.

Mit dem Beweis des Zusammenhangs von $E=mc^2$ und dem Äquivalenzprinzip hatte Einstein die entscheidende Brücke zwischen seinen Bemühungen nach einer Verallgemeinerung des Relativitätsprinzips und der wichtigsten Formel der Speziellen Relativitätstheorie geschlagen. Im Verlaufe des Jahres 1912 verfolgte Einstein verschiedene Wege, um zu einer durchführbaren Gravitationsdynamik zu gelangen.[101] Mit der Überzeugung, im Äquivalenzprinzip eine sichere Stütze gefunden zu haben, argumentierte er gegen Abrahams Versuch, die Lorentz-Transformation im Unendlichkleinen weiter gelten zulassen.[102] Damit trat für die weitere Entwicklung der Theorie die Konstanz der Lichtgeschwindigkeit

---

[99] Einstein 1912b, S. 1059.

[100] Einstein 1911.

[101] Vgl. Pais 1986, S. 202 ff.

[102] Siehe Einstein 1912a, S. 368-369.

endgültig aus der Reihe der relativistischen Prinzipien heraus und wurde zu einem empirischen Fakt der Lichtausbreitung in Inertialsystemen. Der Beweis, daß auch in differentiellen Umgebungen im Gravitationsfeld nicht von den Prinzipien der Speziellen Relativitätstheorie ausgegangen werden konnte, erhärtete die Notwendigkeit zur Schaffung einer neuen theoretischen Grundlage.

Aber auch das heuristisches Prinzip der Äquivalenz wurde einer entscheidenden Einschränkung unterzogen. Die auftretenden Widersprüche im Aufbau einer Gravitationstheorie zwangen dazu, dieses Prinzip auf „unendlich kleine Felder" einzuschränken.[103] Für Einstein war das kein Verlust an Prinzipienhaftigkeit, weil erst der Beweis der Ungültigkeit im Unendlichkleinen, wie bei der Konstanz von c im Gravitationsfeld, die Aufgabe eines Prinzips bedeuten mußte. Diese Einschränkung war verbunden mit der Notwendigkeit des Übergangs zu nichtlinearen Feldgleichungen der Gravitation. Einsteins Fazit aus der Vorbereitungsperiode der verallgemeinerten Theorie lautet 1912: „Man wird die einfache physikalische Interpretation der Raum-Zeit-Koordinaten aufgeben müssen, und es kann noch nicht gesagt werden, welche Form die allgemeinen Gleichungen für Raum-Zeit-Transformationen haben können. Ich möchte alle Kollegen auffordern, sich mit diesem wichtigen Problem zu beschäftigen!"[104] Damit hat sich für Einstein die Relativität der Zeit unlösbar mit der Relativität des Raums verbunden. Die Minkowskische Raumzeit wurde zur Übergangsform hin zu einer allgemeineren Raumzeit.

Im August 1912 kehrte Einstein von Prag nach Zürich zurück.[105] Es begann eine fruchtbare Zusammenarbeit mit seinem Freund Grossmann. Das Resultat dieser Zeit erschien 1913 unter dem vorsichtigen Titel *Entwurf einer verallgemeinerten Relativitätstheorie und einer Theorie der Gravitation*.[106] Einstein stand nun vor dem Problem, die erkannte Wesensgleichheit von Trägheit und Schwere, die sich *empirisch* in der Gleichheit von träger und schwerer Masse ausdrückte, *theoretisch* neu zu formulieren. Der Übergang vom Empirischen zum Theoretischen war verbunden mit einem Wandel des Inhalts des Ansatzes. Die alleinige Gültigkeit des Äquivalenzprinzips im Unendlichkleinen veranlaßte Einstein, nach einer differentiellen Verbindung zwischen Raumzeit und Gravitation zu suchen.

---

103 Einstein 1912c, S. 456.
104 Einstein 1912b, S. 1059.
105 Nach Pais ging Einstein bereits vor seinem Zusammentreffen mit Grossmann von der Gleichung $ds^2 = g_{\mu\nu}dx^\mu dx^\nu$ aus, die ein Resultat der Beschäftigung mit einer Arbeit Borns über die relativistische Behandlung starrer Körper war. (Pais 1986, 214 ff)
106 Einstein/Grossmann 1913.

Ganz offensichtlich fühlte er sich dabei von den Ideen Ernst Machs inspiriert.[107] „Es paßt dies zu Machs kühnen Gedanken, daß die Trägheit in einer Wechselwirkung des betrachteten Massenpunktes mit allen übrigen den Ursprung habe; denn häufen wir Massen in der Nähe des betrachteten Massenpunktes an, so verkleinern wir damit das Gravitationspotential c, erhöhen also die für die Trägheit maßgebende Größe m/c."[108] Einstein brachte diesen Hinweis auf Mach einleitend zur Einschätzung seiner früheren Arbeiten. Das heißt, er sah hier einen Zusammenhang zwischen seinen und Machschen Ideen. Der Einsteinsche Gedanke der Wesensgleichheit von Trägheit und Schwere tendierte zunächst in die Richtung Machscher Überlegungen, der die Trägheit als kollektive Wechselwirkung des kosmischen Gravitationspotentials begriff.[109] Der bisherige Ansatz bezog sich im Sinne Machs auf die Wechselwirkung im unendlichen Raum. Dieser Bezug war aber zwangsläufig gebunden an die Voraussetzung des physikalischen Raumes, weil das „C-Potential" der Gravitation noch nicht selbst als raumartig gefaßt wurde. In der Einstein-Grossmannschen Theorie wird nun der Versuch unternommen, zwischen der Voraussetzung eines unendlichen Raums (Machsches Prinzip) für das c-Feld und der metrischen Beschreibung dieses Raums im Unendlichkleinen zu vermitteln, wobei Einstein den Machschen Ansatz letztlich verwarf.[110] Wie weit er sich dessen selbst bewußt war, ist dabei eine andere Frage.

Ausgehend davon, daß zwischen den Raum-Zeit-Koordinaten und den mittels Maßstäben erhaltenen Meßergebnissen keine einfachen Beziehungen mehr zu erwarten seien, fragte Einstein nach der physikalischen Bedeutung, der „prinzipiellen Meßbarkeit" der Koordinaten x_1, x_2, x_3, x_4. Die physikalische Meßbarkeit bleibt dadurch gewährleistet, daß der vierdimensionale Abstand ds „als invariantes Maß für den Abstand zweier unendlich benachbarter Raumzeitpunkte

---

[107] „Es ist nicht unwahrscheinlich, daß Mach auf die Relativitätstheorie gekommen wäre, wenn in der Zeit, als er jugendfrischen Geistes war, die Frage nach der Bedeutung der Konstanz der Lichtgeschwindigkeit schon die Physiker bewegt hätte." (Einstein 1916a, S. 103)

[108] Einstein/Grossmann 1913, S. 228.

[109] Treder interpretiert Mach folgendermaßen: „Das Machsche Prinzip bezieht ferner die Beschleunigung eines Teilchens P_A nicht auf einen beliebig herausgegriffenen Körper P_α gemäß Neumann, sondern auf das Kollektiv aller Teilchen P_A des Kosmos." (Treder 1972, S. 11 u.ff.)

[110] „Solche Spekulationen wie die von Mach, wonach die Sterne des Weltalls die Ebene des Foucaultschen Pendels führen, die der Ausbildung der Theorie vielleicht Vorschub geleistet haben, sollte man nicht länger mit dem nüchternen physikalischen Gehalt der Theorie vermengen." (Weyl 1951, S. 79)

aufzufassen ist."[111] Damit gilt bei der Koordinatentransformation in unendlich kleiner Umgebung die „gewöhnliche" Relativitätstheorie.[112] Dies ist eine sehr wichtige Erkenntnis, weil damit die Maßstäbe und Uhren als Voraussetzungen physikalischer Messungen auch in einer verallgemeinerten Relativitätstheorie erhalten bleiben. An dieser Stelle sei daran erinnert, daß gerade dieses Problem es war, das Lotze dazu veranlaßt hatte, reale gekrümmte Räume abzulehnen. Gekrümmter Raum und gerader Maßstab waren für ihn ein Widerspruch in sich und damit physikalische Messungen in gekrümmten Räumen unmöglich.

In der Hoffnung, Machschen Ideen folgen zu können, wurde die Tatsache, daß die verallgemeinerte Theorie nur im Infinitesimalen realisiert werden konnte, zunächst als prinzipielle Schwäche der Einstein-Grossmannschen Theorie empfunden. Dieser Mangel schlug dann um in die prinzipielle Erkenntnis, daß physikalische Raumbestimmungen nur differentiell anzusetzen seien. Dazwischen lag die Beseitigung mehrerer Fehler, die die Resultate des an sich richtigen Lösungsansatzes schmälerten.[113] Die Einstein-Grossmannsche Theorie vermochte die allgemeine Kovarianz nur für lineare Transformationen durchzuführen, was Einstein zurecht als prinzipiellen Mangel empfand. Die allgemeine Relativität war so nur eingeschränkt möglich. Einstein schwankte zwischen Akzeptanz und genereller Korrektur seiner Theorie. Die Lösung kam über einen Umweg. Auf

---

111 Einstein/Grossmann 1913, S. 230.

112 Das vollständige Zitat lautet: „Die unmittelbare Nachbarschaft des Punktes (x_1, x_2, x_3,x_4) wird bezüglich des Koordinatensystems durch die infinitesimalen Variablen dx_1, dx_2, dx_3, dx_4 bestimmt. Wir denken uns statt dieser durch eine lineare Transformation neue Variable dx_1, dx_2, dx_3, dx_4 eingeführt, derart, daß $ds^2 = dx_1{}^2 + dx_2{}^2 + dx_3{}^2 - dx_4{}^2$ wird. Bei dieser Transformation sind die $g_{\mu\nu}$ als Konstanten zu betrachten; der reelle Kegel $ds^2=0$ erscheint auf seine Hauptachse bezogen. In diesem elementaren dx-System gilt dann die gewöhnliche Relativitätstheorie, und es sei in diesem System die physikalische Bedeutung von Längen und Zeiten dieselbe wie in der gewöhnlichen Relativitätstheorie, d.h. ds^2 ist das Quadrat des vierdimensionalen Abstandes beider unendlich benachbarter Raumzeitpunkte, gemessen mittelst eines im dx-System nicht beschleunigten starren Körpers und mittelst relativ zu diesem ruhend angeordneter Einheitsmaßstäbe und Uhren. Man sieht hieraus, daß bei gegebenen dx_1, dx_2, dx_3, dx_4 der zu diesen Differentialen gehörige Abstand nur dann ermittelt werden kann, wenn die das Gravitationsfeld bestimmenden Größen $g_{\mu\nu}$ bekannt sind. Man kann dies auch so ausdrücken: Das Gravitationsfeld beeinflußt die Meßkörper und Uhren in bestimmter Weise." (Einstein/Grossmann 1913, S. 231)

113 So kannte Einstein die Bianchi-Identitäten noch nicht, wodurch er sich veranlaßt sah, die allgemeine Kovarianz auf lineare Transformationen zu beschränken. (vgl. Pais 1986, S. 217 ff.)

der 85. Naturforscherversammlung analysierte Einstein eingehend die Nord-strömsche Theorie, der er sich mit seinen eigenen Überlegungen am nächsten sah. Sein Hauptkritikpunkt war, daß „nach dieser Theorie die Trägheit der Kör-per zwar durch die übrigen Körper beeinflußt, aber doch nicht verursacht er-scheint".[114]

Einstein hielt hier das Machsche Prinzip noch für durchführbar und gab ihm fol-gende Interpretation: „ ... wenn die Trägheit eines Körpers durch Anhäufung von Massen in seiner Umgebung erhöht werden kann, so werden wir kaum umhin können, die Trägheit eines Punktes als durch die Existenz der übrigen Massen bedingt anzusehen. Die Trägheit erscheint so bedingt durch eine Art Wechsel-wirkung des zu beschleunigenden Massenpunkts mit allen übrigen Massenpunk-ten. ... es ist a priori zu erwarten, wenn auch nicht gerade notwendig, daß der Trägheitswiderstand nichts anderes sei als ein Widerstand gegen Relativbe-schleunigung des betrachteten Körpers A gegenüber der Gesamtheit aller übri-gen Körper B, C usw. Es ist wohl bekannt, daß E. Mach in seiner Geschichte der Mechanik diesen Standpunkt zuerst und mit aller Schärfe und Klarheit vertreten hat ...".[115]

Dies ist im Grunde auch die Position, die Einstein seiner neuen Theorie zugrun-de legen wollte. Die unmittelbare Anlehnung an Mach war beabsichtigt, ließ sich aber nicht realisieren.[116] Das Machsche Prinzip (in der Machschen Urfassung) wird hier von Einstein auf die Tragfähigkeit für die Lösung des Gravitationspro-blems hin getestet. Machs Lösungsansatz basierte jedoch auf dem klassischen Raum-Zeit-Verständnis und erwies sich deshalb nicht als eigentlicher Lösungs-ansatz für Einsteins Theorie. Es bleibt aber eine unbestrittene Leistung Machs, vor aller relativistischer Physik das Trägheitsproblem aufgeworfen zu haben. Daher ist die hohe Wertschätzung, die Einstein Ernst Mach entgegenbrachte, nur verständlich.[117]

Auch wenn die Einstein-Grossmannsche Theorie nicht das leistete, was Einstein sich erhofft hatte, waren mit ihr alle theoretischen Voraussetzungen einer allge-meinen Relativitätstheorie vorhanden. Sie stellte ein Zwischenschritt zur endgül-tigen Lösung des Gravitationsproblems dar. Wie weit Einstein sich von den tra-

---

[114] Einstein 1913, S. 1254.

[115] Ebd., S. 1260.

[116] Goenner verkennt dies, wenn er zu der Feststellung gelangt: „Obgleich Einstein mit Mach in den Jahren vor 1913 korrespondierte, entwickelte er seine allgemeine Rela-tivitätstheorie in den publizierten Arbeiten zunächst ohne direkte Referenz auf die Machschen Ideen." (Goenner 1981, S. 87)

[117] Vgl. Kanitscheider 1988, S. 167.

ditionellen Vorstellungen seiner Fachkollegen entfernt hatte, kann man anhand der Kritiken seiner Konkurrenten nachvollziehen.

Gustav Mie wiederholt seinen früheren Vorwurf, daß nach der Einsteinschen Theorie sich die Lichtgeschwindigkeit und die „Dimensionen der Atome und der aus ihnen zusammengesetzten Körper" mit dem Gravitationspotential ändern würden. Seine Argumentation mit den Konsequenzen für die mikrophysikalischen Prozesse wies auf die Schwierigkeit hin, mikrophysikalische von den kosmischen Wechselwirkungen zu trennen. Die Welt der Physik sollte immer noch ganzheitlich in einer Theorie erfaßbar sein und daher wurde von der gesuchten Theorie gefordert, für alle Dimensionen und für alle Welten zu gelten. Mie vertrat dagegen die Überzeugung, daß nur eine Gravitationstheorie, die die Maßverhältnisse nicht ändert, Bestand haben könne und verwies auf seine Theorie, die dies leisten sollte.[118]

Einstein hatte in seiner Prager Zeit bereits einen sehr schlüssigen Beweis für die Rotverschiebung der Spektrallinien durch die Gravitationswirkung der Sonne liefern können, wenngleich der Wert noch zu gering war.[119] Physikalische Wirkungen des Gravitationsfeldes waren daher nicht wegzudiskutieren.

Treffend stellt Einstein in seiner polemischen Antwort auf die Miesche Kritik fest: Die Differenzen rühren daher, „daß Mie nur die kovarianten theoretischen Forderungen der gewöhnlichen Relativitätstheorie als heuristisches Prinzip benutzt, daß er also die a priori bevorzugten Systeme einführt. In dieser Weise betrachtet, hat die von mir vorgetragene Theorie tatsächlich eine recht geringe Daseinsberechtigung!"[120] Die zugespitzte Argumentation sollte verdeutlichen, daß die neue Theorie nicht mit der Meßlatte der Speziellen Relativitätstheorie bewertet werden konnte. Daß die Miesche Position nicht einfach als trivial abzutun war, wie es dem heutigen Betrachter erscheinen mag, beweist die bereits zitierte Meinung Plancks. Solange Einstein selbst keine Theorie vorlegen konnte, die von einer *allgemeinen Kovarianz* ausging, war die Frage, ob man prinzipiell von einem ausgezeichneten Bezugssystem ausgehen mußte oder nicht, nicht wirklich entschieden.[121] Seine in Wien 1913 vorgebrachte Position, daß die Frage nach dem Einfluß des Gravitationsfeldes auf physikalische Vorgänge „im Prinzip be-

---

118   Mie 1914, S. 172.
119   Berechneter Wert der Ablenkung = 0,83 Bogensekunden, Einstein 1911, S. 898-908.
120   Einstein 1914a, S. 179.
121   Die Dreidimensionalität des Raumes ist auch für Planck 1914 noch eine „gegebene Tatsache" die wir hinnehmen, „ohne uns, als vernünftige Physiker weiter darüber zu beunruhigen, warum der Raum nicht vier oder noch mehr Dimensionen besitzt." (Planck 1914, S. 743)

friedigend gelöst" sei, konnte die Fachkollegen daher nicht überzeugen.[122] In diesem Vortrag faßte Einstein die Ergebnisse der bisherigen Entwicklung der relativistischen Gravitationstheorien zusammen. Die Arbeiten von Mie und Abraham blieben fast unerwähnt, weil Mies Theorie das Äquivalenzprinzip nicht erfüllte und Abrahams Theorie zwar von einer variablen Lichtgeschwindigkeit ausging, aber trotzdem die Formeln der speziellen Relativitätstheorie benutzte.[123] Diese fundamentalen Widersprüche in den theoretischen Fundamenten veranlaßte Einstein dazu, beide Autoren zu übergehen. Im Gegensatz zu Abraham hatte Nordström eine in sich konsistente Theorie geschaffen, der Einstein daher zurecht große Beachtung schenkte. Das eigentlich Wichtige auf dieser 85. Naturforscherversammlung war Einsteins Analyse des Erkenntnisstandes des Gravitationsproblems, die im Grunde aber unbeachtet blieb.[124]

Während der Arbeit an der Einstein-Grossmannschen Theorie hatte Einstein zunächst geglaubt, daß die Forderung nach allgemeiner Kovarianz prinzipiell nicht erfüllbar sei.[125] In seinem Wiener Vortrag wurde dieser Mangel klar erkannt und die allgemeine Kovarianz wieder gefordert, ohne die das allgemeine Relativitätsprinzip nicht vollständig erfüllbar ist.[126]

Einsteins folgende Einschätzung des Standes einer verallgemeinerten Relativitätstheorie, die das Gravitationsphänomen beinhaltet, mußte den damaligen Zuhörern zu absurd erschienen sein, und es wurde darüber dann auch nicht gestritten. Einstein erklärte: „Aus dem Gesagten geht hervor, daß die Frage nach dem Einfluß des Gravitationsfeldes auf beliebige physikalische Vorgänge im Prinzip befriedigend gelöst ist, und zwar derart, daß die betreffenden Gleichungen beliebigen Substitutionen gegenüber kovariant sind. Die Raum-Zeitkoordinaten sinken dabei zu an sich bedeutungslosen, willkürlich wählbaren Hilfsvariablen herab. Das ganze Problem der Gravitation wäre also befriedigend gelöst, wenn es auch gelänge, bezüglich beliebiger Substitutionen kovariante Gleichungen zu finden, welchen die das Gravitationsfeld selbst bestimmenden Größen $g_{\mu\nu}$ genügen."[127] Die weitere historische Entwicklung sollte Einstein hier vollständig recht geben. Nur eine Fußnote verriet, daß er auf diesem Weg noch schwankte. Er merkte an, daß es einen Beweis gäbe, daß eine allgemein kovariante Lösung nicht existieren könne. Der entscheidende Teil der begrifflichen Vorarbeit war

---

[122] Einstein 1913, 1257.
[123] Auf dieser Tagung wurde Mie zu Einsteins Hauptgegner. (vgl. Mie 1913)
[124] Vgl. Pais 1986, S. 236-237.
[125] Ebd. 222 ff.
[126] Einstein 1913, S. 1255.
[127] Ebd., S. 1257.

jedoch 1913 bereits bewältigt. So gesehen war das Gravitationsproblem tatsächlich „im Prinzip" gelöst.

Die Theorie Nordströms

Für Einstein war nun nur noch eine Entscheidung zwischen seiner und Nordströms Theorie möglich. Seine Hoffnungen setzte er auf Aufnahmen der 1914 bevorstehenden Sonnenfinsternis, die die Ablenkung der Lichtstrahlen im Gravitationsfeld der Sonne beweisen sollten. Er hatte aber bereits mit dem Hinweis auf die Ideen Machs den grundlegenden Mangel der Theorie Nordströms aufgezeigt: Die Relativität der Trägheit als Ausdruck der Wesensgleichheit von Trägheit und Schwere. Die von Nordström angesetzte Identität von schwerer und träger Masse bedeutete für diese Wesensgleichheit noch keine tiefere theoretische Durchdringung, sondern war nur der bekannte empirisch aufgefundene Fakt. In einem Brief Anfang 1914 merkt Einstein an: „Ich freue mich darüber, daß die Fachgenossen sich überhaupt mit der Theorie beschäftigen, wenn auch vorläufig nur mit der Absicht, dieselbe totzuschlagen. Im Vergleich dazu ist die Nordströmsche Theorie viel naheliegender. Aber auch sie ist auf den a priorischen euklidischen vierdimensionalen Raum gebaut, an den zu glauben, für mein Gefühl so etwas wie Aberglauben bedeutet."[128]

Während Mie und Abraham sich noch ganz am Vorbild der Elektrodynamik bei der Entwicklung ihrer Gravitationstheorien orientierten, ging Gunnar Nordström wie Einstein von der Notwendigkeit der Veränderung der „alten" Relativitätstheorie von 1905 aus. 1912 publizierte er in *der Physikalischen Zeitschrift* seinen ersten Artikel über das Gravitationsproblem.[129] Als Ausgangspunkt diente ihm hier die Einsteinsche Hypothese, daß aufgrund der relativistischen Gleichung $E=m\,c^2$ und der Gleichheit von träger und schwerer Masse die Lichtgeschwindigkeit im Gravitationsfeld keine Konstante sein könne. Er verglich die Abrahamsche mit der Einsteinschen Theorie und bemängelte, daß beide Theorien die Konstanz von c aufgeben müßten. Auch für Nordström erschien dies eine zu radikale Veränderung der Theorie. Er schlug daher vor, die Abrahamsche Theorie so zu verändern, daß eine Gravitationstheorie entsteht, die mit der Relativitätstheorie in ihrer ursprünglichen Fassung vereinbar sei.[130] In seinen weiteren Überlegungen warf er dann die Frage auf, ob es nicht möglich sei, die Konstanz der Lichtgeschwindigkeit beizubehalten und gleichzeitig das Äquivalenzprinzip

---

[128] Hier zitiert nach Pais 1986, S. 237.
[129] Nordström 1912.
[130] Nordström 1913b, S. 872.

zu erfüllen.[131] Damit näherte sich Nordström in der zentralen Betrachtung von Trägheit und Schwere den Einsteinschen Überlegungen, war aber zugleich bezüglich der Frage der Lichtgeschwindigkeit konservativ. Die Spezielle Relativitätstheorie war in wenigen Jahren zu einer Art Weltanschauung geworden. Nordström wollte daher die Konstanz von c durch die Variabilität der Masse sichern.[132] Einstein machte ihn brieflich darauf aufmerksam, daß nach dieser Theorie ein rotierendes System im Gravitationsfeld eine kleinere Beschleunigung erhalten würde als ein nichtrotierendes. Aus der Einsteinschen Argumentation erkannte Nordström klar die Unvereinbarkeit seiner Theorie mit der Einsteinschen Äquivalenzhypothese. Für ihn war das ganz im Gegensatz zu Mie und Abraham ein sehr schwerwiegender Einwand. Das Eingehen auf Einsteins Argumente trieben Nordströms Überlegungen voran, ließen ihn in der Diskussion um die Gravitationstheorien produktiv werden, so daß gerade seine Arbeiten von Einstein stärkere Beachtung fanden.

Einsteins Kritik veranlaßte Nordström zur Abänderung seiner Theorie. Einer Idee Laues folgend wandelt er die Theorie dadurch ab, daß die Ruhdichte der Materie in „passender Weise" definiert werden sollte, nämlich mittels der Summe:

„ (1) $T_{xx} + T_{yy} + T_{zz} + T_{uu} = -D$ der Diagonalkomponente des Tensors T, der den Zustand der Materie darstellt."[133]

Aber auch in dieser zweiten Theorie Nordströms wurde die *Äquivalenz* von träger und schwerer Masse nur als *Proportionalität* und nicht als eine wirkliche *Identität* dargestellt.

Aus der Rechnung kam dann heraus, daß die gravitierende Masse im Gegensatz zur trägen Masse eine für jeden Körper „charakteristische Konstante" sei, „die nicht von dem äußeren Gravitationspotential abhängt."[134]

Hier wird der Widerspruch zur Äquivalenzhypothese ganz deutlich. Mittels der Einsteinschen Gleichung $E=mc^2$ konstatierte Nordström die von Einstein angegebene Abhängigkeit der Maßstäbe und Zeiteinheiten vom Gravitationspotential. Da er aber nicht die Identität von Schwere und Trägheit durchzuhalten vermochte, gelangte Nordström zur Universalität von fa, dem konstantem Potential der

---

131 Ebd., S. 1126.
132 Nordström setzte hier nach einer früheren Überlegung Abrahams, die Masse m mit $m=m_0 * exp (f/c^2)$ an. f – Gravitationspotential.
133 T ist der von Laue eingeführte dynamische Tensor, die Spur des Energie-Impuls-Tensors . (vgl. Nordström 1913, S. 533-534)
134 Ebd., S. 537-540.

äußeren Massen außerhalb unseres Planetensystems.[135] Diese Vorstellung stand Machschen Intentionen sehr nahe. Die Raumzeit wurde als äußere Fernwirkung kosmischer Massen aufgefaßt. Dieses Raumzeitverständnis stellte Nordström in der Auseinandersetzung mit der Mieschen *Theorie der Materie* etwas genauer dar. Für ihn war wesentlich, daß „Materie und Äther voneinander prinzipiell verschieden" seien.[136] Nordström glaubte, daß allein die klare Trennung von Raum und Materie zum Ziel führen könne und sah in der Synthese von Materie und Äther den großen Mangel der Mieschen Theorie. Somit verkannte er gerade den gewichtigen Teil der Mieschen Überlegungen, Materie und Äther zu verbinden.

Seine Theorie hingegen ging davon aus, daß das elektromagnetische wie das Gravitationsfeld in der Materie einen Spannungs- und einen Bewegungszustand erzeugen, der durch den Spannungstensor T bzw. einem Bewegungsvektor B charakterisiert werden kann. Die Wirkung der Gravitation wurde ebenso wie die Wirkung des elektromagnetischen Feldes durch einen vierdimensionalen Tensor ausgedrückt. Damit betrachtete Nordström faktisch die Gravitation wesensgleich mit der elektromagnetischen Wechselwirkung. Im Tensorkalkül wurde der Veränderung von Raum und Zeit Rechnung getragen. Das heißt, Raum und Zeit gingen im Sinne des allgemeinen Relativitätsprinzips in die Rechnung als veränderliche Größen ein. Für Nordström selbst war seine Theorie aber noch eine Äthertheorie im herkömmlichen Sinne der „alten" Relativitätstheorie von 1905.

Auch die zweite Nordströmsche Theorie hat Einstein sehr eingehend analysiert und wichtige Konsequenzen für sich daraus gezogen. In der Zusammenarbeit mit Adriaan Daniel Fokker gewann Einstein die Erkenntnis, daß die Nordströmsche Theorie ein Spezialfall der Einstein-Grossmannschen Theorie war, zu der man durch die zusätzliche Forderung c= konstant gelangte.[137] Wegen der großen Bedeutung für den letzten Schritt hin zur Allgemeinen Relativitätstheorie hier das genaue Zitat des Artikels von Einstein und Fokker: „Es erweist sich hierbei, daß

---

135 Nordström sah sich veranlaßt seine Theorie abzuändern, um der Gleichheit von Trägheit und Schwere zu genügen. (Nordström 1913, S.533) Mit dem Hinweis auf die 2. Auflage des Laueschen Buchs *Das Relativitätsprinzip*, wo die Diagonalsumme des Welttensors ein Invariante für den elektromagnetischen Welttensor D_e=0 bei D_g (gravitativer Welttensor) ungleich Null ist, setzt nun Nordström einen dritten Welttensor, den „materiellen Tensor" T_m an. Dieser Tensor soll die Energiedichte der Materie, Impulsdichte und kinetische Spannungen aufnehmen. Damit verbunden ist die These von einem „gesamten Zehnertensor" T, mit $T=T_m + T_e + T_g$. Mit diesem Ansatz stehen sich wieder Materie und Gravitation unvermittelt gegenüber.
136 Nordström 1914a, S. 376.
137 Fokker promovierte 1913 bei Lorentz und arbeitete danach ein Semester bei Einstein.

man zur Nordströmschen statt zur Einstein-Großmannschen Theorie gelangt, wenn man die einzige Annahme macht, es sei eine Wahl bevorzugter Bezugsysteme in solcher Weise möglich, daß das Prinzip von der Konstanz der Lichtgeschwindigkeit gewahrt ist."[138] Einstein und Fokker erbrachten den wichtigen Beweis, daß die Forderung nach c=konstant zwingend dazu führt, daß das durch den Tensor $g_{\mu\nu}$ gegebene Gravitationsfeld sich auf eine Größe f_a reduziert. Das heißt, über die Reduktion des Gravitationspotentials wird die Forderung nach der Konstanz der Lichtgeschwindigkeit identisch mit der Forderung nach dem Minkowski-Raum der Speziellen Relativitätstheorie. Das vermeindliche „Prinzip" der Konstanz der Lichtgeschwindigkeit erwies sich dem theoretischen Gehalt nach so als Postulat einer bevorzugten Geometrie. Damit war die Rolle der Lichtgeschwindigkeit in der verallgemeinerten relativistischen Theorie endgültig geklärt. Die Konstanz der Lichtgeschwindigkeit ergab sich als empirischer Fakt der theoretischen Beschränkung auf Inertialsysteme.

Die den Gleichungen a priori auferlegte Bedingung, so argumentieren Einstein und Fokker, „schränken aber die theoretischen Möglichkeiten nicht in dem Maße ein, daß man ohne Inhilfenahme spezieller physikalischer Voraussetzungen zwanglos zu den Grundgleichungen der Theorie gelangen kann."[139]

Das einschränkende theoretische Prinzip der „Minkowskischen Kovariantentheorie" findet seinen empirischen physikalischen Ausdruck in der Konstanz der Lichtgeschwindigkeit. Damit hört die Konstanz von c erwiesenermaßen auf, ein „Prinzip" zu sein. Für Einstein war wichtig, daß man allein durch rein „formale Erwägungen, d.h. ohne Zuhilfenahme weiterer physikalischer Hypothesen", sondern allein mit der Forderung nach der Konstanz von c von der Einstein-Grossmanschen zur Nordströmschen Theorie gelangte.

Mit dem Aufzeigen des Zusammenhangs zwischen der eigenen und Nordströms Theorie konnte Einstein zur Forderung der allgemeinen Kovarianz zurückkehren. Der Fehler seines Konzepts wurde nun nicht mehr in den vorauszusetzenden Prinzipien, sondern in der Durchführung der Theorie (als Rechenfehler) selbst gesucht, weil die Einschränkung der allgemeinen Kovarianz einer einschränkenden empirisch-physikalischen Bedingung gleich kam. Darüber gab es nun endlich Klarheit.

Mit der gemeinsam mit Adrian Fokker publizierten Arbeit, die bei den Annalen der Physik am 19.02. 1914 einging, waren die *Prinzipien* der Allgemeinen Relativitätstheorie geklärt. Das heißt, die Grundbausteine der physikalischen Theorie

---

138 Einstein/Fokker 1914, S. 21.
139 Ebd., S. 321.

waren soweit konstruiert, daß die Möglichkcit der Ableitung der Gravitationsgleichungen aus dem Riemann-Christoffelschen Differentialtensor für Einstein
als eine „von physikalischen Annahmen unabhängige Ableitung" erschien.[140]
Raum und Zeit hatten als relativistische Raumzeit ihren Platz in der noch fertig-
zustellenden verallgemeinerten Relativitätstheorie gefunden. Die Raumzeit erwies sich als Wesensmoment des Gravitationsfeldes. Die kosmische Raumzeit
wurde zum Resultat der Gravitationswechselwirkungen der differentiellen
Massen in ihr.

Mit der Fertigstellung der Allgemeinen Realtivitätstheorie entstand die alte Frage, was denn Raum und Zeit wirklich sind, wieder völlig neu. Nun aber als Frage nach dem Wesen der allgemeinrelativistischen Raumzeit.

Hilberts Rückgriff auf Mies Theorie der Materie

Mit David Hilbert schloß sich der Kreis derer, die in der Diskussion mit Einstein
um die Gravitationstheorie eigenständige Konzepte entwickelten. Wie Minkowski, so wandte sich auch der Mathematiker Hilbert früh den Problemen der
Physik zu. 1913 bis 1914 veröffentlichte er einige Artikel zur Theorie der Strah-
lung. Als Einstein am 25. November 1915 vor der Preussischen Akademie der
Wissenschaften über die Feldgleichungen der Allgemeine Relativitätstheorie
vortrug, hatte David Hilbert bereits fünf Tage vorher seine Ableitung der Feldgleichungen der Gravitation in Göttingen dargelegt.[141] Hilbert machte jedoch in
seinem Vortrag einleitend deutlich, daß er angeregt von Einstein seine Überlegungen entwickelt habe. Ihm ging es auch nicht vorrangig um die Herleitung der
Feldgleichungen der Gravitation, sondern er griff mit der Einsteinschen Lösung
des Gravitationsproblems den Mieschen Ansatz einer allgemeinen Theorie der
Materie wieder auf. Einstein hatte ihn erst Tage zuvor, am 12. November, über
den Stand seiner Arbeit informiert.[142] Neben der Entwicklung des Formalismus
fällt in diesem Brief an Hilbert ein Satz auf: „Wenn meine jetzige Modifikation
berechtigt ist, dann muß die Gravitation im Aufbau der Materie eine fundamen-

---

[140] Ebd., S. 328.
[141] Den richtigen Wert für die Periheldrehung berechnete Einstein bereits am 18.11.
1915. Es fehlte aber noch der $g_{\mu\nu}R/2$-Term in den Feldgleichungen. (Einstein 1915b,
S. 844-847)
[142] Im November gab es eine intensive Korrespondenz zwischen Einstein und Hilbert
siehe Pais 1986, S. 263-264.

tale Rolle spielen."[143] Hilbert glaubte, mit einem Variationsprinzip die Einsteinsche Theorie mit Mieschen Überlegungen verbinden zu können.[144] Es entstand
der erste Versuch einer einheitlichen Feldtheorie auf der Grundlage der Allgemeinen Relativitätstheorie. Für Gustav Mie muß es eine große Genugtuung gewesen sein, daß Hilbert gerade seine Vorstellungen von der Elektrodynamik mit
der Einsteinschen Theorie verbinden wollte. Für Hilbert hatten Einstein und Mie
„der Untersuchung über die Grundlagen der Physik neue Wege eröffnet."[145] So
wie Gustav Mie auf der Basis der Speziellen Relativitätstheorie eine einheitliche
Theorie der Materie schaffen wollte, so stellte Hilbert nun auf der Basis der Allgemeinen Relativitätstheorie diese Frage erneut. Als bleibendes Verdienst Hilberts will Pais nur die Ableitung der Feldgleichungen aus einem Variationsprinzip gelten lassen.[146] Dies scheint auch die spätere Ansicht Hilberts selbst gewesen zu sein, weil seine Theorie auf einer Fehlinterpretation des erst später so benannten Noether Theorems beruhte. Das ist aber nur die formale Seite. Hilbert
stellte die Frage nach der Vereinheitlichung von Gravitation und Elektromagnetismus neu und suchte die Lösung in der weiteren Entwicklung der Mieschen
Weltfunktion H. Die große Vorleistung Mies sah Hilbert nicht in den Details des
Mieschen Ansatzes, sondern in der Einführung und Verwendung einer solchen
Funktion im Hamiltonschen Prinzip.

Für ihn war das ein gewichtiges mathematische Argument für eine einheitliche
Behandlung der Phänomene Gravitation und Elektromagnetismus. Hatte Mie
versucht, die Gravitation in die Elektrodynamik zu integrieren, so wollte nun
Hilbert die Elektrodynamik in die Gravitationstheorie einbetten. Er wußte jedoch
nur formale mathematische Gründe anzugeben. Die physikalische Idee dahinter
fehlte. Aus dem Noether-Theorem, einem rein mathematischen Satz, sollte abgeleitet werden, daß die elektrodynamischen Erscheinungen Wirkungen der Gravi-

---

[143] Einstein schrieb am 12. November an Hilbert: „Das Problem hat unterdessen einen
neuen Fortschritt gemacht. Es läßt sich nämlich durch das Postulat $(g)^{1/2} = 1$ die allgemeine Kovarianz erzwingen.
Der Riemannsche Tensor liefert dann direkt die Gravitationsgleichungen. Wenn
meine jetzige Modifikation berechtigt ist, dann muß die Gravitation im Aufbau der
Materie eine fundamentale Rolle spielen." (zitiert nach Pais 1986, S. 256)

[144] „Hilbert was obviously fascinated by the possibility that a unified theory of gravitation and elektromagnetism would explain the existence of elementary quanta (of
matter and radiation), a possibility which Einstein would pursue the rest of his life.
But in 1916, and during the following several years, Einstein did not think much of
such possibility." (Mehra 1974, S. 30)

[145] Hilbert 1915, S. 395.

[146] Pais 1986, S. 261.

tation seien: „In dieser Erkenntnis erblicke ich die einfache und sehr überraschende Lösung des Problems von Riemann, der als der Erste theoretisch nach dem Zusammenhang zwischen Gravitation und Licht gesucht hat."[147] In dem Bewußtsein, daß das Verhältnis von Lichttheorie und Gravitationstheorie für alle Fortschritte der Physik von Riemann bis Einstein von entscheidender Bedeutung war, wird eine Synthese von Gravitationstheorie und Elektrodynamik versucht. Die formale, mathematische Vorgehensweise Hilberts hatte einen tieferen Grund, wenn sie hier auch zunächst nur der Fehlinterpretation des Noether-Theorems geschuldet zu sein schien. Hilbert glaubte, daß sich mit der Vollendung der Einsteinschen Relativitätstheorie der Weg eröffnen würde, die Physik von ihrer empirischen Grundlage abzuheben. Der Mathematiker Hilbert verstand Einsteins Theorie als neue Physik, die einer empirischen Grundlage nicht mehr bedürfe. Durch die Relativitätstheorie wurde seiner Meinung nach „nicht nur unsere Vorstellungen über Raum, Zeit und Bewegung von Grund auf in dem von Einstein dargelegten Sinne umgestaltet, sondern ich bin auch der Überzeugung, daß durch die hier aufgestellten Grundgleichungen die intimsten bisher verborgenen Vorgänge innerhalb des Atoms Aufklärung erhalten werden und insbesondere allgemein eine Zurückführung aller physikalischen Konstanten auf mathematische Konstanten möglich sein muß – wie denn überhaupt damit die Möglichkeit näherrückt, daß aus der Physik im Prinzip eine Wissenschaft von der Art der Geometrie werde: gewiß der herrlichste Ruhm der axiomatischen Methode..."[148]

Der rationale Kern dieser Überlegung Hilberts war, daß die Physik mit der Allgemeinen Relativitätstheorie ihre eigenen Voraussetzungen neu bestimmte und damit auch eine Neubestimmung von Empirischem möglich wurde, d.h. bisher Empirisches nun auch als Theoretisches begreifbar war. Indem Geometrie nun auch zum Gegenstand von Physik wurde, glaubte Hilbert, daß damit Physik zu einer rein axiomatischen Wissenschaft werden könnte.

Die Erweiterung des theoretischen Wissens hebt aber die empirischen Daten nicht auf, sondern erhellt sie in einem anderen Licht. Dies verkennend versuchte Hilbert allein mittels mathematischer Theoreme, zwei physikalische Theorien zu vereinigen. Dies ist aber ohne ein physikalisches Prinzip, wie z.B. das Äquivalenzprinzip in der Allgemeinen Relativitätstheorie, nicht möglich. In seiner *2. Mitteilung* vom 23.12.1916 griff er nochmals diesen Gedanken zum Verhältnis von Geometrie und Physik auf: „Nach meinen Ausführungen ist die Physik eine vierdimensionale Pseudogeometrie, deren Maßbestimmung $g_{\mu\nu}$ durch die

---

[147] Hilbert 1915, S. 398.
[148] Ebd., S. 406.

Grundgleichungen ... meiner ersten Mitteilung an die elektromagnetischen Größen d.h. an die Materie gebunden ist."[149]

Aus der Erkenntnis, daß die alte Physik mit der euklidischen Geometrie Raum und Zeit a priori gebrauchte, die neue relativistische Physik Einsteins aber keine Geometrie vorweg zugrunde legte, schlußfolgerte Hilbert, daß die Physik nun den Charakter von Geometrie annehme: „Die Euklidische Geometrie ist ein *der modernen Physik fremdartiges Ferngesetz:* indem die Relativitätstheorie die Euklidische Geometrie als allgemeine Voraussetzung für die Physik ablehnt, lehrt sie vielmehr, daß Geometrie und Physik gleichartigen Charakters sind und als *eine* Wissenschaft auf gemeinsamer Grundlage ruhen."[150]

Obwohl Hilbert seine Auffassung vom Verhältnis von relativistischer Physik und Geometrie, die er ein Jahr zuvor dargelegt hatte, nochmals verteidigte, waren die Formulierungen hier aber schon viel vorsichtiger gewählt. Hilbert näherte sich bereits seiner späteren Einsicht, daß Physik nicht ihre Selbständigkeit als empirische Naturwissenschaft verlieren konnte, sondern allein die Voraussetzungen von Physik neu zu bestimmen waren.

Erst 1930 unterzog der Mathematiker seinen früheren Standpunkt einer eingehenderen Kritik. Ließe sich die Physik als rein mathematische Wissenschaft entwickeln, argumentierte er hier, so „bedürfte es tatsächlich nur des Denkens, d.h. der begrifflichen Deduktion, um alles physikalische Wissen zu gewinnen; als dann hätte Hegel recht mit der Behauptung, alles Naturgeschehen aus Begriffen deduzieren zu können." Die Kritik an der Hegelschen Philosophie umfaßt hier die Kritik des eigenen Standpunkts von 1915/1916. „Im Gegensatz zu Hegel erkennen wir, daß die Weltgesetze auf keine andere Weise zu gewinnen sind als aus der Erfahrung. Mögen bei der Konstruktion des Fachwerkes der physikalischen Begriffe mannigfache spekulative Gesichtspunkte mitwirken:"[151]

Einstein reagierte auf Hilberts Arbeit erst am 26.10.1916 in einem Vortrag vor der Preussischen Akademie. Den Gedanken, die Gleichungen der Allgemeinen Relativitätstheorie aus einem einzigen Variationsprinzip herzuleiten, griff er auf, meinte aber, daß man im Gegensatz zu Hilbert „möglichst wenig spezialisierende Annahmen" über die „Konstitution der Materie" gemacht werden sollten. Der Hilbertschen Frage nach neuen Möglichkeiten zur Vereinheitlichung der Physik konnte aber auch er sich nicht verschließen.[152] Anläßlich einer Rede in Leiden

---

149 Hilbert 1917, S. 63.
150 Ebd., S. 65.
151 Hilbert, [1930] 1935, S. 382.
152 Einstein 1916c, S. 1111.

stellte Einstein 1920 fest: „Da nach unsern heutigen Auffassungen auch die Elementarteilchen der Materie ihrem Wesen nach nichts anderes sind als Verdichtungen des elektromagnetischen Feldes, so kennt unser heutiges Weltbild zwei begriffliche vollkommen voneinander getrennte, wenn auch kausal aneinander gebundene Realitäten, nämlich Gravitationsäther und elektromagnetisches Feld oder – wie man sie auch nennen könnte – Raum und Materie."[153] Mit einer einheitlichen Feldtheorie, so glaubte Einstein, würde der alte „Gegensatz Äther – Materie verblassen und die ganze Physik zu einem ähnlich geschlossenen Gedankensystem werden wie Geometrie, Kinematik und Gravitationstheorie durch die allgemeine Relativitätstheorie."[154]

Damit formulierte er in ähnlicher Weise wie Mie und Hilbert die Aufgabenstellung zum Aufbau einer vereinheitlichten Feldtheorie.

Mit der Allgemeinen Relativitätstheorie war für Einstein das Gravitationsfeld zum Raum geworden, indem sich die Materie als gravitierendes elektromagnetisches Phänomen bewegt. Die Raumzeit der Gravitation sollt gleichzeitig auch die Raumzeit der elektromagnetischen Wechselwirkung sein. Die nachfolgende Entwicklung der Quantenphysik ging jedoch in eine andere Richtung. Die raumzeitlichen Zusammenhänge haben sich in Abhängigkeit von den konkreten Wechselwirkungen aufgespalten.

Die Raumzeit der Gravitation erwies sich als gänzlich verschieden von der Raumzeit der Mikrophysik in der Quantentheorie, weil sie auf anderen Wechselwirkungen beruht, und so entwickelte sich nach den großen Erfolgen bei der Vereinheitlichung theoretischer Zusammenhänge nachfolgend eine gegenläufige Tendenz.

---

153 Einstein [1920] 1990, S. 122.
154 Ebd., S. 122.

X. Frühe philosophische Reaktionen auf die Relativitätstheorie bis zu ihrer Vollendung 1915

Angesichts der späteren Wirkungen der Allgemeinen Relativitätstheorie erscheinen aus der historischen Perspektive die ersten philosophischen Reaktionen auf die Einsteinsche Theorie als äußerst bescheiden. Einer der ersten Philosophen, wenn nicht gar der erste, der die Dimension späterer Wirkungen der Einsteinschen Theorie erahnend sich euphorisch äußerte, war Moritz Schlick. Schlicks kleines Buch, *Raum und Zeit in der Gegenwärtigen Physik*, erreichte bereits 1920 die 3. Auflage und wurde Anfang der zwanziger Jahre auch ins Englische übersetzt.[1] Da hatte jedoch der Siegeszug der Allgemeinen Relativitätstheorie unter den Fachleuten bereits an Breite gewonnen. Bis zum Herbst 1915 war die Frauge nach der Durchführbarkeit einer allgemeinrelativistischen Theorie noch nicht entschieden, und Einstein selbst hatte zwischen 1913 und 1915 mehrfach an der *vollständigen* Durchführbarkeit des allgemeinen Relativitätsprinzips Zweifel geäußert. Für die Vorgeschichte der Allgemeinen Relativitätstheorie sind die Reaktionen von Philosophen auf die noch rein innerphysikalische Debatte von Interesse, weil bis zur endgültigen Fassung der erfolgreichen Theorie die Philosophie sich stark auf ihre eigenen Vorleistungen stützen mußte. Mit der Etablierung der Allgemeinen Relativitätstheorie begann der Streit der verschiedenen philosophischen Strömungen um die Vereinnahmung der Einsteinschen Theorie, der die eigenen philosophischen Voraussetzungen stark überlagerte. Es ist eben leicht, für eine erfolgreiche Theorie zu sein und unendlich schwer, vor ihrer Vollendung schon ein sicheres Urteil abzugeben. Daher blieben die meisten Philosophen vorerst den traditionellen Denkweisen verhaftet. Für Max *Frischeisen-Köhlers,* einen Dilthey-Schüler, lag noch 1912 die Bedeutung der Relativitätstheorie allein im mathematischen Formalismus. Nach seiner (Fehl)interpretation fordert das Relativitätsprinzip nicht die Aufgabe des „allgemeinen" Zeitbegriffs, „da es vielmehr diesen voraussetzt."[2] 1914 erschienen gleich zwei naturphilosophische Standardwerke. Bernhards *Bavinks Allgemeine Ergebnisse und Probleme der Naturwissenschaft* und Erich *Bechers Naturphilosophie* als Band 1 der *Kultur der Gegenwart.*[3] Auch diese beiden Stellungnahmen zur Relativitätstheorie waren noch sehr zögerlich, obwohl Einstein 1913 mit der Einstein-Grossmannschen-Theorie ein entscheidender weiterer Schritt in Richtung einer

---

1   Schlick 1917.
2   Frischeisen-Köhler 1912, S. 324-326.
3   Bavink 1914, Becher 1914.

verallgemeinerten Theorie gelungen war. Bavink vertrat die Ansicht, daß das Zeit- und Raumproblem zwar wesentliche physikalische Grundfragen berührte, Einsteins Theorie aber „ganz außerhalb des Rahmens der auf die Realität der Außenwelt gerichteten physiko-chemischen Forschungen" liege. Für ihn gehörte die Relativitätstheorie ganz in die „allgemeine Erkenntnistheorie", womit das Relativitätsproblem allein zu einem Gegenstand der Philosophie gemacht wurde.[4] Die seit Riemann diskutierten Ansichten zu Raum und Zeit waren aus dieser Sicht allein vom philosophischen Prinzipien abhängig und nicht naturwissenschaftlich entscheidbar. Da sich Bavink den neuesten Resultaten naturwissenschaftlicher Forschung verpflichtet fühlte, konnte er so das erkenntnistheoretische Problem umgehen.

Für *Becher* fehlte 1914 noch ganz die experimentelle Seite, um die Relativitätstheorie philosophisch beurteilen zu können. Einsteins allgemeineres Relativitätsprinzip erschien bei ihm nur als Einschränkung und Modifizierung des Postulats von der Konstanz der Lichtgeschwindigkeit.[5] Bechers wie Bavinks Haltung machen deutlich, daß die innerphysikalischen Kontroversen auch sehr stark die an den Naturwissenschaften orientierten Philosophen verunsicherten. Einsteins Forschungsprogramm sah man vor allem als Relativierung der Grundaussagen von 1905 an. In den Streit um Einsteins Konzept mochten und wollten die meisten Naturphilosophen zu diesem Zeitpunkt noch nicht eingreifen.

Ernst Cassirer

Zu den wenigen, die bereits mit der Entstehung der Relativitätstheorie Konsequenzen für die Philosophie ausmachten, gehörte Ernst *Cassirer* (1874-1945). Der junge Cassirer hatte sich das Ziel gesetzt, durch eine Kritik der Prinzipien „das Trugbild des 'Absoluten'" aufzulösen. „Indem wir die Voraussetzungen der Wissenschaft als *geworden* betrachten", schrieb er 1906, erkennen wir sie eben damit wiederum als *Schöpfungen* des Denkens an; indem wir ihre historische *Relativität* und Bedingtheit durchschauen, eröffnen wir uns damit den Ausblick in ihren unaufhaltsamen Fortgang und ihre immer erneute Produktivität."[6]

Aus der Perspektive der Geschichte der Relativitätstheorie ist man spontan geneigt, bei Cassirer eine intime Kenntnis der Kontroversen um Einsteinsche Ideen zu vermuten, wenn er in der 2. Auflage von 1912[7] feststellt: „Dem Bereich gren-

---

4   Bavink 1914, S. 115.
5   Becher 1914, S. 330.
6   Cassirer 1911, S. VI.
7   Das Vorwort ist datiert vom November 1910.

zenloser *Relativität*, dem wir noch eben entronnen zu sein meinten, scheinen wir jetzt von neuem und für immer überantwortet." Cassirer erkannte, daß die traditionellen Konstrukte der Philosophie dem Gedanken der Relativität nicht angemessen waren: „Jedes 'a priori', das auf diesem Wege als eine unverlierbare Mitgift des Denkens, als ein notwendiges Ergebnis seiner psychologischen oder physiologischen 'Anlage' behauptet wird, erweist sich als ein Hemmnis, über das der Fortschritt der Wissenschaft früher oder später hinweg schreitet."[8] Die Vermutung liegt nahe, Cassirers Worte als Resultat eingehender Auseinandersetzung mit Einsteinschen Ideen zu nehmen. Es ist aber eher wahrscheinlich, daß er 1912 die Relativitätstheorie noch nicht eingehender zu Kenntnis genommen hatte. Zumindest findet sich hier wie auch in *Substanz begriff und Funktionsbegriff* von 1910 keinerlei Hinweis auf Einstein, was bei der Fülle von Anmerkungen eigentlich zu erwarten gewesen wäre.[9] Die bereits 1906 bei Cassirer sichtbaren Ansätze einer philosophischen Reflexion der relativistischen Physik beziehen sich auf die Wegbereiter Einsteins. Das so modern klingende Prinzip der „Relativität" war bei Cassirer noch der Bezug auf das Poincarésche Prinzip der Relativität von 1902.[10] Cassirer nahm dieses Prinzip aber bereits sehr ernst und legt ihm eine philosophische Dimension bei, so daß er sich auf einem Niveau der Kritik von Raum und Zeit bewegte, das – oberflächlich betrachtet – nur vom Einsteinschen Standpunkt aus erreichbar erscheint. Die Gegenwart physikalischer Relativität paßte zu Cassirers Feststellung der Wandlungen aller Voraussetzungen von Wissenschaft. Nicht im stetigen quantitativen Wachstum, sondern im „schärfsten dialektischen Widerspruch", so argumentierte er, treten die verschiedenen „Grundanschauungen" in den „eigentlich kritischen Epochen der Erkenntnis" einander gegenüber.[11] Es war die Auseinandersetzung mit der Geschichte des Erkennens (insbesondere mit Leibniz), die das

---

8 Ebd. Bd. 1, S.3-4.

9 Cassirer 1910.

10 „Die Gesetze der Erscheinungen, welche sich in diesem Systeme abspielen, werden von dem Zustande dieser Körper und von ihren gegenseitigen Entfernungen abhängen; aber wegen der Relativität und wegen der Passivität des Raumes werden sie nicht vom absoluten Orte und von der absoluten Orientierung des Systems abhängen. Mit anderen Worten: der Zustand der Körper und ihre gegenseitigen Entfernungen in irgend einem Zeitpunkte hängen allein vom Zustande dieser selben Körper und von ihren gegenseitigen Entfernungen zur Anfangszeit ab, aber sie hängen niemals vom absoluten anfänglichen Orte des Systems ab oder von seiner absoluten anfänglichen Orientierung. Um die Ausdrucksweise Abzukürzen, werde ich dies als das *Gesetz der Relativität* bezeichnen." (Poincaré [1902] 1906, S. 77-78)

11 Ebd., S. 5.

Interesse Cassirers an modernen Trends in der Physik weckte.[12] Aus dieser Perspektive nahm die moderne Physik ein Prinzip in ihr theoretisches Gebäude auf, das in der Geschichte des Wissens bereits als empirischer Fakt vorkam, das Prinzip der Relativität. „Relativität" ist „nicht die Schranke, sondern das eigentliche Leben der Erkenntnis", sagte Cassirer, und man meint Einstein zu hören.[13] Diese Überlegungen finden 1910 in *Substanzbegriff und Funktionsbegriff* ihre Fortsetzung.[14] Für den Philosophen sind die geometrischen Axiome nicht *Abbilder* realer Verhältnisse, sondern sie werden als *„Forderungen"* verstanden, die wir brauchen, um in die ungenaue Anschauung, genaue Aussagen hineinlegen zu können.[15] Die euklidische Geometrie wird als ein „rein rationales" System interpretiert, deren empirischer Bezug jedoch nicht bestritten wird. Der Übergang von „vieldeutigen Raumformen" zum „eindeutigen Raum der physischen Gegenstände" wird gefaßt als Verhältnis von Theorie und Empirie. Den Darlegungen Poincarés folgend, meinte der Philosoph, daß man durch die Physik nicht Belehrungen über das Wesen des Raums erwarten könne, da die Objekte, „von welcher die Erfahrung handelt, von gänzlich anderer Art als die Gegenstände, von denen die Aussagen der Geometrie gelten wollen."[16]

Die euklidische Geometrie wird als die „eigentlich grundlegende" Geometrie aufgefaßt, weil auch in Riemannschen Räumen die Maßbestimmung im Infinitesimalen identisch mit der euklidischen Norm wird.[17] Ganz ähnlich sprach Lotze 1879 von der Notwendigkeit, die „Elemente des gleichartigen Raumes" als „unentbehrlichen Maßstab" für die Konstruktion Riemannscher Räume voraussetzen zu müssen. Er gelangte allerdings noch zu dem Schluß, daß deswegen der reale Raum ein euklidischer sein müsse.[18] Bei Cassirer hingegen hat das Fundamentale der klassischen Geometrie sogleich eine unmittelbare Beziehung zu Riemannschen Räumen. Der Gegensatz zwischen beiden ist kein starrer mehr, sondern wird über die „Norm" vermittelbar. Dieses Maß des Raums stellt einen „allgemeinen Relationszusammenhang" dar, auf den sich in der „reinen" Geometrie alle „absoluten Größenbestimmungen" stützen. Die Möglichkeit, daß den Sätzen der nichteuklidischen Geometrie ein „konkreter bestimmter Sinn entspricht" war für Cassirer so nicht ausgeschlossen.

---

12   Zum Hegelschen Einfluß auf Cassirer siehe Seidengart 1994, S. 8.
13   Cassirer 1911, S. 16.
14   Cassirer 1910.
15   Ebd., S. 135.
16   Ebd., S. 141.
17   Ebd., S. 144.
18   Lotze [1879] 1912, S. 267.

Er kam daher dem Einsteinschen Standpunkt der Speziellen Relativitätstheorie von 1905 sehr nahe: „Sofern die Physik uns Systeme darbietet, die zu ihrer vollständigen Darstellung eine Mehrheit von *Bestimmungsstücken* erfordern, läßt sich, unabhängig davon, ob diese Bestimmungsstücke eine *räumliche* Deutung zulassen, von einem Mannigfaltigen mehrerer 'Dimensionen' sprechen". Die Veränderung der raumzeitlichen Bestimmungen in der Physik waren so für Cassirer denkbar geworden. Allerdings gaben die bisherigen „Erfahrungen" für ihn noch keinen Anlaß dafür, „über die Euklidische 'Raumform' hinauszuschreiten".

Der physikalische Raum ist auch für ihn nach aller bisheriger Erkenntnis als ein euklidischer anzusehen. „Nur die *Möglichkeit* sollen wir uns nicht verschließen, in einer entfernten Zukunft vielleicht einmal auch hier einen Wandel eintreten zu lassen." Die von Cassirer anvisierte „entfernte Zukunft" einer Veränderung von Raum und Zeit läßt keinen Zweifel daran, daß Cassirer die Einsteinsche Relativitätstheorie noch nicht kannte und daher auch die mit Hermann Minkowski 1908 begonnene Debatte der Physiker um Wesen und Struktur des physikalischen Raums ihm noch ganz unbekannt war. Angesichts der schwierigen und unübersichtlichen Lage in der (Äther)physik ist dies kaum verwunderlich.

Für Cassirer bedeutete der mögliche „Wechsel der Raumform", daß „keine Setzung, wie zweifellos sie immer erscheinen mag, den Anspruch auf *absolute* Gewißheit erheben darf."[19] Der Geist der modernen Naturwissenschaft war für ihn der einer allgemeinen Relativität. 1907 hatte Einstein in seinem Überblicksartikel für das Starksche *Jahrbuch der Radioaktivität und Elektronik* noch allein die schärfere Fassung des Zeitbegriffs, der Übergang von der Lorentzschen Hilfsgröße „Ortszeit" zu einer lokal definierten Zeit schlechthin als Verdienst seiner Relativitätstheorie hervorgehoben.[20] Erst mit Minkowskis pseudoeuklidischer Raumzeit von 1908 verband sich für ihn auch die Frage nach einem analog zur Zeit neu zu fassenden Raumbegriff. Für Cassirer hatte eine Änderung der „Raumform" für das „System der allgemeinen Geometrie" noch keine Folgen, weil dieses Problem der theoretischen Naturwissenschaft eben nicht den „logischen Charakter" der Mathematik berühren sollte. Die rein logischen Begriffe der Mathematik erschienen als hinreichende Bedingungen, um „jegliche Ord-

---

19 Cassirer 1910, S.144-147.

20 Einstein: „Es bedurfte nur der Erkenntnis, daß man eine von H.A. Lorentz eingeführte Hilfsgröße, welche er 'Ortszeit' nannte, als 'Zeit'schlechthin definieren kann. Hält man an der angedeuteten Definition der Zeit fest, so entsprechen die Grundgleichungen der Lorentzschen Theorie dem Relativitätsprinzip, wenn man nur die obigen Transformationsgleichungen durch solche ersetzt, welche dem neuen Zeitbegriff entsprechen." (Einstein 1907/1908, zitiert nach Meyenn 1990, S. 161)

nung des Empirischen zu verstehen und logisch zu beherrschen."[21] Cassirer macht zwar einen Unterschied zwischen Mathematik und „theoretischem System der Natur", der Theorie der Physik. Physik ist jedoch hier ganz wesentlich empirische Naturforschung, womit es Aufgabe der physikalischen Theorie wird, „gegebene Wahrnehmungstatsachen nachzubilden und ihren Gehalt in abgekürzter Form wiederzugeben." Es bleibe daher, so die weitere Argumentation, in der Physik „keine schöpferische Freiheit und Willkür des Denkens übrig, sondern die Art des Begriffs ist von vornherein durch die Art des *Materials* bestimmt und vorgeschrieben."[22] Durch die „mathematische Form", in der sich jede naturwissenschaftliche Theorie darstellt, entstehe eine „eigentümliche Verflechtung 'wirklicher und – 'nicht-wirklicher' Elemente". Das Konstruktive („nicht-wirkliche") physikalischer Begriffe wird als das rein mathematische Moment gefaßt. Für die Mechanik heißt das dann: „Bewegung im allgemeinen wissenschaftlichen Sinn ist nichts anderes als ein bestimmtes Verhältnis, das *Raum* und *Zeit* eingehen." Raum und Zeit werden dabei nicht in ihren „phänomenalen" Eigenschaften, sondern in ihren „streng *mathematischen* Bestimmungen" vorausgesetzt. Die exakte Physik braucht nach dieser Argumentation Cassirers den geometrischen Raum.[23] Er übersah dabei, daß die Stetigkeits- und Homogenitätsforderungen der Physik nicht identisch sind mit denen der Mathematik, wenngleich diese ohne Mathematik nicht konstruiert werden können. Homogenität und Stetigkeit physikalischer Prozessen führen zur Ableitung physikalischer Erhaltungssätze. Der physikalische Raum ist bereits der Raum Newtonscher Trägheitswirkungen und somit mehr als der Raum der Geometrie. Es erscheint hier zumindestens merkwürdig, daß Cassirer an dieser Stelle seine eigene Unterscheidung von geometrischen und realen physischen Raum wieder aufhebt, den Gedanken einer „eigentümliche Verflechtung" „wirklicher" und „nicht-wirklicher" Elemente in der Theorie der Naturwissenschaft Physik nicht selbst weiter verfolgte. Für seine weitere Argumentation gegen den Empirismus ist dies zunächst nicht so wichtig, weil es um die Bestimmung von Bewegung als einer „rein begrifflichen Bedingtheit", einer Konstruktion des Denkens ging. Daß man mehr braucht als den mathematischen Raumbegriff, ist für Cassirer völlig klar, wenn er feststellt: „Ist einmal der Gedanke der Stetigkeit und Gleichförmigkeit des Raumes sowie der exakte Begriff der Geschwindigkeit und Beschleunigung erfaßt und begründet, so läßt sich in der Tat mit Hilfe dieses logischen Materials

---

[21] Cassirer 1910, S. 147.
[22] Ebd., S. 149.
[23] Ebd., S. 151-156.

das Ganze der möglichen Bewegungserscheinungen völlig übersehen und seiner Form nach beherrschen."[24]

Indem aber noch mathematischer Raum und die physikalischen Begriffe Geschwindigkeit und Beschleunigung hier ohne innere Beziehungen nebeneinander stehend gedacht werden, wird für Cassirer physikalische Bewegung im mathematischen Raum darstellbar. So verkennt er, daß mit der Beschleunigung bereits der Trägheitsraum Newtons vorausgesetzt wird. Aus dieser Perspektive kann man vom „Prozeß der Bewegung" zur Begriffsbestimmung des „Subjekts der Bewegung" übergehen, ohne daß dieses Subjekt bereits in Beziehung gesetzt werden muß zur begrifflichen Konstruktion des Raums selbst. Das Subjekt der Bewegung Newtons war der Massenpunkt, der sich in seiner Trägheit auf den Raum der klassischen Physik bezieht.

Für Cassirer wird der reale Körper durch den „starren Körper der reinen Geometrie" ersetzt. Dies ist nur konsequent, da der Massenpunkt Newtons kein „Subjekt" des geometrischen Raums sein kann, auf den der physische Raum hier reduziert wird. Das Atom wie die Fernkräfte sollen erst nach der Konstruktion der Beziehung von Raum und starrem Körper zu diesem rein mathematischen Teil hinzukommen. Das Logische der Physik klebt noch der Kantischen Tradition folgend am Logischen der Mathematik. Die Rekonstruktion der Mechanik kann so nicht gelingen, weil ihre Begriffe nicht separierbar sind in einen mathematischen und einen physikalischen Teil. Indem Cassirer in den naturwissenschaftlichen „Idealbegriffen" unentbehrliche *„logische Richtlinien"* wiedererkennen will, „vermöge deren allein die vollständige Orientierung innerhalb der Mannigfaltigkeit der Phänomene selbst" gelingen soll, ist er gezwungen, diesen *rein logischen* Gehalt der physikalischen Begriffe aufzuzeigen. Von diesem Standpunkt ist es jedoch nicht mehr weit bis zur Erkenntnis, daß der „rein logische Teil" der physikalischen Theorie nicht in einen mathematischen und einen physikalischen Anteil zerfallen kann, sondern die Begriffe der Physik bereits in sich konsistente Begriffe sind. Aus der „objektiv logischen Notwendigkeit des Idealisierens" folgt für Cassirer, daß keine naturwissenschaftliche Theorie sich unmittelbar auf Tatsachen selbst, sondern nur auf „ideelle Grenzen", die wir an ihre Stelle setzen, beziehen kann. Diese Grenzen aber sind nicht einfach Grenzbegriffe des Empirischen. Die Theorie muß die empirischen Tatsachen auf ihre Ebene heben, wenn sie mit ihnen in Beziehung treten will. Einstein hatte für den empirischen Fakt der Gleichheit von träger und schwerer Masse nach einem theoretischen Prinzip gesucht, daß mit diesem empirischen Fakt korrespondiert.

---

[24] Ebd., S. 158.

Das Verhältnis zwischen den theoretischen und faktischen „Grundelementen" der Physik verwandelt sich auch bei Cassirer in eine „komplexere Beziehung" als ursprünglich von ihm vorausgesetzt wurde: „Es ist eine eigentümliche Verschlingung und wechselseitige Durchdringung der beiden [theoretischen und faktischen] Momente, die im tatsächlichen Aufbau der Wissenschaft obwaltet, die daher auch logisch einen schärferen Ausdruck für das Verhältnis zwischen Prinzip und Tatsache verlangt."[25] Die breite Polemik gegen den Empirismus, in die sich Cassirer eingebettet weiß, findet ihre sichere Stütze in der Methode der Mathematik. Der Nachweis des logisch-konstruktiven Gehalts der empirischen Wissenschaften übersah hier jedoch die komplizierte Synthese von Erfahrung und Konstruktion in den abstraktesten Begriffen der Physik. Das System der theoretischen Begriffe erscheint aus der Sicht der Kritik am Empirismus als Synthese rein logischer und rein empirischer (Grenz)Begriffe. Die beabsichtigte Zielsetzung wird insofern nicht erreicht, als es Cassirer nicht vermag, über die erkannte Grenze zwischen Empirischem und Logischem hinauszugehen zur Synthese theoretischer Begriffe in der Physik. Seine Bemerkung, daß die Begriffe des absoluten Raums und der absoluten Zeit „jegliche rechtmäßige Bedeutung" verlieren, wenn man sie mit den logischen Maßen und Kriterien mißt, die Newtons Methodenlehre allein zuläßt und zur Verfügung stellt", kennzeichnet das Problem sehr deutlich. Seine Argumentation weist hier über den eigenen Standpunkt hinaus, wenn er den Zeitbegriff durch die „begriffliche Vermittlung" der „Bewegungserscheinungen" entstehen läßt. Damit geht das Trägheitsgesetz als begrifflicher Bestand in die Erklärung der Zeiteinheit ein. Diese Setzung ist so nicht rein logisch möglich. Nicht Raum und Zeit, nicht die „dinglichen Maßstäbe und Maßeinheiten selbst", sind die „*wahrhaften* Konstanten", „sondern eben diese Gesetze, auf die sie bezogen und nach derem Vorbild sie konstruiert sind."[26] Cassirer bezog sich hier auf die Vorarbeiten von Henry und Lucien Poincaré.[27]

Mit Poincaré sprach ein Physiker die Abhängigkeit der Zeitmessung von gleichförmiger Geschwindigkeit und räumlichen Maßstäben aus, der mit dem negativen Resultat des Michelson-Morleyschen Interferenzversuchs zur Messung der Ätherbewegung ein konkretes physikalisches Problem zu lösen hatte.

Für Cassirer war klar, daß die „naive Auffassung", wonach „die Maße der physischen Dinge und Vorgänge ihnen gleich sinnlichen Eigenschaften anhaften", mit „dem Fortschritt der theoretischen Physik" zurückgedrängt werden wird. Die al-

---

25 Ebd. 159 ff.
26 Ebd., S. 182-193.
27 Vgl. Poincaré 1898, Cassirer hebt besonders die Arbeit von Lucien Poincaré von 1908 hervor.

leinige Argumentation mit dem logisch-mathematischen Wesen von Raum und Zeit war jedoch ebenfalls nicht mehr haltbar.

In Cassirers Denken bildete der physikalische Begriff so „die Erweiterung und Fortsetzung des *mathematischen* Begriffs", der daher niemals isoliert betrachtet bestätigt oder verworfen werden kann, sondern nur als „Glied eines theoretischen Gesamtkomplexes" gemessen werden kann. Das Experiment leistet die „letzte endgültige Fixierung", damit aber diese Fixierung möglich wird, „müssen die *Gesichtspunkte*, unter denen die Vergleichung und Zuordnung der Elemente erfolgt, theoretisch festgestellt und begründet sein."[28] Genau in diesem Sinne argumentierte Einstein in der Auseinandersetzung mit seinen Fachkollegen nach 1910. Leider kehrte Cassirer nicht noch einmal zum Raum-Zeit-Problem zurück, um nun mit den neu gewonnenen Resultaten die begriffliche Synthese der physikalischen Begriffe von Raum und Zeit noch einmal zu untersuchen. Er folgt der Entwicklung des Atombegriffs, ohne ihn im Zusammenhang mit der Entwicklung des Raumbegriffs zu sehen.

Es ist der „geometrische Raum", so meint Cassirer, der die „Atome erst zur Einheit zusammenschließt und Bewegung und Wechselwirkung zwischen ihnen ermöglicht". Raum und Zeit erscheinen als die eigentlichen „Invarianten" für jede theoretische Grundlegung der Physik. Ganz im Sinne seiner Neukantianischen Herkunft sollen Raum und Zeit weiter einen rein „logischen Grundcharakter" besitzen. „Die Forderung der absoluten Bewegung bedeutet nicht den Ausschluß jeglichen Korrelats, sondern enthält vielmehr eine Annahme über die *Natur dieses Korrelats selbst*, das hier als der 'reine' Raum, losgelöst von jedem stofflichen Inhalt, bestimmt wird." Die Machsche Lösung, die Trägheitswirkungen aller Körper auf den Fixsternhimmel zu beziehen, erscheint aus dieser Sicht als Konsequenz einer empiristischen Grundanschauung.[29]

Da Cassirer bereits den Standpunkt einer allgemeinen Relativität aller begrifflicher Konstruktionen bezog, war für ihn das Machsche Prinzip der Trägheitswechselwirkung des Fixsternhimmels nicht zu akzeptieren: „Hinge die Wahrheit des Beharrungsgesetzes von den Fixsternen als diesen bestimmten, physischen *Individuen* ab, so wäre es logisch unverständlich, wie wir jemals daran denken könnten, diese Anknüpfung fallen zu lassen und zu anderen Bezugssystemen überzugehen. Das Trägheitsgesetz wäre in diesem Falle nicht sowohl ein allgemeiner Grundsatz für die Bewegungserscheinungen überhaupt, als vielmehr die

---

28 Cassirer 1910, S. 193-196.
29 Ebd., S. 222-230.

Aussage über bestimmte Eigenschaften und 'Reaktionen' eines gegebenen empirischen Inbegriffs von Gegenständen".[30]

Klarer als Einstein selbst erkennt hier der Philosoph den wesentlichen Unterschied zwischen Einsteinschen und Machschen Überlegungen. Die Grundlegung der Physik bedurfte bereits des Trägheitsaxioms, und erst danach war die Klassifizierung der empirischen Wirklichkeit nach diesem Prinzip möglich. Der Neumannsche, „in der Erfahrung nicht gegebene" Körper Alpha ist nur die Konsequenz der Annahme, daß man ein *materielles* Bezugssystem zur Begründung der Physik brauche.[31] Für Cassirer erscheint das theoretische Fundament der Physik auch hier wieder als ein wesentlich logisch-mathematisch bestimmtes System von Sätzen. Er kritisierte aber völlig zurecht, daß auch Neumanns Körper Alpha durch die Verdichtung logisch-*theoretischer* Relationen zu einem „empirisch unerkennbaren *Dasein*" führe. Und gegen Neumanns Lösungsversuch polemisierend lieferte er schon den Ansatz für die Lösung in der Einsteinschen Denkrichtung. Nur war diese für den Philosophen noch undenkbar: „Statt des Körpers Alpha könnten wir alsdann – in logisch allein einwandfreier und verständlicher Weise – den reinen Raum selbst setzen und ihn mit bestimmten Eigenschaften und Beziehungen ausstatten." Diese „Eigenschaften" und „Beziehungen" lassen sich jedoch nur noch aus der Physik selbst heraus bestimmen. Cassirer umging diese Konsequenz, indem er eine durchgängige Kontinuität von mathematischer und physikalischer Begrifflichkeit unterstellte: „Der absolute Raum und die absolute Zeit der Mechanik schließen sowenig irgendwelche Daseinsrätsel in sich, als dies bei der reinen Zahl der Arithmetik oder bei der reinen Geraden der Geometrie der Fall ist. Sie entstehen in genauer und stetiger Fortführung dieser Grundbegriffe". Damit gibt Cassirer wichtige eigene Erkenntnisse wieder auf.

Der Unterschied zwischen Einstein und Cassirer um 1910 lag in dem „Könnte". Dieser Unterschied ist groß, aber alle Akzeptanz eines neuen Ansatzes geht über die Möglichkeit, die zwar logisch widerspruchsfrei, aber doch der herkömmlichen Denktradition widerspricht. In der Auseinandersetzung mit empiristischen Verkürzungen naturwissenschaftlichen Wissens auf Tatsachen lieferte die Mathematik wichtige Argumente, um die Konstruktion physikalischer Axiomatik zu begreifen. Cassirer schoß hier jedoch über das Ziel hinaus, wenn der Unterschied zwischen mathematischen und physikalischen Begriffen nur als stetiger Übergang gefaßt wurde. In der Endkonsequenz würde sich dieser Argumentation folgend nur die Auflösung von empirischer Wissenschaft in Mathematik konstatieren lassen.

---

30 Ebd., S. 235.
31 Neumann 1870.

Cassirer brachte sich hier, nahe daran den Neumannschen Körper Alpha mit dem Raumbegriff der Physik gleichzusetzen, um ein gewichtiges Resultat. Von der Notwendigkeit eines Bezugssystems, das dem Trägheitsprinzips genügen müsse, wird auf die begriffliche Konstruktion eines „räumlichen Inertialsystems" geschlossen, womit die „Hypostasierung des absoluten Raumes und der absoluten Zeit zu transzendenten *Dingen*" entfallen würde.

Aber beide Begriffe werden *allein* als „reine *Funktionen*" verstanden, im Neukantianischem Sinne als theoretische Voraussetzungen, die erst eine Erkenntnis der „empirischen Wirklichkeit" der Physik ermöglichen. Die Wirklichkeit der Physik besitzt noch nicht selbst eine empirische *und* theoretische Komponente, weswegen sich die „Festigkeit" des ursprünglichen einheitlichen Bezugssystems des Neumannschen Körpers Alpha bei Cassirer sich auflöste in „logische Eigenschaften". Das „rein geometrische Gebilde" garantiert die Grundforderung nach der Kräftefreiheit des fundamentalen Koordinatensystems, dadurch, daß Kräfte nicht auf geometrische Objekte wirken können, so sein Argument.

Theorie bleibt Mathematik und das eigentlich Physikalische ist wesentlich Empirie. Der Beweis, daß der Raum der Mathematik ein anderer ist als der Raum der Physik, aber doch beides theoretische Konstruktionen verschiedenartiger Wissenschaften, scheint aus Cassirers einleitende Auseinandersetzung mit Riemann zum Greifen nahe. Es bleibt aber der Widerspruch, daß die Erfahrung erweisen soll, ob dieses Schema auf die „Wirklichkeit der physischen Dinge" anwendbar sei.

Theorie und Erfahrung gehören aber zu zwei verschiedenen Ebenen naturwissenschaftlicher Wirklichkeit. Zur Vermittlung zwischen beiden Ebenen dienen die absolute Zeit und der absolute Raum. Sie verlegen den „notwendig geforderten Bezugspunkt vom Materiellen ins Ideelle". So erscheint nun der Neumannsche Körper als System „theoretischer und empirischer Regeln". Für Cassirer selbst war diese Interpretation eine Synthese von Leibnizscher Raum-Zeit-Vorstellung mit der Hertzschen Fassung des Verhältnisses von Theorie und Erfahrung: „Wir messen die 'Wirklichkeit' unserer Erfahrungen beständig an der 'Wahrheit' unserer abstrakten dynamischen Begriffe und Grundsätze", so seine Schlußfolgerung aus dem Hertzschen Konzept.[32] So entsteht aus dem aufspaltbaren Verhältnis von Theorie und Erfahrung eine Dopplung des Raumbegriffs. Der „abstrakte" Raum der empirischen Mechanik steht dem „absoluten" Raum, der als ständig gesuchte „eindeutig bestimmte Ordnung der Körperwelt selbst" verstanden wird, gegenüber. Von der Empirie zur Geometrie gelangt man durch

---

[32] Hertz 1894, S.243-245.

die Ersetzung der „Beziehung von Körpern" durch eine „Beziehung von Punkten".[33] Indem Cassirer die Kontinuität zwischen mathematischen und physikalischen Begriffen unterstellt, wird versucht, das Verhältnis von Empirie und Geometrie zu bestimmen, womit er das Einsteinsche Problem, durch die Neubestimmung der physikalischen Theorie eine Geometrie der Physik zu entwerfen, verfehlte.

Ein Jahr später (1911) sah dies schon ganz anders aus. In der zweiten überarbeiteten Auflage von *Erkenntnisproblem* wird der philosophische Gehalt physikalischer Fundamentalbegriffe betont.

In die „Fundamente der mathematischen Physik" ist mit dem absoluten Raum Newtons ein „metaphysischer Begriff eingesenkt" worden, so nun Cassirers Ansatz. In der Beobachtung stellen sich daher nicht einfach Punkte des reinen Raums und der reinen Zeit dar, „sondern nur irgendwelche *physische Inhalte*, die in räumlichen und zeitlichen Verhältnisse stehen."[34] Einen Gedanken Eulers aufgreifend spricht Cassirer von der „eigenartigen Objektivität", die dem Raum und der Zeit zukomme. Die Entwicklung der Philosophie selbst habe zum Begreifen der „neuen Realität" der exakten Wissenschaft und ihrer Gesetze geführt.[35] Die neuen Impulse der frühen relativistischen Physik (vor Einstein) sind dabei jedoch ganz unverkennbar. Ihre Unfertigkeit macht es dem Philosophen schwer, hier den Schritt über bisherige philosophische Systeme hinauszugehen.

Für Cassirer war nun wichtig, „daß Raum und Zeit – objektiver als die Dinge seien, in denen die gewöhnliche realistische Ansicht alles Sein beschlossen glaubt". In Raum und Zeit wird von den Dingen das theoretische Moment abgelöst, was sich rein und vollkommen in eine Bedingung des Wissens" umwandeln läßt. Dies, so meint Cassirer, ist notwendig, weil unser Wissen von der „empirischen Realität eines Gegenstandes" sich nur über ein „System idealer Prinzipien" entfalten kann.[36] Diese Prinzipien sind nun aber schon keine Prinzipien der reinen Logik mehr.

---

33   Cassirer 1910, S.239-246.
34   Cassirer 1911, Bd. 1, S. 464.
35   „Die Entwicklung der philosophischen Probleme hat das, was Euler hier zögernd als Vermutung ausspricht, zu Gewißheit erhoben: Sie hat gezeigt, daß es der Aufhebung aller überlieferten Schemata und Einteilungen bedurfte, ehe die eigenartige 'Objektivität', die dem Raume und der Zeit zukommt, sicher bezeichnet und begründet werden konnte. Die 'Klassen' der Metaphysik mußten zuvor zerbrochen werden, um der neuen Realität, die die exakte Wissenschaft und ihre Gesetze darboten, zu ihrem Rechte innerhalb des Gesamtsystems der Erkenntnis zu verhelfen." (Ebd., S. 485)
36   Ebd., S. 705.

Mißt man Cassirer nicht mit dem Maßstab der erfolgreichen Allgemeinen Relativitätstheorie Einsteins, sondern mit dem Zustand der relativistischen Physik, die um 1910/11 nicht allein Einstein, sondern auch Poincaré und Lorentz zu ihren Begründern zählte, so ist zumindestens in Deutschland Ernst Cassirer der erste Philosoph gewesen, der das Relativitätsprinzip zum Ausgangspunkt philosophischer Reflexionen nahm.

Für die innerphysikalische Diskussion ist es wichtig anzumerken, daß die dort vorgetragenen *philosophischen* Argumente (im Kern die Berufung auf Kant) mit den Raum-Zeit-Vorstellungen der zeitgenössischen physikalisch geschulten Philosophen nicht übereinstimmten. Mit der Philosophie eines Ernst Cassirers hätte man bereits für das Relativitätsprinzip streiten können. Es gehört aber zur Normalität der Entwicklung der Naturwissenschaften, daß man sich bei paradigmatischen Problemen der Argumente philosophischer Autoritäten vergangener Zeiten bediente und nicht der Argumente neuer kreativer Köpfe.

Moritz Schlick

Moritz Schlick (1882-1936) war der erste deutsche Philosoph, der die philosophische Bedeutung des Übergangs von der Speziellen zur Allgemeinen Relativitätstheorie voll erkannte. Nahezu zeitgleich mit Einstein, der im Herbst 1915 die letzten Schritte zur Formulierung einer widerspruchsfreien verallgemeinerten und damit allgemein kovarianten Relativitätstheorie ging, publizierte Schlick einen Aufsatz mit dem Titel: *Die philosophische Bedeutung des Relativitätsprinzips*.[37] Für Schlick war bereits allein mit dem allgemeinen Relativitätsprinzip und ohne den Abschluß einer erfolgreichen verallgemeinerten Relativitätstheorie die Forderung nach einer neuen Auffassung vom Wesen der Zeit *und* des Raums verbunden.[38] Dieser Konsequenz war Cassirer noch durch die Aufspaltung beider Begriffe ausgewichen. Schlick konnte die neue Raum-Zeit-Auffassung fordern, weil er nicht mehr allein vom Standpunkt der Speziellen Theorie aus die philosophischen Konsequenzen der Einsteinschen Theorie auslotete, sondern den allgemeinrelativistischen Ansatz bereits in seine Sicht einschloß. Ganz im Sinne Einsteins hielt er die innerphysikalische Diskussion nun für soweit abgeschlossen, daß eine „ruhige philosophische Erwägung" der Relativitätstheorie bereits möglich wurde. Für den promovierten Physiker und Schüler Plancks war

---

[37] Schlick 1915.
[38] Ebd., S. 130.

die einzig fruchtbare Methode der Philosophie die kritische Erforschung der *„Prinzipien der Einzelwissenschaft"*. [39]

Laue folgend, der meinte, der Streit müsse mit philosophischen Methoden ausgetragen werden, wirft nun Schlick die Frage nach dem Verhältnis von Lorentzscher und Einsteinscher Theorie aus der Perspektive des Wirklichkeitsbegriffs auf. [40] Lorentz hatte die Transformationsformeln eingeführt, um den Michelson-Versuch mit einer Ätherdynamik in Übereinstimmung zu bringen. Einstein konnte hingegen mit seinem speziellen Relativitätsprinzip und dem empirischen Fakt der Konstanz der Lichtgeschwindigkeit auf die Existenz des Äthers verzichten und so das Problem der Kraftwirkungen des Äthers durch eine neue Kinematik überflüssig machen. Da die Lorentzsche Theorie der althergebrachten Denkweise in der Physik folgend den selben Formalismus benutzte wie die relativistische Theorie Einsteins, ist Schlicks Einstieg in die Auseinandersetzung um die relativistische Physik die Frage nach der Logik und Wahrheit einer physikalischen Theorie. Indem naturwissenschaftliche Theorien im Rückgriff auf Helmholtz als „Zeichensysteme" gefaßt werden, die den „Tatsachen der Wirklichkeit" zugeordnet" sind, soll sich eine Theorie durch die Eindeutigkeit der Zuordnung als wahr erweisen. [41] Da bestimmte Eigenschaften dieser Zeichensysteme unserer Willkür überlassen sind, argumentiert Schlick weiter, könnten mehrere Theorien gleichzeitig wahr sein. Der tiefere Grund für diese „Willkür" wird im Verhältnis von Raum zur räumlichen Messung gesehen. Nach Schlick messen wir nicht den Raum selbst, sondern „immer nur das räumliche Verhalten der Körper". Das heißt, dieses „räumliche Verhalten" als ein In-Beziehung-Setzen soll allein „Gegenstand der Erfahrung" sein. [42] Als Konsequenz daraus kann immer nur das Produkt zweier Faktoren, der räumlichen und der physischen Eigenschaften der Körper gemessen werden. Solange dieses Produkt mit der Erfahrung übereinstimmt, seien die beiden Faktoren variierbar. Die Voraussetzungen der Messung verlieren daher bei Schlick ihren absoluten Charakter. Die Argumentation stützte sich stark auf den Poincaréschen Konventialismus. Schlick schränkte allerdings ein, daß es gute Gründe für diese Konventionen gäbe und es sich daher *nicht* um völlig freie Konventionen handeln könne. Als naheliegendster dieser „Gründe" wird zunächst die „Einfachheit der Theorie" unter die Lupe genommen, ein Argument, dessen sich auch Einstein mehrfach bediente. Die „Einfachheit" für sich genommen, so argumentiert Schlick, kann die Begründung für die Festsetzungen

---

[39] Ebd., S. 129-132.
[40] Laue 1912, S. 120.
[41] Schlick 1915, S. 149.
[42] Ebd., S. 151.

allein nicht liefern, wohl aber die Beziehung der Einfachheit auf die „Wirklich-keit": „Man kann einfach festsetzen, daß unter den möglichen Annahmen eben die einfachsten als die der 'Wirklichkeit' entsprechenden bezeichnet werden sol-len."[43] Die Theorie stelle Wirklichkeit dar, soweit sie durch „objektive Tatsa-chen bestimmt" werde. Schlick will alles aus der Theorie heraushalten, was nicht durch Tatsachen abgesichert werden kann. Dieses „überflüssige Beiwerk" zu minimieren, ist nach seiner Meinung der einzige Weg, um Wissen zu befestigen. Das Relativitätsprinzip wird daher als „experimentell festgestellte Tatsache" ge-sehen, während die Relativitätstheorie als Komplex von „Folgerungen" er-scheint. Mit dem Hinweis auf die Diskussion um die Riemannschen Räume ist für Schlick der Kantsche Raumbegriff nicht mehr haltbar, weil auch Kant zur „reinen Anschauungsform" manches dazurechnete, was „in Wahrheit als Zutat des Verstandes oder der Reflexion" angesehen werden müsse.[44] Analoges gilt aus dieser Sicht mit der Relativitätstheorie nun für die Zeit.

Bereits mit dem Relativitätsprinzip erweisen sich für Schlick Raum und Zeit als relative Begriffe. Die *absolute* Zeit und der *absolute* Raum sind „überflüssige Hypothesen". Es genügt, „das Maß der Zeit vom Bewegungszustand des Be-zugssystems" abhängig zu machen. Anders als bei Cassirer ist für Schlick die Zeit nicht rein mathematisch zu bestimmen: „Physikalische Zeit ist immer ge-messene, und damit mathematische, eine Idee."[45] Zeit steht als *physikalische* Größe in Beziehung zu einer Wirklichkeit, die aufgrund dieses Charakters von Raum und Zeit nicht rein logisch konstruierte Wirklichkeit sein könne. Für Schlick liegt Cassirers Mangel in der Reduktion des physikalischen auf den lo-gisch-mathematischen Gehalt, womit nichts entschieden werden kann bezüglich des Wahrheitsgehaltes einer physikalischen Theorie. Schlick verweist hier auf Cassirers *Substanzbegriff und Funktionsbegriff.* Die (Neu)Kantianer – für die bei Schlick der Name Cassirer steht – geraten nach Schlicks Auffassung in Konflikt mit der Relativitätstheorie, weil die Kantsche Anschauungsform a priori die „Newtonsche Zeit" sei.[46] So wie die Newtonsche Physik im Rahmen der Relati-vitätstheorie ihren Bestand habe, so habe auch Kant Bestand in einer neuen Phi-losophie, die ihn nicht mehr zum Ausgangspunkt haben könne. Der prinzipielle Gegensatz von klassischer und relativistischer Physik verlange daher eine neue Philosophie: Die Relativitätstheorie „zwingt" uns, so umreißt Schlick die philo-sophische Aufgabe, „aus einem kleinen dogmatischen Schlummer aufzuwa-

---

43 Ebd., S. 154.
44 Ebd., S. 142-143.
45 Ebd., S. 158.
46 Ebd., S. 159.

chen."[47] Aus der Sicht der alten philosophischen Konzepte war der Streit um die raum-zeitlichen Voraussetzungen von Physik letztlich nicht entscheidbar. Weder Neukantianismus noch Positivsmus liefern für Schlick Antworten, die der Einsteinschen Relativitätstheorie angemessen seien.[48]

Wie der Mangel aller Philosophie in der Traditionslinie Kants in der Differenz zwischen „Newton-Kantscher Zeit" und der Einsteinschen in ihrer Relativität liegt, so sieht Schlick den Mangel des Positivismus in der Distanz zwischen dem Problem Machs (seine Überlegungen zum Newtonschen Eimer-Versuch) und dem Äquivalenzprinzip der verallgemeinerten Theorie Einsteins.[49] Mach hatte für die These von der Gleichwertigkeit aller Bewegungen kein physikalisches Prinzip zur Hand. Seine Argumentation basierte darauf, die Bewegung als „rein kinematischen Begriff" zu nehmen. Für Schlick ist aus der Sicht des Äquivalenzprinzip die wirkliche, d.h. physikalische Bewegung immer Ortsveränderung eines physischen Gebildes; „das Dynamische ist vom Kinematischen nicht wirklich, sondern nur in der Abstraktion zu trennen. Es ist mithin ganz ungerechtfertigt, die dynamischen Erscheinungen, also die Fliehkräfte, allgemeiner die Trägheitswiderstände, als die Wirkungen oder Folgen der Bewegung aufzufassen, sondern sie gehören ebenso unmittelbar zur physischen Bewegung wie die Ortsveränderung selber."[50]

Mach konnte nach Schlick Meinung sein Prinzip nur aufstellen, indem er die Abstraktion bis zur Bewegung mathematischer Punkte in der Zeit führte. Seine These von der Relativität aller Bewegung ist damit eine „kühne apriorische Aufstellung", zu der Mach bei der ganz entgegengesetzten Absicht gelangte, „immer nur bei den sinnlichen Erfahrungen zu bleiben". Für die Durchführung des Machschen Prinzips ist jedoch, so argumentiert Schlick weiter, ein physikali-

---

47 Ebd., S. 153.

48 Ebd., S. 164

49 Siehe Mach [1883] 1988, S. 250 ff.. Mach kommt dort aus der Analyse des Newtonschen Versuchs zu folgendem Schluß: „Es gibt keine Entscheidung über Relatives und Absolutes, welche wir treffen könnten, zu welcher wir gedrängt wären, aus welcher wir einen intellektuellen oder einen anderen Vorteil ziehen könnten. – Wenn noch immmer moderne Autoren durch die Newtonschen, vom Wassergefäß hergenommenen Argumente sich verleiten lassen, zwischen relativer und absoluter Bewegung zu unterscheiden, so bedenken sie nicht, daß das Weltsystem uns nur *einmal* gegeben, die ptolemäische oder kopernikanische Auffassung aber *unsere* Interpretation, aber beide gleich wirklich sind. Man versuche, das Newtonsche Wassergefäß festzuhalten, den Fixsternhimmel dagegen zu rotieren und das Fehlen der Fliehkräfte nun nachzuweisen." (Ebd., S. 252)

50 Schlick 1915, S. 167.

sches Prinzip notwendig, daß es bei Mach eben noch nicht gab. Erst mit Einsteins Äquivalenzprinzip war die Relativierung der Beschleunigung vollzogen, und erst damit der absolute Raum Newtons aufgehoben, weil „der Newtonsche Schluß von dem Auftreten gewisser Kräfte auf das Vorhandensein absoluter Beschleunigungen nicht mehr erlaubt" war. Der entscheidende Unterschied zwischen Mach und Einstein bestand für Schlick darin, daß bei Mach das Prinzip „denknotwendig" sei, während bei Einstein die allgemeine Relativität als eine „Voraussetzung der Theorie" zugrunde gelegt wurde. Nur dadurch ist für Schlick garantiert, daß der Wahrheitsgehalt der Einsteinschen Theorie letztlich empirisch verifiziert werden kann.[51] Er würdigt Mach als scharfsinnigen Problemspender, dessen Argumente selbst aber gar nicht haltbar waren. Einsteins Theorie ergibt sich für den Philosophen daher nicht einfach als logische Konsequenz aus Machschen Überlegungen, wie die Relativitätstheorie insgesamt nicht aus dem Positivismus entwickelt wurde.[52]

Die Einsteinschen Unsicherheiten bezüglich der Möglichkeit der Durchführung einer allgemein kovarianten Theorie (1913/14) begreift Schlick als prinzipielles Problem der Entwicklung der relativistischen Physik. Mit einem Verzicht auf die allgemeine Kovarianz würde für ihn auch der „erkenntnistheoretische Grund überhaupt fortfallen, der Einstein zur Erweiterung seiner Theorie veranlaßte."[53] Hier wird erstmalig mit philosophischen Argumenten für eine verallgemeinerte Relativitätstheorie gestritten, die in ihrer endgültigen Fassung Schlick noch gar nicht vorlag. Aus der Sicht der Einsteinschen Erfolge mit dem Äquivalenzprinzip sieht der Philosoph trotz aller Unsicherheiten, die Einstein selbst im Schwanken um die allgemeine Kovarianz verursacht hatte, eine Theorie vor sich, die unser „Weltbild" prinzipiell verändern, vereinfachen würde. Die Möglichkeit, auf der Basis einer verallgemeinerten Relativitätstheorie ein logisch konsistenteres Weltbild der Physik zu entwerfen, ist für den Philosophen ein gewichtiges Argument, für die Relativitätstheorie Einsteins einzutreten. Für ihn steht außer Frage, daß mit der allgemeinen Relativität beschleunigter Bewegungen Raum *und* Zeit in ihrem Wesen neu bestimmt werden müssen. Damit verbunden sieht Schlick eine „Revision des Substanzbegriffs" in der Physik auf der Tagesordnung stehen. Da die inhaltlichen Bestimmungen von Raum und Zeit sich auf die Auffassung der physikalischen Substanz als starre harte Kugeln ausgewirkt habe, so müssten sich mit der Relativierung von Raum und Zeit die bisher starren Bestimmungen der Materie ebenfalls ändern. Mit der allgemeinen Relativität war

---

51 Ebd., S. 169-170.
52 Schlick polemisiert hier gegen Petzoldt.
53 Ebd., S. 171.

ein wie auch immer gearteter Äther undenkbar geworden und somit die elektromagnetischen Phänomene nicht mehr an Ätherzustände koppelbar. Weder die Energie noch ein einfach modifizierter Substanzbegriff kann nach Schlicks Ansicht zu der traditionellen Vorstellung zurückkehren, „Substanz" als „hinter den Dingen verborgenen Träger ihrer Eigenschaften" zu bestimmen. Mit der Einsteinschen Theorie von 1915 gelangte nun auch die Physik zu der bereits von Philosophen ausgesprochenen Erkenntnis, daß eine „beharrende Substanz" als „Tragendes und Zusammenhaltendes hinter den 'Eigenschaften'" unmöglich vorausgesetzt werden kann.[54] Somit beeinflußte auch für Schlick die Entwicklung der Allgemeinen Relativitätstheorie das Nachdenken über die Quantenphänomene ganz nachhaltig.

Der endlich erfolgreiche Einstein schrieb am 14. Dezember 1915 an Schlick: „Ich habe gestern Ihre Abhandlung erhalten und bereits vollkommen durchstudiert. Sie gehört zu dem Besten, was bisher über Relativität geschrieben worden ist. Von philosophischer Seite scheint überhaupt nichts annähernd so klares über den Gegenstand geschrieben [worden] zu sein."[55] Bei aller Euphorie, die man Einstein nach den anstrengenden Jahren bis zum Erfolg zugestehen muß, traf seine Einschätzung sehr genau den erreichten Entwicklungsstand der zeitgenössischen Naturphilosophie. Die überschwengliche Stellungnahme Einsteins hat Schlick in seiner Arbeit an der philosophsichen Interpretation der Allgemeinen Relativitätstheorie ganz entscheidend beflügelt. Mit der erfolgreichen Allgemeinen Relativitätstheorie im Kopf schrieb er 1917: „So groß auch der Umsturz schien, der durch die spezielle Theorie schon herbeigeführt wurde: die Forderung, daß *alle* Bewegungen ohne Ausnahme relativen Charakter tragen sollen ... führt zu so kühnen Folgerungen, schafft ein so neuartiges, wundersames Weltbild, daß im Vergleich damit die von der speziellen Relativitätstheorie uns zugemuteten Begriffsneubildungen zahm und halb erscheinen."[56] Die unmittelbare Nähe des Philosophen zur vordersten Front physikalischer Forschung mag man mit Schlicks eigenem Lebensweg begründen können. Zwischen seiner Stellungnahme zur Einsteinschen Theorie und seiner Promotion als Physiker bei Planck lagen jedoch schon 11 Jahre. Auch wenn die Mehrheit der deutschen Naturphilosophen skeptisch gegenüber der Einsteinschen Richtung waren, so findet man allgemein in den ersten Jahren unseres Jahrhunderts eine ganz eindeutige Orientierung der deutschen Naturphilosophie an den aktuellen Ergebnissen der

---

54 Ebd., S. 174.

55 Einstein Brief vom 14.12. 1915 an Schlick in Rostock, Moritz Schlick Nachlass: Korrespondenz Einstein, Wiener-Kreis-Archiv, Rijksarchief in Noord-Holland Haarlem.

56 Schlick 1920, S. 22.

Naturwissenschaften. Schlick ging jedoch direkt auf die Artikel in Fachzeitschriften ein und verband so philosophisches Gespür mit physikalischer Sachkenntnis. Der Gedankenaustausch mit Einstein hat Schlicks weiteres philosophisches Schaffen nachhaltig geprägt. Auch wenn Einstein sich später gegenüber den Schlickschen Arbeiten innerhalb des Wiener Kreises distanziert verhielt, so blieb er Schlick bis zu dessen Ermordung 1936 freundschaftlich verbunden. Was sie voneinander gelernt haben, ist eine Frage, der man nachgehen sollte. Die Antwort darauf gehört jedoch schon zur Geschichte der erfolgreichen Allgemeinen Relativitätstheorie, mit der Einstein zum bekanntesten Physiker der Welt wurde und zur Wirkungsgeschichte der Schlickschen Philosophie, die nicht in Wien sondern in Rostock begann.[57]

---

[57] Zur weiteren Interpretation der ART durch Schlick und Cassirer vgl. Bartels 1995.

XI. Schlußbemerkung

Im Nachzeichnen philosophischer und physikalischer Entwicklungslinien des Raum-Zeit-Denkens habe ich versucht, Nähe und Distanz zwischen philosophischen Konzepten und physikalischen Theorien aufzuzeigen. Dies war mit der Schwierigkeit verbunden, daß naturwissenschaftliche Begriffe anders entstehen als die begrifflichen Konstruktionen der Philosophie. Der empirischen Basis der Naturwissenschaft kann die Philosophie die Freiheit der Spekulation entgegensetzen, so daß jeglicher Vergleich fragwürdig erscheint. Und doch hat die Naturphilosophie, wenigstens soweit sie von Raum und Zeit handelt, die physikalischen Konzepte sehr ernst genommen. Schellings „dynamische Kräfte" wie Hegels Analyse des Ätherproblems zeugen davon. Die Newtonsche Antwort, was Raum und Zeit ihrem innersten Wesen nach sei, ist besonders in der deutschen Philosophie – beginnend mit Leibniz – mit Skepsis aufgenommen worden. Kants Interpretation der Newtonschen Begriffe von Raum und Zeit als apriorische Formen der Anschauung mangelte es aus der Schellingschen Perspektive an einem einigenden Prinzip. Schelling suchte daher eine Antwort durch das In-Beziehung-Setzen von Raum und Zeit über eine universelle Wechselwirkung zu finden. Für Hegel wurden Raum und Zeit zu Wesensmomenten der in die Natur entäußerten und daher erstarrten absoluten Idee. Über das dialektische Verhältnis der Negation der Negation von Raum und Punkt setzte er Zeit und Raum über den rein mathematisch gefaßten Punkt in Beziehung. Lotze vereinigte Teile der Hegelschen Dialektik mit dem Schellingschen Konzept der Wechselwirkung aus dem Blickwinkel einer sich rasch und erfolgreich entwickelnden naturwissenschaftlichen Forschung. Indem er das Raum-Zeit-Verhältnis zu einem Raum-Zeit-Bewegungs-Verhältnis weiterentwickelte, wurde Zeit als eine relative Größe über die reale Bewegung von Massenpunkten im physikalischen Raum denkbar. Diese Relativität der Zeit war jedoch noch eine abstrakt theoretische und noch keine naturwissenschaftlich notwendige Bestimmung. Auch bei Lotze blieb der Raum, nachdem er aus der universellen Wechselwirkung philosophisch abgeleitet war, der unparteiische Hintergrund des physikalischen Geschehens.

Riemann stellte hingegen die Frage nach dem physikalischen Grund für die Struktur des Raumes und meinte, wegen der differentiellen Form der Maßverhältnisse, eine Antwort müsse allein im Mikrophysikalischen gesucht werden. Die kosmisch wirkende Gravitation konnte dieser Grund noch nicht sein, weil das mathematisch Differentielle noch unabhängig von physikalischer Wechselwirkung gedacht wurde. Das heißt, die Mathematik sollte an sich schon festlegen, was als groß und was als klein zu denken ist und nicht erst eine physikalische Wechselwirkung. Ein Problem mit dem auch die moderne Kosmologie bei allen Urknalltheorien konfrontiert ist. Spätestens mit Helmholtz war klar, daß die geometrischen Axiome im unmittelbaren Zusammenhang stehen mit den mechanischen Eigenschaften der physikalischen Körper. Diesem Gedanken folgend entwickelte Felix Hausdorff die These, daß Raum und Zeit und damit die geometrischen Axiome Resultate der physikalischen Konzepte seien. Raum und Zeit Newtons werden nicht vorausgesetzt, sondern durch die Newtonsche Axiomatik bestimmt. Mit dieser Erkenntnis fallen Physik und Philosophie der Raumzeit eigentlich zusammen. Getrennte Wege auf der Suche nach dem Wesen von Raum und Zeit waren unmöglich geworden, wenn man denn Felix Hausdorff 1898 bereits hätte folgen wollen. Es dauerte aber noch mehr als 20 Jahre bis diese Idee von Moritz Schlick wiederentdeckt und anerkannt wurde. Philosophen wie Cassirer und Schlick ist es zu verdanken, daß die deutsche Naturphilosophie zu Beginn unseres Jahrhunderts sich weiter stark an den Naturwissenschaften orientierte.

Es blieben jedoch die verschiedenartigen Perspektiven von Philosophen und Naturwissenschaftlern erhalten. Wie weit man sich gegenseitig wirklich beeinflußt hat, ist eine recht schwierige Frage, weil die Tradition der starken gegenseitigen Abgrenzung weiter wirkte. Cassirer sprach 1912 von der grenzenlosen Relativität unseres Wissens und man vermutet sofort eine genauere Kenntnis der Einsteinschen Relativitätstheorie. Nur hat Cassirer Einstein nirgends erwähnt und man muß annehmen, daß er ihn erst später als den weltberühmten Physiker zur Kenntnis genommen hat. Cassirer kannte allerdings die Arbeiten der Einsteinschen Vorgänger und bezog sich vor allem auf Poincaré.

Die Physiker erwähnten bei ihren Spekulationen über Raum und Zeit meist nur die alte große Autorität Kant, den man zunächst zustimmend erwähnte, um ihn dann meist ganz beiseite zu lassen.

Die hier von mir analysierten Physiker markieren den Weg von der Philosophie zur Physik der Raumzeit. Den Löwenanteil der Arbeit leistete unbestreitbar Albert Einstein. Die Auseinandersetzungen mit den konkurrierenden Theorien seiner Fachkollegen Abraham, Mie, Nordström und Hilbert schärften jedoch Einsteins Problembewußtsein. Ohne das vorhandene Material über die Debatten mit Kollegen wäre die Entstehungsgeschichte der Allgemeinen Relativitätstheorie kaum nachvollziehbar. Die benutzten philosophischen Erwägungen wurden explizit kaum genannt. Schon Felix Hausdorff sah sich selbst mehr als Naturforscher denn als Philosoph und doch war sein Beitrag eher philosophischer Natur.

Der von Eduard von Hartmann vorgebrachte Vorwurf, die Physik fange an zu spekulieren wie die alte Metaphysik, bringt dieses neue Verhältnis von Naturphilosophie oder richtiger einer Philosophie der Naturwissenschaft und der Naturwissenschaft deutlich auf den Punkt: Der Durchbruch in der Physik war ohne philosophische Spekulation nicht leistbar. Nur spekulierten nun die theoretischen Köpfe der Physik.

An der Wiege des dafür notwendigen neuen positiven Verhältnisses von Philosophie und Naturwissenschaft hat nicht nur Kant gestanden. Manches von Hegel und Schelling war insbesondere vermittelt über Lotze aber auch über breit gebildete Naturwissenschaftler wie Du Bois-Reymond, Helmholtz u.a. in die Debatte um Raum und Zeit der Jahrhundertwende eingegangen. Die deutsche Naturphilosophie jener Zeit hat mehr Impulse für die Klärung des Raum- und Zeitproblems vermittelt als landläufig angenommen. Leider haben die philosophierenden Physiker darüber nur sehr wenig reflektiert.

Der physikalische Ausgangspunkt einer neuen relativistischen Ätherphysik war zunächst der Versuch, im Ätherfeld die materiellen Teilchen als Modifikationen des wechselwirkenden Äthers zu begreifen.[1] Gustav Mies *Theorie der Materie* war das Musterbeispiel für diese Vorgehensweise, die sich ganz in der Kontinuität physikalischen Denkens wußte.

Aus dem elektrodynamistischen Konzept der Konstituierung der Materie durch Wechselwirkungen wurde in der Einsteinschen Umkehrung die Konstituierung dieser Raumzeit durch die Gravitationswechselwirkung der Materie. Dieser Wechsel der Perspektive hatte allerdings die Aufhebung der Speziellen Relativitätstheorie zur Voraussetzung, was für Max Abraham einer Zerstörung der Grundfesten der relativistischen Physik gleich kam. Auch Gunnar Nordström wollte den absoluten Charakter der Lichtgeschwindigkeit retten. In der Auseinandersetzung mit der Nordströmschen Theorie gewann Einstein die Einsicht, daß das Festhalten an der Konstanz der Lichtgeschwindigkeit dem Postulat einer bevorzugten pseudoeuklidischen Geometrie gleichkommt.

An der Hilbertschen Idee einer einheitlichen Feldtheorie hat Einstein später selbst intensiv gearbeitet, ohne der Hilbertschen Fehlinterpretation zu erliegen, man könne mit der Physik der Raumzeit Physik in einer axiomatischen Vorgehensweise wie Geometrie betreiben.

Mit der Bestimmung der Raumzeit durch die physikalisch konkrete Gravitationswechselwirkung gewann die relativistische Physik eine Position, die die naturphilosophischen Raum-Zeit-Konzeptionen in der Linie Schelling – Hegel – Lotze von der *Tendenz* her bestätigte, aber gleichzeitig darüber hinausging. Alle philosophischen Spekulationen über Raum und Zeit konnten nicht die Mühen der Entwicklung naturwissenschaftlicher Begriffe ersetzen, ihnen allerdings wertvolle Impulse vermitteln. Ohne neue physikalische Ideen gibt es keine neue

---

[1]   Vgl. z.B. Mie 1906, S.2.

physikalische Theorie. Eine philosophische Vorwegnahme war daher bei aller Genialität philosophischer Analyse und Synthese nicht möglich. Mit Lotze und seinen Nachwirkungen erreichte jedoch die deutsche Naturphilosophie ein Niveau, das an die Problemlagen der Physiker um die Jahrhundertwende heranreichte. Somit hätten Physiker auf philosophische Konzepte zurückgreifen können, die sich nicht allein an Kant, sondern auch an Schelling und Hegel orientierten und so die Möglichkeiten klassischer Spekulationen in der Auseinandersetzung mit neueren naturwissenschaftlichen Entwicklungen voll ausreizten. Der Rückgriff auf naturphilosophische Konzepte hätte das Problembewußtsein schärfen, nicht aber die eigene theoretische Arbeit zu ersetzen vermocht. Im Zeitgeist der Naturwissenschaftler der Jahrhundertwende finden sich manche Spuren eines neuen, unverkrampften Verhältnisses zur Naturphilosophie, ohne daß von einer durchgängigen konstruktiven Wechselwirkung von Philosophie und Physik gesprochen werden kann. Die Spekulationen der theoretischen Physiker verweisen jedoch vom Stil her auf eine neue Affinität zu naturphilosophischen Spekulationen. Im Gegenzug forderten die neuesten physikalischen Theorien von den Naturphilosophen eine intime Kenntnis der Naturwissenschaften. Somit gingen von den Debatten um die relativistische Raumzeit wichtige Impulse für ein neues Verhältnis von Philosophie und Physik aus. Aus der Perspektive dieser Arbeit ist Marie-Luise Heuser schon zuzustimmen, wenn sie die Aufgabe der Naturphilosophie vor allem in einer „Grenzen markierenden Funktion" sieht.[2] Naturphilosophie vermag allerdings auch schneller als die Naturwissenschaft Grenzen zu überschreiten und so neue Denkrichtungen vorzuschlagen, aus denen dann neue Entwicklungswege entstehen können.

Die Entstehungsgeschichte der relativistischen Raumzeit zeigt exemplarisch auf, daß gegenseitige Befruchtung in vielerlei Hinsicht möglich war und der viel zitierte Bruch der Naturwissenschaft mit der Naturphilosophie gar nicht so scharf und endgültig war wie oftmals angenommen. Zu Beginn unseres Jahrhunderts waren die besten Köpfe der Naturphilosophie entschieden dichter an den neuesten Forschungsergebnissen der Physiker dran als uns es heute möglich erscheint. Der Gedankenaustausch zwischen dem Physiker Einstein und dem Philosophen Schlick markiert umgekehrt ein großes Interesse der herausragenden Persönlichkeiten der Naturwissenschaft an philosophischer Interpretation. Dieses

---

2 Heuser 1989, S. 24

außerordentlich fruchtbare Verhältnis von Philosophie und Naturwissenschaft
gilt es stets neu zu schaffen.

Bibliographie

Abraham, Max,1905, Theorie der Elektrizität, Bd. 2, Leipzig.

Abraham, M., 1910, Die Bewegung eines Masseteilchens in der Relativitätstheorie. In: Physikalische Zeitschrift 11.

Abraham, M., 1912a, Zur Theorie der Gravitation. In: Physikalische Zeitschrift 13.

Abraham, M., 1912b, Das Gravitationsfeld. In: Physikalische Zeitschrift 13.

Abraham, M.,1912c, Relativität und Gravitation. Erwiderung auf eine Bemerkung des Hrn. A. Einstein. In: Annalen der Physik 38.

Abraham, M.,1912d, Relativität und Gravitation. Erwiderung auf eine Bemerkung des Hrn. A. Einstein. In: Annalen der Physik 38.

Abraham, M., 1912e, Nochmals Relativität und Gravitation. Bemerkungen zu A. Einsteins Erwiderung. In: Annalen der Physik 39.

Abraham, M., 1914, Neuere Gravitationstheorien. In: Jahrbuch der Radioaktivität und Elektronik, Bd. 11 1915, Leipzig.

Arrhenius, Swante,1921 [1907], Das Werden der Welten, 7. Auflage Leipzig.

Audretsch, Jürgen und Klaus Mainzer (Hg.), 1988, Philosophie und Physik der Raum-Zeit, Mannheim/Wien/Zürich.

Bartels, Andreas, 1995, Von der Substanz zur Struktur. Schlick, Cassirer und Reichenbach über wissenschaftliche Erkenntnis und Relativitätstheorie, Bremen.

Bavink, Bernhard, 1914, Allgemeine Ergebnisse und Probleme der Naturwissenschaft. Eine Einführung in die moderne Naturphilosophie Leipzig.

Baum, Manfred, 1986, Die Entstehung der Hegelschen Dialektik, Bonn.

Becher, Erich, 1907, Die philosophischen Voraussetzungen der exakten Naturwissenschaften, Leipzig.

Becher, E., 1914, Naturphilosophie. In: Hinneberg (Hg.) 1914.

Becher, E., 1929, Deutsche Philosophen. Lebensgang und Lehrgebäude von Kant, Schelling, Fechner, Lotze, Lange, Erdmann, Mach, Stumpf, Bäumker, Eucken, Siegfried Becher, München und Leipzig.

Berry, Michael, 1990 [1974], Kosmologie und Gravitation, Stuttgart.

Blackmore, John/ Klaus Hentschel (Hg.), 1985, Ernst Mach als Außenseiter. Machs Briefwechsel über Philosophen und Relativitätstheorie mit Persönlichkeiten seiner Zeit, Wien.

Blumenthal, Otto (Hg.), 1922, H. A. Lorentz A. Einstein H. Minkowski. Das Relativitätsprinzip. Eine Sammlung von Abhandlungen, 4. verm. Auflage, Leipzig/Berlin.

Bonsiepen, Wolfgang, 1988, Die Aktualität der Hegelschen Naturphilosophie. In: Philosophische Rundschau Jg. 35.

Born, Max, 1916, Einsteins Theorie der Gravitation und der allgemeinen Relativitätstheorie. In: Physikalische Zeitschrift 17.

Born, M., 1972, Albert Einstein, Hedwig und Max Born Briefwechsel 1916 – 1955, kommentiert von Max Born, Hamburg.

Borzeszkowski, Horst Heino v. und Wahsner, Renate, 1988, Nachwort der Herausgeber zu: Ernst Mach, Die Mechanik in ihrer Entwicklung, Berlin.

Borzeszkowski, H. H. v. und Wahsner, R., 1989, Physikalischer Dualismus und dialektischer Widerspruch Darmstadt.

Borzeszkowski H.-H. v. und R. Wahsner, 1991, Die Wirklichkeit der Physik. In: Dialektik 91/1 Hamburg.

Büchel, Wolfgang, 1984, Die Relativität von Raum und Zeit -Realität und Konstruktion. In: Kanitscheider 1984.

Buhr, Manfred und Oisermann, T.I. (Hg.), 1981, Vom Mute des Erkennens, Berlin.

Buhr, M. (Hg.), 1988, Enzyklopädie zur bürgerlichen Philosophie, Leipzig.

Caspari, Otto, 1895, Hermann Lotze in seiner Stellung zu der durch Kant begründeten neuesten Geschichte der Philosophie und die philosophische Aufgabe der Gegenwart, Breslau.

Cassirer, Ernst, 1911, Das Erkenntnisproblem in der Philosophie und Wissenschaft der neueren Zeit, 2 Bde., 2. durchges. Aufl., Berlin.

Cassirer, E.,1910, Substanzbegriff und Funktionsbegriff. Untersuchungen über die Grundfragen der Erkenntniskritik, Berlin.

Cerný, Jirí, Von der natura naturans zum „unvordenklichen Seyn". Eine Linie des Materialismus bei Schelling? In: Sandkühler (Hg.), 1984.

Clifford, William Kingdom, 1913, Der Sinn der exakten Wissenschaft, dt. Übers. nach der 4. engl. Aufl., hrsg. von H. Kleinpeter, Leipzig.

Closs, Otto, 1908, Kepler und Newton und das Problem der Gravitation in der Kantischen, Schellingschen und Hegelschen Naturphilosophie, Heidelberg.

Couturat, Louis, 1908, Die philosophischen Prinzipien der Mathematik, Leipzig.

Dietzsch, Steffen (Hg.), 1978, Natur – Kunst – Mythos, Berlin.

Dingler, Hugo, 1913, Die Grundlagen der Naturphilosophie, Leipzig.

Du Bois-Reymond, Estelle (Hg.), 1912, Reden von Emil Du Bois-Reymond, 2. vervollst. Aufl., 2 Bde., Leipzig.

Earman, John, 1989, World Enough and Space-Time. Absolute versus Relational Theories of Space and Time, Massachusetts.

Earman, J./ John Norton, 1987, What Price Spacetime Substantivalism? The Hole Story. In: British Journal for the Philosophy of Sciences 38.

Einstein, Albert, 1905a, Zur Elektrodynamik bewegter Körper In: Annalen der Physik 17, hier zitiert nach Meyenn 1990.

Einstein, A.,1905b Ist die Trägheit eines Körpers von seinem Energiegehalt abhängig? In: Annalen der Physik 18.

Einstein, A., 1907/1908, Über das Relativitätsprinzip und die aus demselben gezogene Folgerungen. In: Jahrbuch der Radioaktivität und Elektronik, 4.und 5.Bd., zitiert nach Meyenn 1990.

Einstein, A., 1907, Über die vom Relativitätsprinzip geforderte Trägheit der Energie. In: Annalen der Physik 23.

Einstein, A., 1911, Über den Einfluß der Schwerkraft auf die Ausbreitung des Lichtes. In: Annalen der Physik 35.

Einstein, A., 1912a, Lichtgeschwindigkeit und Statik des Gravitationsfeldes. In: Annalen der Physik 38.

Einstein, A., 1912b, Relativität und Gravitation. Erwiderung auf eine Bemerkung von M. Abraham. In: Annalen der Physik 38.

Einstein, A., 1912c, Zur Theorie des statischen Gravitationsfeldes, Annalen der Physik 38.

Einstein; A., 1913, Zum gegenwärtigen Stand des Gravitationsproblems. In: Physikalische Zeitschrift 14.

Einstein, A./Marcel Grossmann, 1913, Entwurf einer verallgemeinerten Relativitätstheorie und einer Theorie der Gravitation. In: Zeitschrift für Mathematik u. Physik Bd. 62, Heft 1, Leipzig.

Einstein, A., 1914a, Prinzipielles zur verallgemeinerten Relativitätstheorie und Gravitationstheorie. In: Physikalische Zeitschrift 15.

Einstein, A., 1914b, Antrittsrede. In: Sitzungsberichte der Preussischen. Akademie der Wissenschaften (SPAW), Bd. 1, Berlin.

Einstein, A., 1914c, Die formale Grundlage der allgemeinen Relativitätstheorie. In: (SPAW), Bd. 2, Berlin.

Einstein, A./Fokker, A. D., 1914, Die Nordströmsche Gravitationstheorie vom Standpunkt des absoluten Differentialkalküls. In: Annalen der Physik 44.

Einstein, A., 1915a, Erklärung der Periheldrehung des Merkur aus der allgemeinen Realtivitätstheorie. In: (SPAW) Berlin.

Einstein, A., 1915b, Die Feldgleichungen der Gravitation. In: (SPAW) Berlin.

Einstein, A., 1915c, Zur allgemeinen Relativitätstheorie. In: (SPAW) Bd. 2, Berlin.

Einstein, A., 1915d, Die Relativitätstheorie. In: Hinneberg (Hg.)

Einstein, A., 1916a, Nachruf Ernst Mach. In: Physikalische Zeitschrift 17.

Einstein, A., 1916b, Die Grundlage der allgemeinen Relativitätstheorie. In: Annalen der Physik 49, zitiert nach Meyenn 1990.

Einstein, A., 1916c, Näherungsweise Integration der Feldgleichungen der Gravitation. In: (SPAW) Bd. 2, Berlin.

Einstein, A., 1916d, Über Friedrich Kottlers Abhandlung *Über Einsteins Äquivalenzhypothese und die Gravitation*. In: Annalen der Physik 51.

Einstein, A., 1920, Äther und Relativitätstheorie, Berlin, hier zitiert nach Meyenn 1990.

Einstein, A., 1986 [1924], Brief an Eduard Bernstein vom 30.06.1924, abgedruckt in Dialektik 12 Köln.

Einstein, A., 1955 [1934], Mein Weltbild, Frankfurt/a.M..

Einstein, A., 1955 [1949], Autobiografisches. In: Schilpp, P.A. (Hg.)1955.

Einstein, A., 1980 [1953],. Vorwort zu Jammer 1953

Engels, Friedrich, 1978 [1878], Anti-Dühring, Marx, Karl/Friedrich Engels Werke (MEW), Bd. 20, Berlin.

Engels, F., 1978 [1925], Dialektik der Natur, MEW Bd. 20, Berlin.

Erdmann, Benno, 1877, Die Axiome der Geometrie. Eine philosophische Untersuchung der Riemann-Helmholtz'schen Raumtheorie, Leipzig.

Erdmann, Johann Eduard, 1878, Grundriss der Geschichte der Philosophie, 3. überarb. Auflage, Bd. 2, Berlin.

Falckenberg, Richard, 1913, Hermann Lotze, sein Verhältnis zu Kant und Hegel und zu den Problemen der Gegenwart. In: Zeitschrift für Philosophie uns philosophische Kritik, Bd. 150, Leipzig.

Falkenburg, Brigitte, 1987, Die Form der Materie. Zur Metaphysik der Natur bei Kant und Hegel, Frankfurt/a.M..

Falkenburg, B., 1989, Die Wurzeln von Hegels Materieauffassung bei Leibniz und Kant. In: Kimmerle/Lefévre/Meyer.

Fechner, Gustav Theodor, 1855, Ueber physikalische und philosophische Atomenlehre, Leipzig.

Feuerbach, Ludwig, 1950 [1842-1845], Kleine philosophische Schriften 1842-1845, Leipzig.

Feuerbach, L., 1982 [1835-1839], Gesammelte Werke Bd. 8, 2. durchges. Aufl., hrsg. v. W. Schuffenhauer, Berlin.

Feuerbach, L., 1982 [1839-1846], Gesammelte Werke Bd. 9, 2. durchges. Aufl., hrsg. v. W. Schuffenhauer, Berlin.

Frank, Manfred, 1975, Der unendliche Mangel an Sein. Schellings Hegelkritik und die Anfänge der Marxschen Dialektik, 1. Aufl., Frankfurt/a.M..

French, A.. P. (Hg.), 1985 [1979], Albert Einstein – Wirkung und Nachwirkung, Braunschweig/Wiesbaden.

Frischeisen-Köhler, Max, 1913, Vorwort zu Lotze: Der Zusammenhang der Dinge, Berlin.

Frischeisen-Köhler, M., 1912, Wissenschaft und Wirklichkeit, Leipzig/Berlin.

Geijer, Reinhold, 1885, Darstellung und Kritik der Lotze'schen Lehre von den Localzeichen. In: *Philosophische Monatshefte* XXI. Bd., Heidelberg.

Geijer, R., 1891, Hermann Lotzes Philosopheme über die Raumanschauung. In: Skandinavisches Archiv, 1. Bd., Lund.

Gehrke, E.,1914, Die erkenntnistheoretischen Grundlagen der verschiedenen physikalischen Relativitätstheorien. In: Kantstudien Bd. 19, Heft 4.

Gerber, Paul, 1898, Die räumliche und zeitliche Ausbreitung der Gravitation. In: Zeitschrift für Mathematik und Physik 48.

Gies, Manfred, 1989, Hegels Dialektik der Materie und die physikalische Kosmologie der Gegenwart. In: Kimmerle/Lefévre/Meyer.

Gloy, Karen und Burger, Paul (Hg.), 1993, Die Naturphilosophie im Deutschen Idealismus, Stuttgart- Bad Cannstatt.

Goenner, H.F, 1981, Machsches Prinzip und Theorie der Gravitation. In: Grundlagen der modernen Physik, Mannheim.

Gosztonyi, Alexander, 1976, Der Raum. Geschichte seiner Probleme in Philosophie und Wissenschaften, 2 Bde., München/Freiburg.

Hartmann, Eduard v., 1888, Lotze's Philosophie, neue Ausgabe o.J.

Hartman, E. v., 1909, Die Weltanschauung der modernen Physik, 2. Aufl. Bad Salza.

Hegel, Georg, Wilhelm, Friedrich, 1986 [1801], Dissertatio Philosophica de Orbitis Planetarum = Philosophische Erörterung über die Planetenbahnen, übersetzt, eingeleitet und kommentiert von Wolfgang Neuser (Hrsg.), Weinheim.

Hegel, G.W.F., 1981 [1802], in Schelling/Hegel, Kritisches Journal der Philosophie, Leipzig. (Schelling/Hegel)

Hegel, G.W.F., 1982 [1801/07], Jenaer Systementwürfen II (neu hrsg. von Rolf-Peter Horstmann, Hamburg.

Hegel, G.W.F., 1987 [1805/06], Jenaer Systementwürfe III, neu hrsg. v. Rolf-Peter Horstmann, Hamburg.

Hegel, G.W.F., 1968 [1801/07], Jenenser Logik und Metaphysik und Naturphilosophie, Berlin.

Hegel, G.W.F., 1949 [1807], Phänomenologie des Geistes. In:Sämtliche Werke. Kritische Ausgabe, Bd. 2 hrsg. v. J. Hoffmeister, 5. Aufl, Leipzig.

Hegel, G.W.F.,1982 [1833/36], Vorlesungen über die Geschichte der Philosophie Bd.1-3, hrsg. v. G. Irrlitz u. K. Gurst, Leipzig.

Hegel, G.W.F., 1963 [1812/13], Wissenschaft der Logik, Bd. 1. Die objektive Logik. Leipzig, vgl. F. Hogemann u. W. Jaeschke (Hg.), 1978, Hegel, Gesammelte Werke, Bd. 11, Hamburg.

Hegel, G.W.F., 1963 [1816], Wissenschaft der Logik, Bd. 3, Leipzig, vgl. Hogemann/Jaeschke

Hegel, G.W.F.,1966 [1830], Enzyklopädie der philosophischen Wissenschaften im Grundrisse, hrsg. v. F. Nicolin u. O. Pöggeler Berlin.Vgl. W. Bonsiepen u. H.-C. Lucas (Hg.), 1992, Hegel, Gesammelte Werke Bd. 20, Hamburg.

Hentschel, Klaus, 1990, Interpretationen und Fehlinterpretationen der speziellen und der allgemeinen Relativitätstheorie durch Zeitgenossen Albert Einsteins, Basel, Boston, Berlin.

Hermann, Armin (Hg.), 1968, Albert Einstein / Arnold Sommerfeld, Briefwechsel. Sechzig Briefe aus dem goldenen Zeitalter der modernen Physik, Basel/Stuttgart.

Hermann, A., 1994, Einstein. Der Weltweise und sein Jahrhundert. Eine Biographie, München, Zürich.

Hertz, Heinrich, 1894, Die Prinzipien der Mechanik – in neuem Zusammenhange dargestellt. In: Werke, Bd. 3 Leipzig.

Heuser, Marie-Luise, 1989, Schellings Organismusbegriff und seine Kritik des Mechanismus und Vitalismus. In: Allgemeine Zeitschrift für Philosophie 14.2 (Sonderdruck)

Hilbert, David, 1915, Grundlagen der Physik (Erste Mitteilung). In: Nachrichten von der Königlichen Gesellschaft der Wissenschaften zu Göttingen. Math.-phys. Klasse, Göttingen (Nachr. Ges. Wiss., Göttingen).

Hilbert, D., 1916, Grundlagen der Physik (2. Mitteilung). In: Nachr. Ges. Wiss., Göttingen.

Hilbert, D., 1917. In: Nachr. Ges. Wiss. Gött. 1917, Heft 1.

Hilbert, D. 1935 [1930], Naturerkenntnis und Logik. In: Hilbert 1935, Bd. 3.

Hilbert, D., 1935, Gesammelte Abhandlungen, 3 Bde., Berlin.

Hinneberg, Paul (Hg.), 1914, Die Kultur der Gegenwart, 1. Bd., Leipzig/Berlin.

Höffding, Harald,1888, Lotze's Lehren über Raum und Zeit und R. Geijer's Beurtheilung derselben. In: Philosophische Montashefte, Bd. 24, Heidelberg.

Höffding, H., 1896, Geschichte der neueren Philosophie, Bd.2, Leipzig.

Hösle, Vittorio, 1987, Raum, Zeit, Bewegung. In: Petry (Hg.) 1987.

Holton, Gerald, 1981 [1973], Thematische Analyse der Wissenschaft. Die Physik Einsteins und seine Zeit, Frankfurt/a.M..

Horstmann, Rolf-Peter u. Michael John Petry (Hg.), 1986, Hegels Philosophie der Natur. Beziehungen zwischen empirischer und spekulativer Naturerkenntnis, Stuttgart. (Horstmann/Petry)

Horstmann, R.-P. (Hg.), 1987, Einleitung zu: G.W.F. Hegel, Jenaer Systementwürfe III, Hamburg.

Howard, Don und J. Stachel (Hg.), 1989, Einstein and the History of General Relativity, Boston, Basel, Berlin.

Ihmig, Karl-Norbert, 1989a, Hegels Deutung der Gravitation, Frankfurt/a.M.

Ihmig, K.-N.,1989b, Hegels Kritik an Newtons Begriff der trägen Masse. In: Kimmerle/Lefévre/Meyer 1989.

Jammer, Max, 1980 [1953], Das Problem des Raumes, 2. erw. Aufl., Darmstadt.

Kanitscheider, Bernulf (Hg.), 1984, Moderne Naturphilosophie, Würzburg.

Kanitscheider, B., 1984, Naturphilosophie und analytische Tradition. In: derselbe (Hg.), 1984.

Kanitscheider, B., 1988, Das Weltbild Albert Einsteins, München.

Kant, Immanuel, 1979 [1781/87] Kritik der reinen Vernunft, Leipzig.

Kant, I., 1961 [1756], Über die Vereinigung von Metaphysik und Geometrie in ihrer Anwendung auf die Naturphilosophie. In: Frühschriften, 2 Bde. hrsg. v. Georg Klaus, Berlin.

Kaufmann, Walter, 1901, Die magnetische und elektrische Ablenkbarkeit der Becquerelstrahlen und die scheinbare Masse der Elektronen. In: Nachr. Ges. Wiss., Göttingen.

Kaufmann, W., 1906, Über die Konstitution des Elektrons. In: Annalen der Physik 19.

Kimmerle, Heinz, Wolfgang Lefèvre, Rudolf W. Meyer (Hg.), 1989, Hegel-Jahrbuch 1989, Giessen.

Küppers, Bernd-Olaf, 1992, Natur als Organismus. Schellings frühe Naturphilosophie und ihre Bedeutung für die moderne Biologie, Frankfurt a.M..

Kuntz, Paul Grimley, 1971, Introduction: Rudolf Hermann Lotze, Philosopher and Critic. Einleitung zu Santayana 1971.

Lange, Friedrich A.lbert, ohne Jahr, Geschichte des Materialismus und Kritik seiner Bedeutung in der Gegenwart, hrsg. von O.A. Ellissen, Bd.2, Leipzig.

Laue, Max von, 1911, Zur Diskussion über den starren Körper in der Relativitätstheorie. In: Physikalische Zeitschrift 12.

Laue, M. v., 1912, In: Physikalische Zeitschrift 13.

Laue, M v., 1919, Die Relativitätstheorie, 1. Bd. 3. Aufl. Braunschweig.

Laue, M. v., 1948, Dr. Ludwig Lange. 1863-1936. (Ein zu Unrecht Vergessener). In: Die Naturwissenschaften 35.

Laue, M. v., 1961, Gesammelte Schriften und Vorträge, Bd. 2, Braunschweig.

Lefèvre, W., 1989, Die wissenschaftshistorische Problemlage für Engels *Dialektik der Natur*. In: Kimmerle/Lefévre/Meyer 1989.

Liebmann, Otto,1871/72, Über die Phänomenalität des Raumes. In: Philosophische Monatshefte Bd. VII, Berlin.

Lorentz, Henry Anton, 1895, Versuch einer Theorie der elektrischen und optischen Erscheinungen bewegter Körper, Leiden.

Lorentz, H. A., 1907 [1892], Die relative Bewegung der Erde und des Äthers. In: Abhandlungen über theoretische Physik, Leipzig/Berlin.

Lorentz, H. A., 1910, Alte und neue Fragen der Physik. In: Physikalische Zeitschrift 11.

Lotze, Hermann, 1841, Bemerkungen über den Begriff des Raumes. Sendschreiben an D. Ch. H. Weiße. In: Zeitschrift für Philosophie und spekulative Theologie, Neue Folge, Bd. 4, Bonn.

Lotze, H., 1841b, Metaphysik, Leipzig.

Lotze, H., 1913 [1864], Der Zusammenhang der Dinge, Berlin, identisch mit: Mikrokosmos 3. Bd. Teil 3, Leipzig.

Lotze, H., 1912 [1879], Metaphysik, neu hrsg. von Georg Misch Leipzig.

Lotze, H., 1912b, Die Philosophie in den letzten 40 Jahren, engl. 1880 (aus dem engl. übersetzt vom Herausgeber). In Misch, Georg, 1912.

Lotze, H., 1883, Grundzüge der Metaphysik, Leipzig.

Lotze, H., 1889, Grundzüge der Naturphilosophie, Leipzig.

Lotze, H., 1894, Geschichte der deutschen Philosophie seit Kant, Leipzig.

Lotze, H., 1891, Kleine Schriften, Bd.3, hrsg. v. Edmund Pfleiderer, Leipzig.

Lotze, H., 1851, Allgemeine Psychologie, Leipzig.

Lotze, H., 1856/58/64, Mikrokosmos, 3 Bde., Leipzig.

Lotze, H., 1874, System der Philosophie, I. Teil. Drei Bücher der Logik, Leipzig.

Lotze, H., 1912, System der Philosophie, I. Teil. Drei Bücher der Logik hrsg. und eingeleitet von Georg Misch, Leipzig.

Lukács, Georg, 1986 [1948] Der junge Hegel und die Probleme der kapitalistischen Gesellschaft, 2. Aufl., Berlin und Weimar.

Luteren, F. H. van, 1986, Hegel and Gravitation. In: Horstmann/Petry 1986.

Mach, Ernst, 1988 [1883], Die Mechanik in ihrer Entwicklung historisch-kritisch dargestellt, hrsg. und mit einem Anhang versehen von R. Wahsner u. H.-H. v. Borzeszkowski, Berlin.

Marx, Karl, 1981 [1838/39], Hefte zur epikureischen, stoischen und skeptischen Philosophie, MEW Ergänzungsband Teil 1, Berlin.

Marx, K., 1981 [1841], Differenz der demokritischen und epikureischen Naturphilosophie, MEW Erg.-Bd Teil 1, Berlin.

Marx, K., 1981 [1844], Ökonomisch-philosophische Manuskripte, MEW Erg.-Bd. Teil 1, Berlin.

Marx, K., 1975 [1890], Das Kapital,1. Bd., MEW Bd. 23, Berlin.

Marx, K./ F. Engels,1980 [1845], Die heilige Familie, MEW Bd. 2, Berlin.

Maxwell, James Clark, o.J., Matter and motion, Neudruck mit Anm. von J. Lamor, Dover, New York.

Maxwell, J. C., 1952, Collected Papers, Bd. 1, Dover, New York.

Mehra, Jagdish, 1974, Einstein, Hilbert, and the theory of Gravitation. Dordrecht/Boston.

Meyenn, Karl v. (Hg.), 1990, Albert Einsteins Relativitätstheorie. Die grundlegenden Arbeiten, hrsg. u. erläutert derselbe, Braunschweig.

Mie, Gustav, 1898, Entwurf einer allgemeinen Theorie der Energieübertragung. In. Sitzungsberichte der Kaiserl. Akademie d. Wiss., Mat.-Nat. Classe, Abth. II a, Bd. 107.

Mie, G., 1906, Die neueren Forschungen über Ionen und Elektronen, Stuttgart.

Mie, G., 1911, Moleküle, Atome, Weltäther, 3.Aufl., Leipzig.

Mie, G.,1911b, In: Annalen der Physik 35.

Mie, G., 1912a, Grundlagen einer Theorie der Materie; 1. Mitteilung. In: Annalen der Physik 37.

Mie, G., 1912b, Grundlagen einer Theorie der Materie; 2. Mitteilung. In: Annalen der Physik 39.

Mie, G., 1912c, Grundlagen einer Theorie der Materie; 3. Mitteilung, Schluß. In: Annalen der Physik 40.

Mie, G., 1913, In: Phys. Zeitschrift 14, 1913.

Mie, G., 1914, Bemerkungen zu der Einsteinschen Gravitationstheorie. In: Physikalische Zeitschrift 15.

Mie, G., 1915, Das Prinzip von der Relativität des Gravitationspotentials. In: Festschrift Julius Elster und Hans Geitel, Braunschweig.

Minkowski, Hermann, 1908, Die Grundgleichungen für die elektromagnetischen Vorgänge in bewegten Körpern. In: Nachr. Ges. Wiss., Göttingen.

Minkowski, H., 1909, Raum und Zeit. In: Physikalische Zeitschrift 10.

Minkowski, H., 1911, Gesammelte Abhandlungen von Hermann Minkowski, hrsg. Von David Hilbert, Bd.2, Leipzig.

Misch, Georg (Hg.),1912, Hermann Lotze, System der Philosophie 1. Teil, eingeleitete von derselbe, Leipzig.

Mocek, Reinhard, 1988, Neugier und Nutzen. Blicke in die Wissenschaftsgeschichte, Berlin.

Mongré, Paul (Hausdorff, Felix), 1898, Das Chaos in kosmischer Auslese, Leipzig.

Moiso, Francesco, 1986, Die Hegelsche Theorie der Physik und Chemie in ihrer Beziehung zu Schellings Naturphilosophie. In: Horstmann/Petry.

Moiso, F., 1991, Philosophie und Geschichte der Naturwissenschaft. In: Sandkühler (Hg.)1991.

Moiso, F., 1994a, Formbildung, Zufall und Notwendigkeit. Schelling und die Naturwissenschaften um 1800. In: Selbstorganisation, Jahrbuch für Komplexität in den Natur-, Sozial- und Geisteswissenschaften Bd. 5 (Sonderdruck).

Moiso, F., 1994b, Magnetismus, Elektrizität, Galvanismus. In: F.W.J. Schelling, Historisch-Kritische Ausgabe, Ergänzungsband zu Werke Band 5 bis 9. Wissenschaftshistorischer Bericht zu Schellings Naturphilosophischen Schriften 1797-1800, Stuttgart.

Müller, Alois, 1911, Das Problem des absoluten Raumes und seine Beziehung zum allgemeinen Raumproblem, Braunschweig.

Neumann, Carl,1870, Über die Prinzipien der Galilei-Newtonschen Theorie, Leipzig.

Neuser, Wolfgang, 1987, Sekundärliteratur zu Hegels Naturphilosophie (1802-1985) In Petry (Hg.).

Neuser, W.,1989, Von Newton zu Hegel. Traditionslinien in der Naturphilosophie. In: Kimmerle/Lefévre/Meyer.

Neuser, W., 1993, Einfluß der Schellingschen Naturphilosophie auf die Systembildung bei Hegel: Selbstorganisation versus rekursive Logik. In: Gloy, Karen und Burger, Paul (Hg.) 1993

Newton, Isaac, 1988 [1687], Mathematische Grundlagen der Naturphilosophie, übers., eingel. u. hrsg. Von Ed Dellian, Hamburg.

Nordström, Gunnar, 1912, Relativitätsprinzip und Gravitation. In: Physikalische Zeitschrift 13.

Nordström, G., 1913, Zur Theorie der Gravitation vom Standpunkt des Relativitätsprinzips. In: Annalen der Physik 42.

Nordström, G.,1914a, Über den Energiesatz in der Gravitationstheorie. In: Physikalische Zeitschrift 15.

Nordström, G.,1914b, In: Annalen der Physik 44.

Nordström, G.,1913b, Träge und schwere Masse in der Relativitätsmechanik. In: Annalen der Physik 40.

Norton, John D., 1985, What was Einstein's Principle of Equivalence? In: Studies in History and Philosophy of Science 16, London.

Norton, J. D., 1989, How Einstein found his Field Equations, 1912-1915. In: Howard/Stachel.

Orth, Ernst Wolfgang, 1986, R. H. Lotze: Das Ganze unseres Welt- und Selbstverständnisses. In: Josef Speck (Hrsg.) Grundprobleme der großen Philosophen, Philosophie der Neuzeit IV. Lotze, Dilthey, Meinong, Troeltsch, Husserl, Göttingen.

Ostwald, Wilhelm (Hg.), 1902, Zur Einführung. In: Annalen der Naturphilosophie, Bd.1, Leipzig.

Pätzold, Detlef, 1990, Zwischen Substanzontologie und Transzendentalphilosophie Aristoteles – Kant – Marx. In: Pasternack (Hg.).

Pätzold, Detlev/ Arjo Vanderjagt (Hg.), 1991, Hegels Transformation der Metaphysik, Köln.

Pätzold, D., 1991, Hegels Transformation des Substanzbegriffs in der *Wissenschaft der Logik*. In: Pätzold/Vanderjagt 1991.

Pais, Abraham, 1986, Raffiniert ist der Herr Gott ... Albert Einstein. Eine wissenschaftliche Biographie, Braunschweig/Wiesbaden.

Pasternack, Gerhard (Hg.), 1990, Philosophie und Wissenschaften. Zum Verhältnis von ontologischen, epistemologischen und methodologischen Voraussetzungen der Einzelwissenschaften, Frankfurt a. M.; Bern; New York; Paris.

Pasternack, Gerhard u. Arnd Mehrtens, 1990, Zum Verhältnis von ontologischen, epistemologischen und methodologischen Voraussetzungen der Einzelwissenschaften. In: Pasternack (Hg.).

Pester, Reinhardt, 1982, Bemerkungen zur Stellung von Rudolph Hermann Lotze in der Geschichte der Philosophie und in der Geschichte der Naturwissenschaften. In: Greifswalder philosophische Hefte 1, Greifswald.

Pester, R.,0.J., Rudolph Hermann Lotze – ein deutsches Gelehrtenleben vom Biedermeier zur Bismarckzeit. unveröff. Manuskript.

Petry, Michael John (Hg.), 1987, Hegel und die Naturwissenschaften. (Spekulation und Erfahrung. Texte und Untersuchungen zum Deutschen Idealismus. Abt. II. Stuttgart-Bad Cannstatt.

Petry, M. J., 1991, Hegels Kritik an Newton. In: Pätzold/Vanderjagt (Hg.).

Pfleiderer, Edmund, 1882, Lotze's philosophische Weltanschauung nach ihren Grundzügen, Berlin.

Planck, Max, 1906, Das Prinzip der Relativität und die Grundgleichungen der Mechanik. In: Berichte der deutschen physikalischen Gesellschaft, Braunschweig.

Planck, M., 1909, Die Einheit des physikalischen Weltbildes. In. Physikalische Zeitschrift 10.

Planck, M., 1910, Neuere Physik und mechanische Naturanschauung. In: Physikalische Zeitschrift 11.

Planck, M., 1914, Erwiderung auf die Antrittsrede des Hrn. Einstein. In: (SPAW), Bd.2, Berlin.

Planck, M., 1922, Physikalische Rundblicke, Leipzig.

Planck, M., 1925, Vom Relativen zum Absoluten, Leipzig.

Planck, M., 1958, Physikalische Abhandlungen und Vorträge, Bd. 3, Braunschweig.

Poincaré, Henry, 1898, La mesure du temps. In: Revue de Metaphysique et de Morale, VI.

Poincaré, H., 1906 [1902], Wissenschaft und Hypothese, 2. deutsche Aufl. Leipzig.

Poincaré, H., 1906, Der Wert der Wissenschaft, Leipzig.

Poincaré, Lucien, 1908, Die moderne Physik, deutsch von Brahn, Leipzig.

Riemann, Bernhardt, 1892 [1854], Über die Hypothesen, welcher der Geometrie zu Grunde liegen. In: Ges. Math. Werke, hrsg. v. H. Weber, 2. Aufl., New York.

Righi, Augusto, 1908, Die moderne Theorie der physikalischen Erscheinungen. Leipzig.

Ruben, Peter, 1978, Schelling und die romantische deutsche Naturphilosophie. In: Steffen Dietzsch (Hg.).

Sandkühler, Hans Jörg, 1978, Dialektik der Natur – Natur der Dialektik. Schelling in der widersprüchlichen Entwicklung der klassischen bürgerlichen Philosophie zwischen Materialismus und Idealismus. In: Steffen Dietzsch (Hg.).

Sandkühler, H. J. (Hg.), 1984, Natur und geschichtlicher Prozeß. Studien zur Naturphilosophie F.W.J. Schellings, Frankfurt/a.M..

Sandkühler, H. J., 1988, Materialismus. In: Enzyklopädie zur bürgerlichen Philosophie im 19. und 20. Jahrhundert, hrsg. von M. Buhr, Leipzig.

Sandkühler, H. J., 1991, Die Wirklichkeit des Wissens. Geschichtliche Einführung in die Epistemologie und Theorie der Erkenntnis, Frankfurt/a.M.

Sandkühler, H. J. (Hg.), 1991, Geschichtlichkeit der Philosophie. Theorie, Methodologie und Methode der Historiographie der Philosophie, Frankfurt a.m./Bern/New York/Paris.

Sandkühler, H. J. und Holz, Hans Heinz (Hg.), 1986, Die Dialektik und die Wissenschaften, Dialektik 12, Köln.

Santayana, George, 1971 [1895], Lotze's system of philosophy, hrsg. und eingeleitet von Paul Grimley Kuntz, Bloomington/London.

Schelling, Friedrich Wilhelm Joseph, 1980 [1795], Vom Ich als Prinzip der Philosophie oder über das Unbedingte im menschlichen Wissen, F. W. J. Schelling Historisch-Kritische Ausgabe, Reihe 1: Werke 2, hrsg. von Hartmut Buchner und Jörg Jantzen, Stuttgart. (Schelling AA, Bd. 2)

Schelling, F. W. J., 1982 [1795], Philosophische Briefe über Dogmatismus und Kritizismus, F. W. J. Schelling Historisch-Kritische Ausgabe, Reihe 1: Werke 3, hrsg. von W. G. Jacobs und A. Pieper, Stuttgart. (Schelling AA, Bd. 3)

Schelling, F. W. J., 1994 [1797], Ideen zu einer Philosophie der Natur, F. W. J. Schelling Historisch-Kritische Ausgabe, Reihe 1: Werke 5, hrsg. von M. Durner unter Mitwirkung von W. Schieche, Stuttgart. (Schelling AA, Bd. 5)

Schelling, F. W. J., (SW I).

Schelling, F. W. J., (SW III).

Schelling, F.W.J. und Hegel, G.W.F., 1981 [1802], Kritisches Journal der Philosophie, Leipzig.

Schleiden, Matthias J.,1844, Schelling's und Hegel's Verhältniss zur Naturwissenschaft. (Als Antwort auf die Angriffe des Herrn Nees von Esenbeck in der Neuen Jenaer Lit.-Zeitung, Mai 1843, insbesondere für die Leser dieser Zeitschrift), Leipzig

Schlick, Moritz, 1915, Die philosophische Bedeutung des Relativitätsprinzips. In: Zeitschrift für Philosophie und philosophische Kritik 159, Leipzig.

Schlick, M., 1917, Raum und Zeit in der gegenwärtigen Physik. Zur Einführung in das Verständnis der allgemeinen Relativitätstheorie, Berlin.

Schlick, M., 1920, Raum und Zeit in der gegenwärtigen Physik, 3. Aufl. Berlin.

Schlick, M., 19148, Grundzüge der Naturphilosophie, hrsg. von W. Hollitscher und J. Rauscher, Wien.

Schilpp, P.A. (Hg.), 1955 [1949], A. Einstein als Philosoph und Naturforscher, [Illinois].

Schmied-Kowarzik, Wolfdietrich, 1989, Verbindendes und Trennendes in der Naturphilosophie Schellings und Hegels. In: Kimmerle/Lefèvre/Meyer.

Schröter, Joachim, 1988, Zur Axiomatik der Raum-Zeit-Theorie. In: Audretsch/Mainzer.

Schwarzschild, Karl, 1900, Über das zulässige Krümmungsmaß des Raumes. In: Vierteljahrsschrift der astronomischen Gesellschaft, Bd. 35.

Schwarzschild, K., 1916, Über das Gravitationsfeld eines Massenpunktes nach der Einsteinschen Theorie. In: (SPAW), Bd. 1.

Schwinger, Julian, 1990, Die Einheit von Raum und Zeit, Heidelberg.

Seidel, Helmut und Kleine, Lothar (Hg.), 1971, Vorwort zu Schelling,1971 [1795-1800].

Seidengart, Jean, 1994, Symbolische Konfiguration und Realität in der modernen Physik: ein Beitrag zur Philosophie Ernst Cassirers, Paris.

Siegel, Carl, 1908, Vorwort zu Couturat.

Siegel, C., 1913, Geschichte der Deutschen Naturphilosophie, Leipzig.

Sklar, Lawrence, 1977, Space, Time, and Spacetime, Berkeley, Los Angeles, London.

Stachel, John, 1989, Einsteins's Search for General Covariance, 1912-1915. In: Howard/Stachel.

Stumpf, Carl, 1873, Über den psychologischen Ursprung der Raumvorstellung, Leipzig.

Trefil, James, 1990, Fünf Gründe, warum es die Welt nicht geben kann. Die Astrophysik der dunklen Materie, Hamburg.

Treder, Hans Jürgen, 1972, Über Prinzipien der Dynamik von Einstein, Mach und Poincarè, Berlin.

Treder, H. J., 1974, Philosophische Probleme des physikalischen Raumes, Berlin.

Treder, H. J., 1981, Zu den Begriffen „Schwere", „Trägheit", „Masse" und „Kraft". In: Buhr/Oisermann.

Vidoni, Ferdinando, 1991, Ignorabimus! Emil Du Bois-Reymond und die Debatte über die Grenzen wissenschaftlicher Erkenntnis im 19. Jahrhundert, Frankfurt/a.M., Bern, New York, Paris

Wahsner, Renate, 1981a, Das Aktive und das Passive. Zur erkenntnistheoretischen Begründung der Physik durch den Atomismus – dargestellt an Newton und Kant, Berlin.

Wahsner, R., 1981b, Naturwissenschaft zwischen Verstand und Vernunft. In Buhr/Oisermann.

Wahsner, R., 1986, Hegels Philosophie der Natur. Beziehungen zwischen empirischer und spekulativer Naturerkenntnis. In: Horstmann/Petry.

Wahsner, R. und Borzeszkowski, Horst-Heino von (Hg.), 1988a, Ernst Mach. Die Mechanik in ihrer Entwicklung historisch-kritisch dargestellt. Nachwort der Herausgeber, Berlin.

Wahsner, R. 1988b, Das Helmholtz-Problem oder zur physikalischen Bedeutung der Helmholtzschen Kant-Kritik, Potsdam Caputh.

Wahsner, R. 1990a, Zur Auswirkung der Hegelschen Physikrezeption auf die nachfolgende Naturphilosophie, Potsdam Caputh.

Wahsner, R. 1990b, Ist die Naturphilosophie eine abgelegte Gestalt des modernen Geistes, Potsdam Caputh.

Wahsner, R. 1992, Prämissen physikalischer Erfahrung. Zur Helmholtzschen Kritik des Raum-Apriorismus und zur Newton-Marxschen Kritik des antiken Atomismus, Berlin.

Wandschneider, Dieter, 1982, Raum, Zeit, Relativität. Grundbestimmungen der Physik in der Perspektive der Hegelschen Naturphilosophie, Frankfurt/a.M..

Wandschneider, D., 1986, Relative und absolute Bewegung in der Relativitätstheorie und in der Deutung Hegels. In Horstmann/Petry.

Weiße, Christian Hermann, 1835, Grundzüge der Metaphysik, Hamburg.

Weiße, Ch. H., 1841, Ueber die metaphysische Begründung des Raumbegriffs. Antwort an Herrn D. Lotze. In: Zeitschrift für Philosophie und speculative Theologie, N. F. Bd. 4.

Weizsäcker, Carl Friedrich von, 1990, Die Tragweite der Wissenschaft, Leipzig.

Wentscher, Max, 1913, Lotzes Leben und Werke, Heidelberg.

Wentscher, M., 1925, Fechner und Lotze. Geschichte der Philosophie in Einzeldarstellungen Abt. VIII. Die Philosophie der neueren Zeit II. Bd. 36, München.

Westphal, Christian, 1985, Untersuchungen zum Wechselverhältnis von Philosophie und Physik bei Johannes Stark (Diss.), Greifswald.

Weyl, Herrmann, 1951, 50 Jahre Relativitätstheorie. In: Die Naturwissenschaften Jg. 38, 1951

Whewell, William, 1857, History of inductive sciences, VI. Buch, 3. Aufl. London.

Wolff, Johann, 1892, Lotze's Metaphysik. In: Philosophisches Jahrbuch V. Bd., Fulda.

Namen- und Personenverzeichnis

PHILOSOPHIE UND GESCHICHTE DER WISSENSCHAFTEN

Studien und Quellen

Band 1 Roland Daniels: Mikrokosmos. Entwurf einer physiologischen Anthropologie. Erstveröffentlichung des Manuskripts von 1850/51, hg. vom Karl-Marx-Haus, Trier. 1988.

Band 2 V.A. Lektorskij: Subjekt - Objekt - Erkenntnis. Grundlegung einer Theorie des Wissens. 1985.

Band 3 Martin Hundt: Geschichte des Bundes der Kommunisten 1836 bis 1852. 1993.

Band 4 Lothar Knatz: Utopie und Wissenschaft im frühen deutschen Sozialismus. Theoriebildung und Wissenschaftsbegriff bei Wilhelm Weitling. 1984.

Band 5 Ferdinando Vidoni: Ignorabimus! Emil du Bois-Reymond und die Debatte über die Grenzen wissenschaftlicher Erkenntnis im 19. Jahrhundert. Mit einem Vorwort von Ludovico Geymonat. 1991.

Band 6 Vesa Oittinen: Spinozistische Dialektik. Die Spinoza-Lektüre des französischen Strukturalismus und Poststrukturalismus. 1994.

Band 7 Lars Lambrecht: Intellektuelle Subjektivität und Gesellschaftsgeschichte. Grundzüge eines Forschungsprogramms zur Biographik und Fallstudie zu F. Nietzsche und F. Mehring. 1985.

Band 8 Frank Unger: Politische Ökonomie und Subjekt der Geschichte. Empirie und Humanismus als Voraussetzung materialistischer Geschichtstheorie. 1985.

Band 9 Bernhard Delfgaauw, Hans Heinz Holz, Lolle Nauta (Hrsg.): Philosophische Rede vom Menschen. Studien zur Anthropologie Helmuth Plessners. 1985.

Band 10 Christfried Tögel (Hrsg.): Struktur und Dynamik wissenschaftlicher Theorien. Beiträge zur Wissenschaftsgeschichte und Wissenschaftstheorie aus der bulgarischen Forschung. 1986.

Band 11 Gerhard Pasternack (Hrsg.): Philosophie und Wissenschaften. Das Problem des Apriorismus. 1987.

Band 12 Gerhard Pasternack (Hrsg.): Philosophie und Wissenschaften. Zum Verhältnis von ontologischen, epistemologischen und methodologischen Voraussetzungen der Einzelwissenschaften. 1990.

Band 13 Wilhelm Weitling: Grundzüge einer allgemeinen Denk- und Sprachlehre. Herausgegeben und eingeleitet von Lothar Knatz. 1991.

Band 14 Hans Jörg Sandkühler (Hrsg.): Geschichtlichkeit der Philosophie. Theorie, Methodologie und Methode der Historiographie der Philosophie. 1991.

Band 15 Rolf-Dieter Vogeler: Engagierte Wissenschaftler. Bernal, Huxley und Co.: Über das Projekt der "Social Relations of Science"-Bewegung. 1992.

Band 16 Volkmar Schöneburg (Hrsg.): Philosophie des Rechts und das Recht der Philosophie. Festschrift für Hermann Klenner. 1992.

Band 17 Axel Horstmann: Antike Theoria und moderne Wissenschaft. August Boeckhs Konzeption der Philologie. 1992.

Band 18 Hans Jörg Sandkühler (Hrsg.): Wirklichkeit und Wissen. Realismus, Antirealismus und Wirklichkeits-Konzeptionen in Philosophie und Wissenschaft. 1992.

Band 19 Georg Quaas: Dialektik als philosophische Theorie und Methode des 'Kapital'. Eine methodologische Untersuchung des ökonomischen Werkes von Karl Marx. 1992.

Peter Lang · Europäischer Verlag der Wissenschaften

Hans Jörg Sandkühler (Hrsg.)

Selbstrepräsentation in Natur und Kultur

Frankfurt/M., Berlin, Bern, Bruxelles, New York, Oxford, Wien, 2000.
220 S., 7 Abb.
Philosophie und Geschichte der Wissenschaften. Studien und Quellen.
Herausgegeben von Hans Jörg Sandkühler und Pirmin Stekeler-Weithofer. Bd. 45
ISBN 3-631-36600-0 · br. € 29.70*

Dieser Band enthält Studien zum Problem Selbstrepräsentation in philosophischen und einzelwissenschaftlichen Perspektiven. Phänomene der Selbstrepräsentation reichen von einfachen Organismen, die eigene interne Zustände wahrnehmen, bis zum menschlichen Handeln in vollem Ichbewußtsein, von der Repräsentation sozialer Ordnungen bis zur Identitätsstiftung und kulturellen Selbstdarstellung. Empirische und theoretische Fragen der Selbstrepräsentation stehen neuerdings im Mittelpunkt einer Debatte zur Neurobiologie des Bewußtseins einerseits und zur Kognition bei Robotern andererseits. Zentrale Fragen sind: Wie wird repräsentiert? Wer repräsentiert? Wird etwas repräsentiert? Ist Repräsentation Ein-Bildung von Sachverhalten bzw. Objekten, die anders als repräsentiert für das menschliche Denken und Verhalten bedeutungslos wären? Wird in der Repräsentation eine an sich amodale Welt zur Lebenswelt? Gibt es ohne die Subjektivität des Ichs und Selbst, ohne Selbstkenntnis und Selbstrepräsentation überhaupt Repräsentation von Welt?

Aus dem Inhalt: Repräsentation · Selbstbewußtsein ohne Selbstrepräsentation · Formen des Wahrnehmungsbewußtseins · Die zerebrale Implementierung des Selbstkonstrukts · Subjektivität, phänomenale Zustände und die Reduktion des Mentalen · Möglichkeiten und Grenzen der Selbstrepräsentation in logischen Systemen · Selbstrepräsentation, Selbstwahrnehmung und Verhaltenssteuerung von Robotern · Indexikalische Repräsentation von Zeit und die Simultaneität von innerer und äußerer Erfahrung · Ästhetik und Selbstrepräsentation

Frankfurt/M · Berlin · Bern · Bruxelles · New York · Oxford · Wien
Auslieferung: Verlag Peter Lang AG
Jupiterstr. 15, CH-3000 Bern 15
Telefax (004131) 9402131

*inklusive der in Deutschland gültigen Mehrwertsteuer
Preisänderungen vorbehalten
Homepage http://www.peterlang.de